电力调度自动化培训教材

DIANLI DIAODU SHUJUWANG
JI ERCI ANQUAN FANGHU

电力调度数据网及二次安全防护

范　斗　张玉珠　主　编
赵永刚　肖　亮　李　斌　副主编

中国电力出版社
CHINA ELECTRIC POWER PRESS

内 容 提 要

为了便于电网调度自动化人员系统学习和掌握调度自动化系统的应用和运维技能，国网河南省电力公司组织编写了《电力调度自动化培训教材》系列丛书。本书为《电力调度数据网及二次安全防护》分册，分别从网络安全基础知识、电力调度数据网、电力网络安全防护技术及应用三个方面进行介绍，结合网络安全运维的现场实际工作，列举各种典型案例和实际设备维护技术，并进行分析，提出解决方法和建议。

本书适用于电力调度自动化生产工作者，也适用于相关科研单位和设备厂商。

图书在版编目（CIP）数据

电力调度数据网及二次安全防护 / 范斗，张玉珠主编 . —北京：中国电力出版社，2020.12（2024.7重印）

电力调度自动化培训教材

ISBN 978-7-5198-5186-6

Ⅰ . ①电… Ⅱ . ①范…②张… Ⅲ . ①电力系统调度－网络安全－技术培训－教材 Ⅳ . ① TM734

中国版本图书馆 CIP 数据核字（2020）第 241783 号

出版发行：中国电力出版社
地　　址：北京市东城区北京站西街 19 号（邮政编码 100005）
网　　址：http://www.cepp.sgcc.com.cn
责任编辑：陈　倩（010-63412512）　李耀阳
责任校对：黄　蓓　常燕昆
装帧设计：郝晓燕
责任印制：石　雷

印　　刷：北京锦鸿盛世印刷科技有限公司
版　　次：2020 年 12 月第一版
印　　次：2024 年 7 月北京第四次印刷
开　　本：787 毫米 ×1092 毫米　16 开本
印　　张：16.25
字　　数：338 千字
印　　数：3001—3500 册
定　　价：70.00 元

编　委　会

前言

电力生产在国民经济和社会生活中占据重要的地位，电网调度自动化系统是支撑电网安全、稳定运行的重要技术手段。随着国家经济的快速发展，电力需求逐年提高，发电侧新能源快速发展、电网侧特高压交直流混联运行、负荷侧电力需求快速增长等现实情况，都对电力系统的安全、经济、稳定供电提出了更高的要求。为了满足这一要求，进一步提高自动化运维人员对电网调度自动化系统的认知与了解，加强自动化设备实操技能，提升电网调度的智能化、自动化、实用化技术水平，国网河南省电力公司结合生产实践和应用需求，组织编写了《电力调度自动化培训教材》系列丛书。

本系列丛书分为 4 个分册，分别为《调度自动化主站系统及辅助环境》《电力调度数据网及二次安全防护》《变电站自动化系统原理及应用》《调度自动化系统（设备）典型案例分析》。

本书为《电力调度数据网及二次安全防护》分册，分别从网络安全基础知识、电力调度数据网、电力网络安全防护技术及应用三个部分进行介绍，内容涉及网络安全标准和管理要求、OSI 模型、网络协议、电力调度数据网络、网络安全防护原则和体系架构、常见网络安全防护设备维护技巧和网络安全加固等章节，同时结合网络安全运维实际工作，列举相关典型案例，并进行分析，提出解决方法和建议。

本书对于电力调度自动化生产工作者有很大帮助，可用于新进员工、非专业职工以及相近专业学生培训，有较强的学习、指导作用，对科研单位和设备厂商也具有较强的参考价值，本书亦可以作为生产实践的作业指导书和参考用书。

由于编者水平有限，书中难免存在不足之处，欢迎读者批评指正。

编者

2020 年 9 月

目录

第 3 篇　电力网络安全防护技术及应用

第 1 篇

网络安全基础知识

第1章 网络安全概述

1.1 基本内涵

近年来，网络空间安全事件频发，网络安全形势异常严峻，引发了世界各国政府的高度关注，网络安全已成为国家层面网络空间博弈的重要手段。过去，人们把网络基础设施安全称为网络安全，把数据与内容的安全称为信息安全。《中华人民共和国网络安全法》对现阶段的网络安全有了新的明确的定义：网络安全是指通过采取必要措施，防范对网络的攻击、侵入、干扰、破坏和非法使用以及意外事故，使网络处于稳定可靠运行的状态，保障网络数据的完整性、保密性、可用性。

1.2 新时期主要特点

新时期网络安全的主要特点包括以下5个方面。

(1) 网络安全是整体的，而不是割裂的。信息网络无处不在，网络安全已经成为一个关乎国家安全、国家主权和每一个互联网用户权益的重大问题。在信息时代，国家安全体系中的政治安全、国土安全、军事安全、经济安全、文化安全、社会安全、科技安全、信息安全、生态安全、资源安全、核安全等都与网络安全密切相关，各个重要领域的基础设施都已经网络化、信息化、数据化，各项基础设施的核心部件都离不开网络信息系统。没有网络安全就没有国家安全，世界许多国家都制定了网络空间战略及相关政策。

(2) 网络安全是动态的，而不是静态的。保证网络安全不是一劳永逸的。计算机和互联网技术更新换代的速度超出想象，网络渗透和攻击威胁手段花样翻新、层出不穷，安全防护一旦停滞不前则无异于坐以待毙。系统漏洞、产品漏洞、管理漏洞等网络安全风险都在不断变化。攻击者技术不断更新，网络安全防御技术就要在与安全威胁的对抗中持续提升。

(3) 网络安全是开放的，而不是封闭的。网络是互联互通的，开放性是互联网固有的属性。只有立足开放环境，加强对外交流、合作、互动、博弈，吸收先进技术，网络安全水平才会不断提高。

(4) 网络安全是相对的，而不是绝对的。安全不是一个状态，而是一个过程，安全是相对的，不安全是绝对的。网络安全是一种适度安全。适度安全是指与因非法访问、信息失窃、网络破坏而造成的危险和损害相适应的安全，即安全措施要与损害程度相适应。这

是因为采取安全措施是需要成本的，对于危险或损害较小的信息系统采取过于严格或过高标准的安全措施，有可能牺牲发展，得不偿失。

（5）网络安全是共同的，而不是孤立的。互联网是一个泛在网、广域网，过去相对独立、分散的网络已经融合为深度关联、相互依赖的整体，形成了全新的网络空间。各个网络之间高度关联、相互依赖，网络犯罪分子或敌对势力可以从互联网的任何一个节点入侵某个特定的计算机或网络实施破坏活动，轻则损害个人或企业的利益，重则危害社会公共利益和国家安全。维护网络安全是全社会共同的责任。政府在协调国家关键基础设施保护和保障国家安全工作中发挥主导作用；企业在网络安全技术、产品、建设、运维等方面发挥主体作用；社会组织机构在促进产业发展、产业化协调中发挥主要作用；个人在掌握网络安全技能中提升能力，发挥主动作用。

1.3　关键技术

网络安全技术主要是为了防止信息在通信过程中被非法窃取、篡改、重放或假冒等，以保证网络环境中各种应用系统和信息资源的安全，防止未经授权的用户非法登录系统、非法访问网络资源、窃取信息或实施破坏。网络安全技术是通过数据保密性、完整性和抗抵赖性等安全机制实现的，其关键技术包括密码技术、安全协议技术和网络系统安全技术。

1. 密码技术

密码技术是信息通信安全的基础，通过数据加密、消息摘要、数字签名及密钥交换等技术实现数据保密性、数据完整性、抗抵赖性和用户身份真实性等安全机制，从而保证网络环境中信息通信的安全。密码技术可分为对称加密算法、非对称加密算法和哈希算法。

2. 安全协议技术

在网络环境下，为了实现信息通信的安全，通信双方必须采用和遵循相同的安全协议。安全协议定义了网络安全系统结构、安全机制、所支持的密码算法以及密码算法协商机制等。按网络体系结构层次划分，安全协议可以分成网络层安全协议、传输层安全协议和应用层安全协议。

3. 网络系统安全技术

网络系统安全技术可分为系统安全防护、网络安全检测、系统容错容灾等技术。

（1）系统安全防护技术。系统安全防护技术是保护网络系统的第一道屏障，也是基本的网络系统安全防护措施，其目的是保证合法用户能够以规定的权限访问网络系统和资源，防止未经授权的非法用户入侵网络系统、窃取信息或破坏系统。系统安全防护技术主要有身份鉴别技术、访问控制技术、安全审计技术及防火墙技术等，应综合运用这些系统安全防护技术，构建基本的网络安全环境。

（2）网络安全检测技术。网络安全检测技术主要用于检测和发现网络系统潜在的安全漏洞以及攻击者利用安全漏洞实施的入侵行为，并及时发出报警。网络安全检测技术主要有安全漏洞扫描技术和入侵检测技术，它们是构建网络安全环境、提高网络安全管理水平必不可少的安全措施。

(3) 系统容错容灾技术。作为一个完整的网络安全体系，仅有“防范”和“检测”措施是不够的，还必须具有系统容错容灾能力。任何一种网络安全设施都不可能做到万无一失，一旦发生重大安全事件，后果极其严重，而且天灾人祸等方面的灾难事件也会对信息系统造成毁灭性破坏。因此，重要的网络信息系统必须利用系统容错容灾技术来提高系统的健壮性、可用性及可恢复性，即使发生系统故障和灾难事件，也能快速地恢复系统和数据。系统容错容灾技术主要有数据备份、磁盘容错、系统集群、数据灾备等技术，它们是保障系统和数据安全的重要手段。

1.4 网络安全标准

1.4.1 国外标准

国际性的标准化组织主要有ISO、IEC、ITU、IETF以及IEEE的电信标准化组(ITU-TS)，制定了一系列网络安全标准。

1. ISO/IEC网络安全标准

ISO和IEC制定了一系列有关网络安全和安全评估等方面的标准，列举如下：

ISO/IEC 10118-1：单向散列函数部分1 通用模型。

ISO/IEC 10118-2：单向散列函数部分2 使用n位块密码算法的单向散列函数。

ISO/IEC 10118-3：单向散列函数部分3 专用的单向散列函数。

ISO/IEC 10116：n位块密码算法的操作模式（加密机制）。

ISO/IEC 9798-1～9798-5：实体认证的通用模型和使用各种认证算法的认证机制（实体认证机制）。

ISO/IEC 9797：使用加密检查功能的数据完整性机制（完整性机制）。

ISO/IEC 14888-1～14888-3：数字签名的通用模型、基于身份的机制和基于证书的机制（数字签名机制）。

ISO/IEC 13888-1～13888-3：抗抵赖的通用模型、基于对称的和非对称密码算法的机制（抗抵赖机制）。

ISO/IEC 9594-8：认证框架，定义了各种强制性的认证机制和框架结构。

ISO/IEC 11110-1～11110-3：密钥管理框架、使用对称和非对称密码算法的密钥管理机制。

ISO/IEC 7498-2：OSI安全结构，定义了基于OSI层次结构的安全机制和安全服务。

ISO/IEC 10181-1～10181-7：OSI安全架构、实体认证架构、访问控制框架、抗抵赖框架、完整性框架、保密性结构和安全审计框架等。

ISO/IEC 15408：信息技术安全评估公共准则（CC），为相互独立的机构对相同信息

安全产品的评估提供了可比性。

2. ITU 网络安全标准

ITU 针对数据通信网安全问题制定了有关网络安全标准，它与 ISO 信息安全标准是相对应的，如：

ITU X.800：安全结构，与 ISO 7498-2 相对应。

ITU X.509：认证框架，与 ISO 9594-8 相对应。

ITU X.816：安全框架，与 ISO 10181 相对应。

3. IETF 网络安全标准

IETF 针对互联网安全问题制定了一系列有关网络安全标准，并以 RFC 文档形式公布，如：

IETF RFC 1825：IP 协议安全结构。

IETF RFC 2401～RFC 2412：IP 安全协议（IPSec）。

IETF RFC 2246：传输层安全协议（SSL）。

IETF RFC 2659～RFC 2660：有关安全 HTTP 协议（S-HTTP）。

IETF RFC 2559：Internet X.509 公钥基础结构操作协议。

4. IEEE 局域网安全标准

IEEE 针对局域网安全问题制定了有关互操作局域网的安全规范，即 IEEE 802.10，该标准包括数据安全交换、密钥管理以及有关网络安全管理等规范。IEEE 还制定了有关公钥密码算法的标准，即 IEEE P1363。

1.4.2 国内标准

为推动和规范网络安全技术及产品研究、开发、测评及应用，我国已制定了八十余部网络安全技术标准，这些标准主要分为以下几类。

1. 系统安全标准

系统安全标准包括操作系统、数据库管理系统、服务器、网络交换机、路由器、网络基础、信息系统、应用软件系统等的安全技术要求、评估准则、实施指南等方面的标准，如：

GB/T 20009—2019 信息安全技术 数据库管理系统安全评估准则

GB/T 20273—2019 信息安全技术 数据库管理系统安全技术要求

GB/T 21028—2007 信息安全技术 服务器安全技术要求

GB/T 20269—2006 信息安全技术 信息系统安全管理要求

2. 网络安全技术标准

网络安全技术标准包括防火墙系统、入侵检测系统、网络脆弱性扫描产品、网络和终端设备隔离部件、虹膜识别系统、信息系统灾难恢复、信息安全应急响应、信息安全风险管理、安全审计产品、证书认证系统、访问控制模型等的技术要求、测评方法、技术规范等方面的标准，如：

GB/T 20275—2013 信息安全技术 网络入侵检测系统技术要求和测试评价方法

GB/T 20278—2013 信息安全技术 网络脆弱性扫描产品安全技术要求

GB/T 20008—2005 信息安全技术 操作系统安全评估准则

GB/T 20272—2019 信息安全技术 操作系统安全技术要求

3. 网络安全评估标准

网络安全评估标准包括信息系统安全保障评估的一般模型、技术保障、管理保障、工程保障、风险评估规范、信息安全事件分类分级等方面的标准，如：

GB/T 20274.1—2006 信息安全技术 信息系统安全保障评估框架 第1部分：简介和一般模型

GB/T 20274.2—2008 信息安全技术 信息系统安全保障评估框架 第2部分：技术保障

GB/T 20274.3—2008 信息安全技术 信息系统安全保障评估框架 第3部分：管理保障

GB/T 20274.4—2008 信息安全技术 信息系统安全保障评估框架 第4部分：工程保障

4. 公钥基础设施标准

公钥基础设施标准包括公钥基础设施的数字证书、特定权限管理中心、时间戳、PKI系统、安全支撑平台、电子签名卡、简易在线证书、X.509数字证书、XML数字签名、电子签名、签名生成应用程序、证书策略与认证服务等技术要求、评估准则、技术规范等方面的标准，如：

GB/T 20518—2018 信息安全技术 公钥基础设施 数字证书格式

5. 系统等级保护标准

系统等级保护标准是指信息系统安全等级保护系列标准，由等级划分准则、基本要求、定级指南、实施指南、安全设计技术要求、测评要求、测评过程指南等标准组成，如：

GB/T 22239—2019 信息安全技术 网络安全等级保护基本要求

GB/T 25058—2019 信息安全技术 网络安全等级保护实施指南

GB/T 28448—2019 信息安全技术 网络安全等级保护测评要求

6. 系统分级保护标准

系统分级保护标准是指涉密信息系统分级保护系列标准，由技术要求、管理规范、测评指南、方案设计指南等标准组成，如：

BMB 17—2006 涉及国家秘密的信息系统分级保护技术要求

BMB 20—2007 涉及国家秘密的信息系统分级保护管理规范

BMB 22—2007 涉及国家秘密的计算机信息系统分级保护测评指南

1.5 网络安全法律法规

国家不断加强网络安全法律法规建设，制定和发布了一系列网络安全法律法规，为增强人们的网络安全法律意识、规范行为道德、打击违法活动、惩罚犯罪分析提供了法律依据。表 1-1 给出了国家制定和发布的主要网络安全相关法律法规。

表 1-1 网络安全法律法规

序号	法律名称	通过和发布日期	施行日期
1	《中华人民共和国网络安全法》	2016 年 11 月 7 日第十二届全国人民代表大会常务委员会第二十四次会议通过中华人民共和国主席令第 53 号发布	自 2017 年 6 月 1 日起施行
2	《中华人民共和国国家安全法》	2015 年 7 月 1 日第十二届全国人民代表大会常务委员会第十五次会议通过中华人民共和国主席令第 29 号发布	自 2015 年 7 月 1 日起施行
3	《中华人民共和国计算机信息系统安全保护条例》	中华人民共和国国务院令第 147 号，1994 年 2 月 18 日发布，2011 年 1 月 8 日修正	自发布之日起施行
4	《商用密码管理条例》	中华人民共和国国务院令第 273 号，1999 年 10 月 7 日发布	自发布之日起施行
5	《中华人民共和国刑法修正案（九）》	2015 年 8 月 29 日第十二届全国人民代表大会常务委员会第十六次会议通过中华人民共和国主席令第 30 号发布	自 2015 年 11 月 1 日起施行

《中华人民共和国网络安全法》（以下简称网络安全法）是我国网络领域的基础性法律，明确加强对个人信息的保护，打击网络诈骗，加强惩治破坏我国关键信息基础设施的境外组织和个人。网络安全法的公布对我国网络信息化发展和网络空间法制化建设具有里程碑意义。

网络安全法作为网络安全治理的基本法，解决了以下几个问题：

（1）明确了部门、企业、社会组织和个人的权利、义务和责任。

（2）规定了国家网络安全工作的基本原则、主要任务和重大指导思想、理念。

（3）将成熟的政策规定和措施上升为法律，为政府部门的工作提供了法律依据，体现了依法行政、依法治国要求。

（4）建立了国家网络安全的一系列基本制度，这些基本制度具有全局性、基础性特点，是推动工作、夯实能力、防范重大风险所必需。

网络安全法共有 7 章 79 条，内容上有以下几方面突出亮点：

（1）明确了网络空间主权的原则。

（2）明确了网络产品和服务提供者的安全义务。

（3）明确了网络运营者的安全义务。

（4）进一步完善了个人信息保护规则。

（5）建立了关键信息基础设施安全保护制度。

（6）确立了关键信息基础设施重要数据跨境传输的规则。

思考练习

1. 说出新时期网络安全的主要特点。
2. 列举出部分中国网络安全标准。
3. 了解、学习、掌握《中华人民共和国网络安全法》。

第 2 章　网络模型和协议

2.1　OSI 协议模型

2.1.1　OSI 协议模型概述

开放系统互连参考模型（open system interconnect，OSI）由国际标准化组织（ISO）和国际电报电话咨询委员会（CCITT）联合制定。开放系统互连参考模型为开放式互连信息系统提供了一种功能结构的框架，如图 2-1 所示。

应用层	7	提供应用程序间通信
表示层	6	处理数据格式、数据加密等
会话层	5	建立、维护和管理会话
传输层	4	建立主机端到端链接
网络层	3	寻址和路由选择
数据链路层	2	提供介质访问、路由管理等
物理层	1	比特流传输

图 2-1　OSI 参考模型

OSI 参考模型把开放系统的通信功能划分为 7 个层次，从邻接物理媒体的层次开始，分别为物理层、数据链路层、网络层、传输层、会话层、表示层和应用层。每一层的功能都是独立的，利用其下一层提供的服务并为其上一层提供服务，而与其他层的具体实现无关。

2.1.2　物理层

1. 概念

物理层（physical layer）是 OSI 参考模型的第 1 层，为设备之间的数据通信提供传输媒体及互联设备，为数据传输提供可靠的环境。

2. 功能

物理层为数据端设备提供传输数据的通路，数据通路可以是一个物理媒体，也可以是多个物理媒体连接而成。一次完整的数据传输，包括激活物理连接、传输数据、终止物理连接。所谓激活就是将通信的两个数据终端设备连接起来，形成一条通路。

物理层要形成适合数据传输需要的实体，为数据传输提供服务。一是要保证数据能在物理层上正确通过；二是要提供足够的带宽（带宽是指每秒内能通过的比特数）以减少信道上的拥塞。传输数据的方式能满足点到点、一点到多点、串行或并行、半双工或全双工、同步或异步传输的需要。

2.1.3 数据链路层

1. 概念

数据链路层（data link layer）是 OSI 参考模型的第 2 层，介于物理层和网络层之间。数据链路层在物理层提供的服务的基础上向网络层提供服务，其最基本的服务是将源节点网络层数据可靠地传输到目标节点的网络层。

数据链路层的具体工作是接收来自物理层的位流形式的数据，并封装成帧，传送到上一层；同样，也将来自上层的数据帧拆装为位流形式的数据转发到物理层，还负责处理接收端发回的确认帧的信息，以便提供可靠的数据传输。

2. 功能

计算机网络存在各种干扰，因此物理链路是不可靠的。因此，这一层的主要功能是在物理层提供的比特流的基础上，通过差错控制、流量控制方法，使有差错的物理线路变为无差错的数据链路，即提供可靠的通过物理介质传输数据的方法。

数据链路层通常又分为介质访问控制（MAC）和逻辑链路控制（LLC）两个子层。MAC 子层的主要任务是解决共享型网络中多用户对信道竞争的问题，完成网络介质的访问控制；LLC 子层的主要任务是建立和维护网络连接，执行差错校验、流量控制和链路控制。

2.1.4 网络层

1. 概念

网络层（network layer）是 OSI 参考模型的第 3 层，通过路由选择算法，为报文选择最适当的路径。该层控制数据链路层与传输层之间的信息转发，建立、维持和终止网络的连接。数据链路层的数据在这一层被转换为数据包，然后通过路径选择、分段组合、顺序、进/出路由等控制，将信息从一个网络设备传送到另一个网络设备。

2. 功能

（1）寻址。数据链路层中使用的物理地址（如 MAC 地址）仅解决网络内部的寻址问题。在不同子网之间通信时，为了识别和找到网络中的设备，每一子网中的设备都会被分配一个唯一的地址（逻辑地址，如 IP 地址）。

（2）交换。规定不同的信息交换方式。常见的交换技术有线路交换技术和存储转发技术，其中存储转发技术又包括报文交换技术和分组交换技术。

（3）路由算法。当源节点和目的节点之间存在多条路径时，本层可以根据路由算法通过网络为数据分组选择最佳路径，并将信息从最合适的路径由发送端传送到接收端。

（4）连接服务。数据链路层控制的是网络相邻节点间的流量，而网络层控制的是从源

节点到目的节点间的流量。其目的在于防止阻塞，并进行差错检测。

2.1.5 传输层

1. 概念

传输层（transport layer）是 OSI 参考模型的第 4 层，向用户提供可靠的端到端的差错和流量控制，保证报文的正确传输。该层提供会话层和网络层之间的传输服务，即从会话层获得数据，在必要时对数据进行分割，将数据正确无误地传递到网络层。因此，传输层负责提供两节点之间数据的可靠传送，当两节点的联系确定之后，传输层则负责监督工作。传输层常见的协议有 TCP/IP 中的 TCP 协议、Novell 网络中的 SPX（顺序包交换）协议和微软的 NetBIOS/NetBEUI 协议。

2. 功能

（1）传输连接管理。提供建立、维护和拆除传输连接的功能。传送层提供了两个协议：传输控制协议（transmission control protocol，TCP）和用户数据报协议（user datagram protocol，UDP），分别提供面向连接的和无连接的数据传输服务。

（2）处理传输差错。提供可靠的“面向连接”和不可靠的“面向无连接”的数据传输服务、差错控制和流量控制。在提供“面向连接”服务时，通过这一层传输的数据将由目标设备确认，如果在指定的时间内未收到确认信息，数据将被重发。

2.1.6 会话层

1. 概念

会话层（session layer）是 OSI 参考模型的第 5 层，是用户应用程序和网络之间的接口，主要任务是向两个实体的表示层提供建立和使用连接的方法。不同实体之间的表示层的连接称为会话，因此会话层的任务就是组织和协调两个会话进程之间的通信，并对数据交换进行管理。

用户可以按照半双工、单工和全双工的方式建立会话。当建立会话时，用户必须提供想要连接的远程地址，而这些地址与 MAC 地址或网络层的逻辑地址不同，它们是为用户专门设计的，更便于用户记忆。域名（ON）就是一种网络上使用的远程地址，如 www. sgcc. com. cn 就是一个域名。

2. 功能

（1）会话管理。允许用户在两个实体设备之间建立、维持和终止会话，并支持它们之间的数据交换。例如，提供单向会话或双向同时会话，并管理会话中的发送顺序，以及会话所占用时间的长短。

（2）会话流量控制。提供会话流量控制和交叉会话功能。

（3）寻址。使用远程地址建立会话连接。

（4）出错控制。从逻辑上讲会话层主要负责数据交换的建立、保持和终止，但实际的工作却是接收来自传输层的数据，并负责纠正错误。会话控制和远程过程调用均属于这一层的功能。此层检查的不是通信介质的错误，而是磁盘空间、打印机缺纸等类型的高级错误。

2.1.7 表示层

1. 概念

表示层（presentation layer）是 OSI 参考模型的第 6 层，是处理所有与数据表示及运输有关的问题，包括转换、加密和压缩。每台计算机表示数据的内部方法不同，如 ASCⅡ码、EBCDIC 码，需要表示层协定来保证不同的计算机可以彼此理解。

2. 功能

（1）数据格式处理。协商和建立数据交换的格式，解决各应用程序之间在数据格式表示上的差异。

（2）数据的编码。处理字符集和数字的转换。由于用户程序中的数据类型（整型或实型、有符号或无符号等）、用户标识等都可以有不同的表示方式，在设备之间需要具有在不同字符集或格式之间转换的功能。

（3）压缩和解压缩。为了减少数据的传输量，这一层还负责数据的压缩与恢复。

（4）数据的加密和解密。可以提高网络的安全性。

2.1.8 应用层

1. 概念

应用层（application layer）是 OSI 参考模型的第 7 层，负责完成网络中应用程序与网络操作系统之间的联系，建立与结束使用者之间的联系，并完成网络用户提出的各种网络服务，应用所需的监督、管理和服务等各种协议。此外，该层还负责协调各个应用程序间的工作。

2. 功能

（1）用户接口。应用层是用户与网络以及应用程序与网络间的直接接口，使得用户能够与网络进行交互式联系。

（2）实现请求服务。该层具有的各种应用程序可以完成和实现用户请求的各种服务。应用层为用户提供的服务有文件服务、目录服务、文件传输（file transfer protocol，FTP）服务、远程登录服务（Telnet）、电子邮件服务（E-mail）、打印服务、安全服务、网络管理服务、数据库服务等。上述的各种网络服务由该层的不同应用协议和程序完成，不同的网络操作系统之间在功能、界面、实现技术、对硬件的支持、安全可靠性以及具有的各种应用程序接口等各个方面存在很大的差异。

2.2 TCP/IP 协议

2.2.1 协议参考模型

TCP/IP 参考模型分为四个层次，即网络接口层、网络层、传输层和应用层，与 OSI 参考模型层次对应结构如图 2-2 所示。

1. 网络接口层

TCP/IP 参考模型中的网络接口层对应 OSI 参考模型中的物理层和数据链路层。

网络接口层是 TCP/IP 的最底层，负责接收从网络层交来的 IP 数据报并通过低层物理网络发送出去，或者从低层物理网络上接收物理帧，抽出 IP 数据报，交给 IP 层。网络接口有两种类型：第一种是设备驱动程序，如局域网的网络接口；第二种是含自身数据链路协议的复杂子系统。

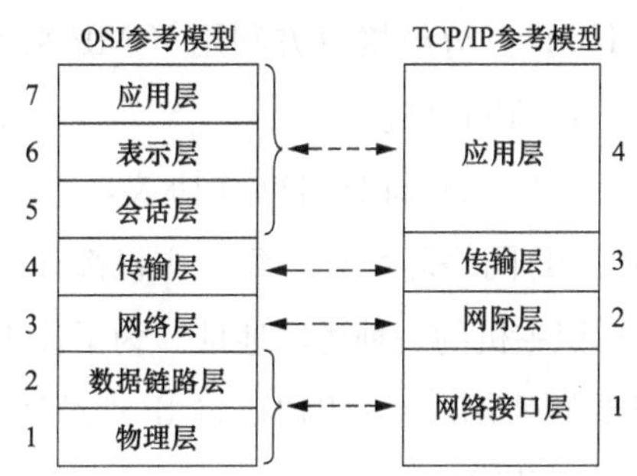

图 2-2　TCP/IP 参考模型与 OSI 参考模型层次对应结构图

2. 网络层

TCP/IP 参考模型中的网络层对应 OSI 参考模型中的网络层。

网络层是整个 TCP/IP 协议栈的核心，实现数据包在网络上的分组转发，从网络接口层接收到 IP 数据包后，进行数据检验，检验此数据是否已经到达目的地址，若已到达则去除包头，将剩余数据交给传输层，否则选择合适路径继续转发；从传输层接收到分组数据后，对数据添加包头，封装成 IP 数据包，交给网络接口层，选择合适的路径进行转发。

3. 传输层

TCP/IP 模型中的传输层对应 OSI 参考模型中的传输层。

传输层的主要功能是实现两台主机应用程序间的通信，包括格式化信息流和提供可靠传输。为实现可靠传输，传输层协议规定接收端必须发回确认，假如分组丢失，必须重新发送。在传输层定义了两种服务质量不同的协议，即 TCP 协议和 UDP 协议。

4. 应用层

TCP/IP 模型应用层对应 OSI 参考模型中的会话层、表示层、应用层。

应用层位于 OSI 参考模型的最高层，通过使用下面各层所提供的服务，直接向用户提供服务，是计算机网络与用户之间的界面或接口。应用层由若干面向用户提供服务的应用程序和支持应用程序的通信组件组成。

2.2.2　协议簇

1. IP 协议

IP 协议即互联网协议，它将多个网络连成一个互联网，可以把高层的数据以多个数据包的形式通过互联网分发出去。IP 的基本任务是通过互联网传送数据包，各个 IP 数据包之间是相互独立的。

2. ICMP 协议

ICMP 协议即互联网控制报文协议。IP 提供的是一种不可靠的无连接报文分组传送服务，若路由器或主机发生故障，网络阻塞，就需要通知发送主机采取相应措施。为了使互联网能报告差错或提供有关意外情况的信息，在 IP 层加入了一类特殊用途的报文机制，即 ICMP。分组接收方利用 ICMP 来通知 IP 模块发送方，进行必需的修改。

3. ARP 协议

ARP 协议即地址转换协议，用于映射计算机的物理地址和临时指定的网络地址。在 TCP/IP 网络环境下，每个主机都分配了一个 32 位的 IP 地址，这种互联网地址是在网际范围标识主机的一种逻辑地址。为了让报文在物理网上传送，必须知道彼此的物理地址，这就需要在网络层有一组协议将 IP 地址转换为相应物理网络地址，这组协议即 ARP 协议。

4. TCP 协议

TCP 协议即传输控制协议，它提供的是一种可靠的数据流服务。当传送受差错干扰的数据，或网络负荷太重而使基本传输系统不能正常工作时，就需要通过其他协议（即 TCP 协议）来保证通信的可靠性。TCP 使用三次握手协议建立连接，以防止产生错误的连接。当主动方发出 SYN（建立连接时使用的握手信号）连接请求后，等待对方回答 TCP 的 SYN＋ACK（确认字符），并对对方的 SYN 执行 ACK 确认。TCP 使用的流量控制协议是大小可变的滑动窗口协议。三次握手完成后，TCP 客户端和服务器端成功建立连接，则可以开始传输数据。

5. UDP 协议

UDP 协议即用户数据包协议，它和 TCP 协议都属于传输层协议，但它是一种无连接的协议，在传输数据之前不需要先建立连接，远端主机的传输层在收到 UDP 报文后，不需要给出任何确认，虽然 UDP 不提供可靠交付，但在某些情况下 UDP 是最有效的工作方式。

6. FTP 协议

FTP 协议即文件传输协议，建立在 TCP 协议上，用于实现文件传输的协议。用户通过 FTP 可以方便地连接到远程服务器上，可以进行查看、删除、移动、复制、更改远程服务器上的文件内容等操作，并能上传和下载文件。FTP 工作时使用两个 TCP 连接，一个用于交换命令和应答，另一个用于移动文件。

7. DNS 协议

DNS 协议即域名服务协议，提供域名到 IP 地址的转换，允许对域名资源进行分散管理。DNS 最初设计的目的是使邮件发送方知道邮件接收主机及邮件发送主机 IP 地址，后来发展成可服务于其他许多目标的协议。

8. SMTP 协议

SMTP 协议即简单邮件传送协议。互联网标准中的电子邮件是一个简单的基于文本的协议，用于可靠、有效地数据传输。SMTP 作为应用层的服务，与其下面采用的传输服务类型无关，可通过网络在 TCP 连接上传送邮件，或者简单地在同一机器的进程之间通过进程通信的通道来传送邮件，邮件传输独立于传输子系统，可在 TCP/IP 环境或 X.25 协议环境中传输邮件。

2.3　典型安全协议

2.3.1　SSL 协议模型

1. 概念

SSL（secure sockets layer，安全套接层）是传输层安全协议，提供身份鉴别、数据加密和数据认证等安全服务，在两个通信实体之间建立安全的通信连接，为基于客户端/服务器模式的网络应用提供安全保护。

SSL 协议提供以下三种安全特性：

（1）数据保密性：采用对称加密算法（如 DES、RC4 等）加密数据。

（2）数据完整性：采用消息鉴别码（MAC）来验证数据完整性，MAC 是基于哈希函数实现的。

（3）身份合法性：采用非对称密码算法和数字证书验证身份合法性。

2. 工作流程

（1）服务器认证阶段。

1）客户端向服务器发送一个开始信息，以便开始一个新的会话连接；

2）服务器根据客户端的信息确定是否需要生成新的主密钥，如需要则服务器在响应客户端的开始信息时将包含生成主密钥所需的信息；

3）客户端根据收到的服务器响应信息，产生一个主密钥，并用服务器的公开密钥加密后传给服务器；

4）服务器回复该主密钥，并返回给客户端一个用主密钥认证的信息，以此让客户端认证服务器。

（2）客户端认证阶段。在此之前已经完成了对服务器的认证。经认证的服务器发送一个提问给客户端，客户端则返回签名后的提问和公开密钥，从而完成客户端的认证。

3. 体系结构

SSL 的体系结构中包含两个协议子层：底层是 SSL 记录协议层（record protocol layer）；高层是 SSL 握手协议层（hand shake protocol layer）。SSL 在 TCP/IP 协议栈中的位置如图 2-3 所示，其中阴影部分即 SSL 协议。

SSL 记录协议层的作用是为高层协议提供基本的安全服务，记录封装各种高层协议，具体实施压缩解压缩、加密解密、计算和校验 MAC 等与安全有关的操作。SSL 记录协议层针对 HTTP 协议（超文本的传输协议）进行了特别的设计，使得 HTTP 能够在 SSL 运行。

SSL 握手协议层包括 SSL 握手协议（hand shake protocol）、SSL 密码参数修改协议（change cipher spec protocol）、SSL 告警协议（alert protocol）和应用数据协议（application data protocol），如图 2-3 所示。SSL 握手协议层用于 SSL 管理信息的交换、允许应用协议传送数据之间相互验证、协商加密算法和生成密钥等。SSL 握手协议的作用是协调客

<table>
<tr><td colspan="4">SSL握手协议层</td></tr>
<tr><td>SSL握手协议</td><td>SSL修改密码规范协议</td><td>SSL警报协议</td><td>HTTP</td></tr>
<tr><td colspan="4">SSL记录协议</td></tr>
<tr><td colspan="4">TCP</td></tr>
<tr><td colspan="4">IP</td></tr>
</table>

图 2-3 SSL 在 TCP/IP 协议栈中的位置

户和服务器的状态，使双方能够达到状态的同步。

2.3.2 IPSec 协议

1. 概念

IPSec（internet protocol security）协议是网络层安全协议，是在 IP 协议（IPv4 和 IPv6）的基础上提供了数据保密性、数据完整性以及抗重播保护等安全机制和服务，保证了 IP 协议及上层协议能够安全地交换数据。

IPSec 协议提供以下服务：

（1）鉴别：保证收到的数据包是由数据包头所标识的数据源发来的，且数据包在传输过程中未被篡改。

（2）保密性：保证数据在传输期间不被未授权的第三方窥视。

（3）密钥管理：解决密钥的安全交换。

2. 安全体系结构

IPSec 协议是国际互联网工程任务组（CIETF）定义的一种协议套件。IPSec 安全体系由安全协议、安全联盟、安全策略和密钥管理四个主要部分组成，如图 2-4 所示。

（1）安全协议。IPSec 提供两种安全协议：认证头（authentication header，AH）协议和封装安全有效载荷（encapsulating security payload，ESP）协议，用于对 IP 数据报或上层协议数据报的安全保护。

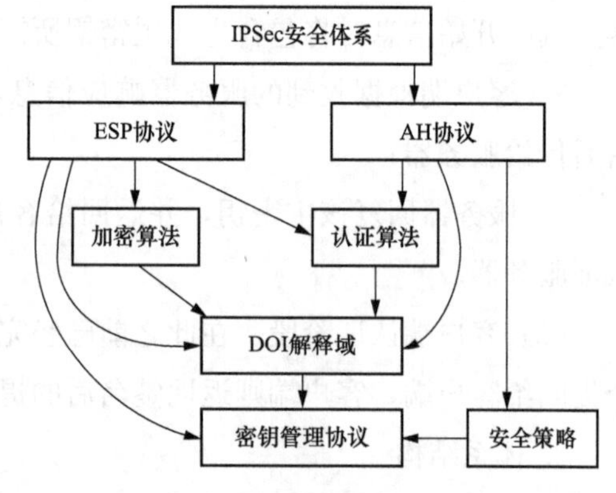

图 2-4 IPSec 安全体系结构

AH 协议只提供数据完整性认证机制，可以证明数据源端点，保证数据完整性，防止数据篡改和重播。ESP 同时提供数据完整性认证和数据加密传输机制，它除了具有 AH 所有的安全能力之外，还提供数据传输保密性。

AH 和 ESP 可以分别单独使用，也可以联合使用。每个协议都支持两种应用模式：传输模式，为上层协议数据提供安全保护；隧道模式，以隧道方式传输 IP 数据报文。

AH 或 ESP 提供的安全性完全依赖于它们所采用的密码算法。为保证一致性和不同实现方案之间的互通性，必须定义一些需要强制实现的密码算法。因此，在使用认证和加密机制进行安全通信时，必须解决以下三个问题：

1）通信双方必须协商所要使用的安全协议、密码算法和密钥。

2）必须方便和安全地交换密钥（包括定期改变密钥）。

3）能够对所有协商的细节和过程进行记录和管理。

（2）安全联盟。IPSec 使用安全联盟（security associations，SA）集中存放所有需要记录的协商细节。

SA 包含安全通信所需的所有信息，它可以看作是一个由通信双方共同签署的有关安全通信的“合同”。

SA 使用一个安全参数索引（security parameter index，SPI）来唯一地址标识，SPI 是一个 32 位随机数，通信双方要使用 SPI 来指定一个协商好的 SA。

（3）安全策略。IPSec 通过安全策略（security policy，SP）为用户提供一种描述安全需求的方法，允许用户使用安全策略来定义所保护的对象、安全措施以及密码算法等。安全策略由安全策略数据库（security policy database，SPD）来维护和管理。

在受保护的网络中，各种通信的安全需求和保护措施可能有所不同，用户可以通过安全策略来描述不同通信的安全需求和保护措施。

（4）密钥管理。IPSec 支持两种密钥管理协议（internet security association and key management protocol，ISAKMP）：手工密钥管理和自动密钥管理。

IPSec 默认的自动密钥管理协议是互联网密钥交换协议（internet key exchange，IKE），它提供了以下功能：

1）协商服务：通信双方协商所使用的协议、密码算法和密钥。

2）身份鉴别服务：对参与协商的双方身份进行认证，确保双方身份的合法性。

3）密钥管理：对协商的结果进行管理。

4）密钥交换：产生和交换密钥。

3. 安全特性

IPSec 的安全特性主要有：

（1）抗抵赖性。发送消息者事后不能否认其发送的消息。

（2）反重播性。确保每个 IP 包的唯一性，保证信息被截取复制后，不能被重新利用、重新传输回目的地址。该特性可以防止攻击者截取破译信息后，再用相同的信息包冒取非法访问权。

（3）数据完整性。防止传输过程中数据被篡改，确保发出数据和接收数据的一致性。IPSec 利用哈希函数检查数据传输过程中的完整性。

（4）数据可靠性。在传输前对数据进行加密，可以保证在传输过程中，即使数据包遭截取，信息也无法被读。该特性在 IPSec 中为可选项，与 IPSec 策略的具体设置相关。

（5）可认证性。数据源发送信任状，由接收方验证信任状的合法性，只有通过认证的系统才可以建立通信连接。

2.3.3　HTTPS 协议

HTTPS（hyper text transfer protocol over secure socket layer）协议是应用层安全协议。HTTPS 协议是基于 SSL 的 HTTP 安全协议，通常工作在标准的 443 端口上。在实

际应用中，HTTPS 协议的使用比较简单。如果一个 Web 服务器提供基于 HTTPS 协议的安全服务，并在客户机上安装该服务器认可的数字证书，则用户便可以使用支持 SSL 协议的浏览器（通常浏览器都支持 SSL 协议，如 IE 浏览器等），并通过“https://服务器名域名”来访问该 Web 服务器。Web 服务器和浏览器之间通过 SSL 协议进行安全通信，提供身份鉴别、数据加密和数据认证等安全服务。

思考练习

1. 简述 OSI 七层协议模型构造。
2. 为什么说 TCP 协议是可靠的传输协议？

第 2 篇

电力调度数据网

第3章 相关网络知识

3.1 概念及分类

3.1.1 网络产生过程

在计算机网络出现的前期，计算机都是独立的设备，每台计算机独立工作，互不联系。计算机与通信技术的结合，对计算机系统的组织方式产生了深远的影响，使计算机之间的相互访问成为可能。不同种类的计算机通过同种类型的通信协议（protocol）相互通信，产生了计算机网络（computer network）。

计算机网络，就是把分布在不同地理区域的计算机以及专门的外部设备利用通信线路互联成一个规模大、功能强的网络系统，从而使众多的计算机可以方便地互相传递信息，共享信息资源。

为了使计算机网络中的不同设备能进行数据通信，预先制订了一整套通信双方相互了解和共同遵守的格式和约定，即网络协议。网络协议是一系列规则和约定的规范性描述，定义了网络设备之间如何进行信息交换。网络协议是计算机网络的基础，只有遵从相应协议的网络设备之间才能够通信。

网络协议多种多样，主要有 TCP/IP 协议、Novell IPX/SPX 协议、IBM SNA（system network architecture）协议等。最为流行的是 TCP/IP 协议栈，它已经成为互联网的标准协议。

3.1.2 网络分类

由于连接介质和通信协议的不同，计算机网络的种类划分方法名目繁多。但一般来讲，计算机网络可以按照它覆盖的地理范围，划分成局域网、城域网、广域网。

1. 局域网（LAN）

局域网是将小区域内的各种通信设备互联在一起所形成的网络，覆盖范围一般局限在房间、大楼或园区内。局域网的特点是距离短、延迟小、数据速率高、传输可靠。局域网络常用网络设备有线缆（cable）、网卡（network interface card）、集线器（hub）、交换机（switch）、路由器（router）。

2. 城域网（MAN）

城域网是在一个城市范围内所建立的计算机通信网。城域网是在 20 世纪 80 年代末在 LAN 的发展基础上提出的，它在技术上与 LAN 有许多相似之处，而与广域网（WAN）

区别较大。MAN 的传输媒介主要为光缆，传输速率在 100Mbit/s 以上。所有联网设备均通过专用连接装置与媒介相连，只是媒质访问控制在实现方法上与 LAN 不同。

3. 广域网（WAN）

广域网连接地理范围较大，WAN 的目的是让分布较远的各局域网互联。广域网常用设备有路由器、调制解调器（modem）。

3.2 常见传输介质及网络接口

3.2.1 传输介质

网络传输介质是网络中发送方与接收方之间的物理通路，它对网络的数据通信具有一定的影响。常见的传输介质有双绞线、同轴电缆、光纤、无线传输媒介。

1. 局域网常见线缆

(1) 双绞线（twisted pair，TP）。将一对以上的双绞线封装在一个绝缘外套中，为了降低信号的干扰程度，电缆中的每一对双绞线一般都是由两根绝缘铜导线相互扭绕而成的。双绞线适合短距离通信，分为非屏蔽双绞线（UTP）和屏蔽双绞线（STP）：UTP 价格便宜，传输速度偏低，但抗干扰能力较差；STP 抗干扰能力较好，具有更高的传输速度，但价格相对较贵。双绞线最大有效传输距离是距集线器 100m。

(2) 同轴电缆。由绕在同一轴线上的两个导体组成。具有抗干扰能力强、连接简单等特点，信息传输速度可达每秒几百兆位，是中、高档局域网的首选传输介质。

(3) 光纤。又称为光缆或光导纤维，由光导纤维纤芯、玻璃网层和能吸收光线的外壳组成，是由一组光导纤维组成的用来传播光束的、细小而柔韧的传输介质。应用光学原理，由光发送机产生光束，将电信号变为光信号，再把光信号导入光纤，在另一端由光接收机接收光纤上传来的光信号，并把它变为电信号，经解码后再处理。与其他传输介质比较，光纤的电磁绝缘性能好、信号衰减小、频带宽、传输速度快、传输距离大，主要用于要求传输距离较长、布线条件特殊的主干网连接，具有不受外界电磁场影响、带宽无限制等特点，可以实现每秒几十兆位的数据传送，尺寸小，质量轻，数据可传送几百千米，但价格昂贵。

光纤分为多模光纤和单模光纤。使用百兆多模光纤时，传输距离最大可到 2km；使用单模光纤时，最大可达 160km。

2. 广域网常见线缆

广域网常见线缆包括电缆和光纤。常见光纤接头如图 3-1 所示，常见光纤连接器（法兰）如图 3-2 所示。

3.2.2 网络接口

(1) 局域网常见接口包括 10Base-T、100Base-T、100Base-TX/FX、1000Base-T、1000Base-SX/LX 等。

(2) 常见的网络接口包括 RS-232、V.24、V.35、BRI、CEI 等。

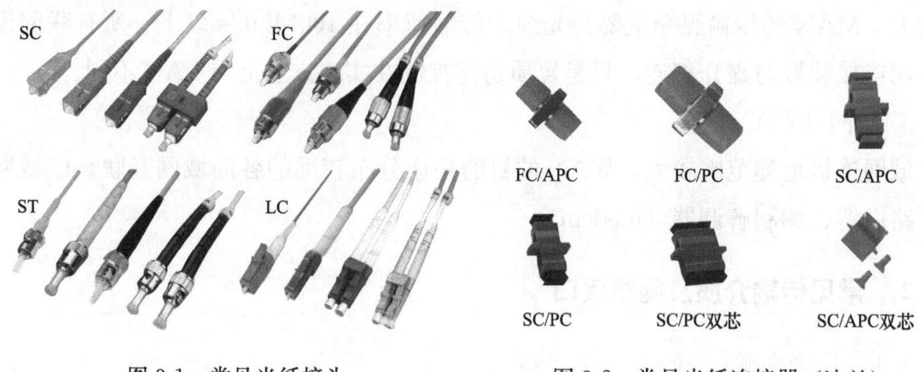

图 3-1 常见光纤接头　　图 3-2 常见光纤连接器（法兰）

3.3 MAC 地址

3.3.1 基本概念

MAC（media access control）地址，用来表示互联网上每一个站点的标识符，采用十六进制数表示，共六个字节（48 位）。

MAC 地址是指数据链路层物理地址，每块网卡在生产出来后，除了基本的功能外，都有一个唯一的编号来标识自己。当有数据发送时，源网络设备查询对端设备的 MAC 地址，然后将数据发送过去。

3.3.2 MAC 地址的组成

MAC 地址通常存在于一个平面地址空间，没有清晰的地址层次，只适合于本网段主机的通信，MAC 地址是由 48 位二进制数组成的，通常分成 6 段，用十六进制表示就是类似 00-D0-09-A1-D7-B7 的一串字符。由于它的唯一性，可用来标识网卡。计算机 MAC 地址如图 3-3 所示。

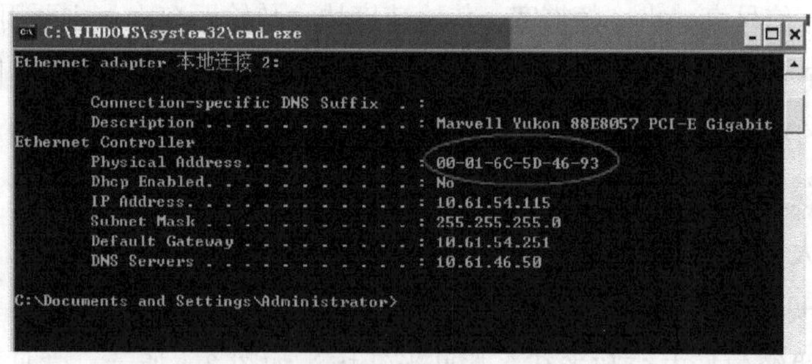

图 3-3 计算机 MAC 地址

3.4 IP 地址基础知识

3.4.1 基本概念

为了方便通信，给每一台计算机都事先分配一个类似日常生活中的电话号码一样的标

识地址，该标识地址就是 IP 地址。根据 TCP/IP 协议规定，IP 地址是由 32 位二进制数组成，而且在互联网范围内是唯一的。例如，某台连接在互联网上的计算机 IP 地址为 11010010 01001001 10001100 00000010，为了方便记忆，将组成计算机 IP 地址的 32 位二进制数分成四段，每段 8 位，中间用小数点隔开，然后将每 8 位二进制数转换成十进制数，这样上述计算机的 IP 地址就变成了 210.73.140.2。

3.4.2　IP 地址的组成

IP 地址，又称逻辑地址，与 MAC 地址一样，IP 地址也是独一无二的。每一台网络设备都用一个唯一的 IP 地址来标识。IP 地址由 32 个二进制位组成，这些二进制数字被分为 4 个 8 位数组（octets），又称 4 个字节。IP 地址的表示方法如图 3-4 所示。

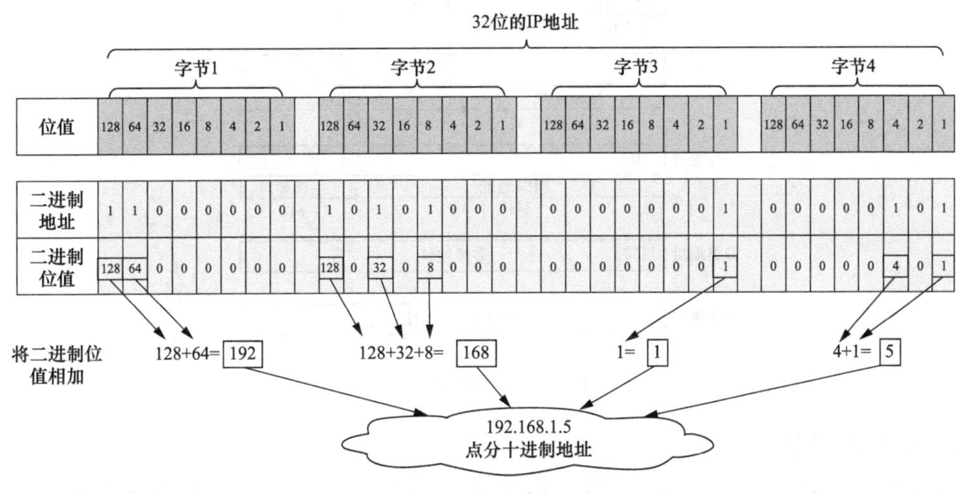

图 3-4　IP 地址格式

由于 IP 地址有 32 个二进制位，在互联网络上，如果每一台三层网络设备，如路由器，为了彼此通信，储存每一个节点的 IP 地址，则需要非常多的路由表，这对路由器来说是不可能的。为了减少路由器的路由表数目，更加有效地进行路由，清晰地区分各个网段，决定对 IP 地址采用结构化的分层方案。IP 地址的结构化分层方案将 IP 地址分为网络部分和主机部分，区分网络部分和主机部分需要借助地址掩码（mask）。网络部分位于 IP 地址掩码前面的连续二进制“1”位，主机部分是后面连续二进制“0”位。

IP 地址的分层方案类似于常用的电话号码。电话号码也是全球唯一的。例如，对于电话号码 010-82882484，前面的字段 010 代表北京的区号，后面的字段 82882484 代表北京地区的一部电话。IP 地址也是一样，前面的网络部分代表一个网段，后面的主机部分代表这个网段的一台设备。IP 地址格式举例如图 3-5 所示。

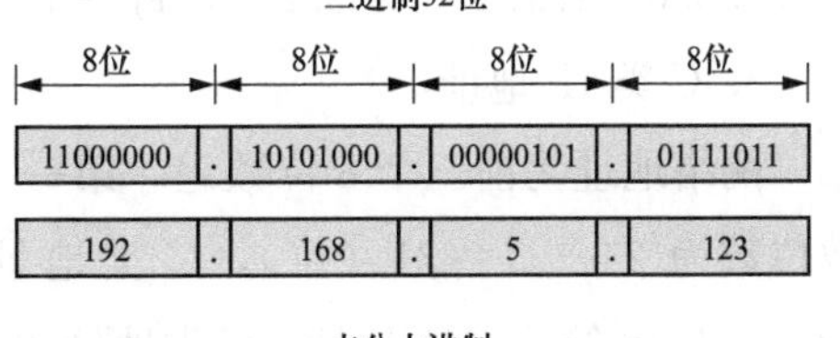

图 3-5　IP 地址格式举例

IP 地址采用分层设计，这样，每一台第三层网络设备就不必储存每一台主机的 IP 地址，而是储存每一个网段的网络地址（网络地址代表了该网段内的所有主机），大大减少了路由表条目，增加了路由的灵活性。

IP 地址的网络部分称为网络地址，网络地址用于唯一地标识一个网段或者若干网段的聚合，同一网段中的网络设备有同样的网络地址。IP 地址的主机部分称为主机地址，主机地址用于唯一地标识同一网段内的网络设备。

3.4.3 IP 地址的分类

最初互联网络设计者根据网络规模大小规定了地址类，把 IP 地址分为 A、B、C、D、E 五类，如图 3-6 所示。

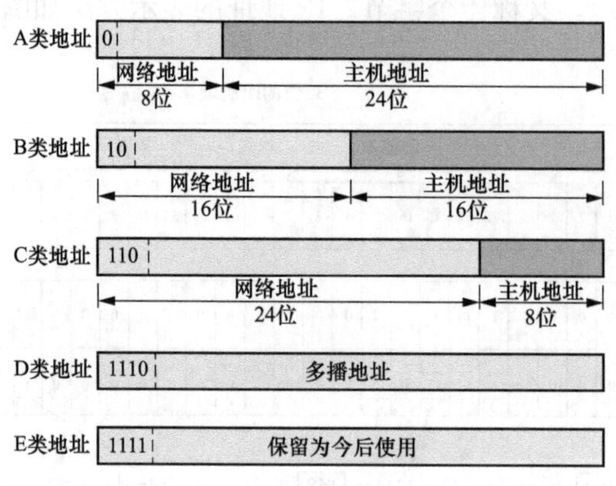

图 3-6 IP 地址分类

1. A 类 IP 地址

网络地址为第一个 8 位数组，第一个字节以“0”开始。因此，A 类网络地址的有效位数为 8－1＝7（位），A 类地址的第一个字节为 1～126 之间（127 留作他用）。例如，10.1.1.1、126.2.4.78 等为 A 类地址。A 类地址的主机地址位数为后面的三个字节 24 位。A 类地址的范围为 1.0.0.0～126.255.255.255，每一个 A 类网络共有 224 个 A 类 1P 地址。

2. B 类 IP 地址

网络地址为前两个 8 位数组，第一个字节以“10”开始。因此，B 类网络地址的有效位数为 16－2＝14（位），B 类地址的第一个字节为 128～191，如 128.1.1.1、168.2.4.78 等为 B 类地址。B 类地址的主机地址位数为后面的两个字节 16 位。B 类地址的范围为 128.0.0.0～191.255.255.255，每一个 B 类网络共有 216 个 B 类 IP 地址。

3. C 类 IP 地址

网络地址为前三个 8 位数组，第一个字节以“110”开始。因此，C 类网络地址的有效位数为 24－3＝21（位），C 类地址的第一个字节为 192～223，例如 192.1.1.1、220.2.4.78 等为 C 类地址。C 类地址的主机地址部分为后面的一个字节 8 位。C 类地址的范围为 192.0.0.0～223.255.255.255，每一个 C 类网络共有 28×256 个 C 类 IP 地址。

4. D类地址

第一个8位数组以“1110”开头，因此，D类地址的第一个字节为224～239。D类地址通常作为组播地址。

5. E类地址

第一个字节为240～255，保留用于科学研究。

3.4.4　IP地址的用途

IP地址用于唯一地标识一台网络设备，但并不是每个IP地址都是可用的。一些特殊的IP地址被用于各种各样的用途，不能用于标识网络设备。主机部分全为“0”的IP地址，称为网络地址，网络地址用来标识一个网段，例如，A类地址1.0.0.0，私有地址10.0.0.0、192.168.1.0等。主机部分全为“1”的IP地址，称为网段广播地址，广播地址用于标识一个网络的所有主机，如10.255.255.255、192.168.1.255等，路由器可以在10.0.0.0或者192.168.1.0等网段转发广播包。广播地址用于向本网段的所有节点发送数据包。

对于网络部分为127的IP地址，如127.0.0.1，往往用于环路测试目的。全“0”的IP地址0.0.0.0代表所有的主机，路由器用地址0.0.0.0指定默认路由。全“1”的IP地址255.255.255.255也是广播地址，但255.255.255.255代表所有主机，用于向网络的所有节点发送数据包，这样的广播不能被路由器转发。

如上所述，每一个网段都会有一些IP地址不能用作主机IP地址。

3.4.5　IP地址计算

例如：B类网段172.160.0.0，有16个主机位，因此有2^{16}个IP地址，去掉一个网络地址172.16.0.0、一个广播地址172.16.255.255不能用作标识主机，那么共有（$2^{16}-2$）个可用地址。

例如：C类网段192.168.1.0，有8个主机位，共有256个IP地址，去掉一个网络地址192.168.1.0、一个广播地址192.168.1.255，共有254个可用主机地址。

现在，可以这样计算每一个网段可用主机地址：假定这个网段的主机部分位数为n，那么可用的主机地址个数为（2^n-2）个。

3.5　IP地址子网划分

3.5.1　基础知识

1. IP地址子网划分的必要性

对于没有子网的IP地址组织，其外部可看作单一网络，不需要知道内部结构。例如，所有到地址172.16.×.×的路由被认为同一方向，不考虑地址的第三和第四个8位分组，这种方案能够减少路由表的数目。

但这种方案没办法区分一个大的网络内不同的IP地址子网网络段，这使网络内所有主机都能收到在该网络内的广播，会降低网络的性能，也不利于管理。例如，一个B类网段可容纳65000个主机，但是没有任何一个单位能够同时管理这么多主机，这就需要一种方法将这种网络分为不同网段，按照各个子网段进行管理。从地址分配的角度来看，子网是网段地址的扩充。网络管理员根据组织增长的需要决定子网的大小。

2. IP地址子网划分的原则

网络设备使用子网掩码（subnet masking）决定IP地址中哪部分为网络部分，哪部分为主机部分。子网掩码使用与IP地址一样的格式。子网掩码的网络部分和子网部分全都是1，主机部分全都是0。默认状态下，如果没有进行子网划分，A类网络的子网掩码为255.0.0.0，B类网络的子网掩码为255.255.0.0，C类网络子网掩码为255.255.255.0。利用子网可使网络地址的使用更有效。对外仍为一个网络，对内部而言，则分为不同的子网。

3. IP地址子网划分的方法

（1）选择的子网掩码将会产生 2^X 个子网（X 代表子网位，即二进制为1的部分）。这里的 X 是指除去默认掩码后的子网位。例如，网络地址192.168.1.1，掩码255.255.255.192，因为是C类地址，掩码为255.255.255.0，那么255.255.255.192（X.X.X.11000000）使用了两个1作为子网位。

（2）每个子网能有 2^Y 个主机（Y 代表主机位，即二进制为0的部分）。

（3）有效子网的子网号为256－1，十进制的子网掩码为255。

（4）每个子网的广播地址是下一个子网号减1。

3.5.2 子网划分计算

把一个网络划分成多个子网，要求每一个子网使用不同的网络标识ID。但是每个子网的主机数不一定相同，而且相差很大，如果每个子网都采用固定长度子网掩码，而每个子网上分配的地址数相同，会造成地址的大量浪费，这时候可以采用变长子网掩码（variable length subnet masking，VLSM）技术。对节点数比较多的子网采用较短的子网掩码，子网掩码较短的地址可表示的网络/子网数较少，而子网可分配的地址较多；节点数比较少的子网采用较长的子网掩码，可表示的逻辑网络/子网数较多，而子网上可分配地址较少。这种寻址方案必能节省大量的地址，节省的这些地址可以用于其他子网上。

1. 利用子网数来计算

在求子网掩码之前必须先搞清楚要划分的子网数目，以及每个子网内的所需主机数目。

（1）将子网数目转化为二进制来表示。

（2）取得该二进制的位数，为 N。

（3）取得该IP地址的类子网掩码，将其主机地址部分的前 N 位置1，即得出该IP地址划分子网的子网掩码。

举例：将 B 类 IP 地址 168.195.0.0 划分成 27 个子网。

（1）27=11011；

（2）该二进制为五位数，$N=5$；

（3）将 B 类地址的子网掩码 255.255.0.0 的主机地址前 5 位置 1，得到 255.255.248.0。

2. 利用主机数来计算

（1）将主机数目转化为二进制来表示。

（2）如果主机数小于或等于 254（注意去掉保留的两个 IP 地址），则取得该主机的二进制位数为 N，这里肯定 $N<8$；如果主机数大于 254，则 $N>8$，这就是说主机地址将占据不止 8 位。

（3）使用 255.255.255.255 来将该类 IP 地址的主机地址位数全部置为 1，然后从后向前将 N 位全部置为 0，即为子网掩码值。

举例：将 B 类 IP 地址 168.195.0.0 划分成若干子网，每个子网内有主机 700 台。

（1）700=1010111100；

（2）该二进制为十位数，$N=10$（1001）；

（3）将该 B 类地址的子网掩码 255.255.0.0 的主机地址全部置 1，得到 255.255.255.255，再从后向前将后 10 位置 0，即为 11111111.11111111.11111100.00000000，即 255.255.252.0。这就是欲划分成主机为 700 台的 B 类 IP 地址 168.195.0.0 的子网掩码。

3.6　网桥、集线器、交换机、路由器的基本原理和功能

1. 网桥

（1）基本原理：网桥插在计算机主板插槽中，负责将用户要传递的数据转换为网络上其他设备能够识别的格式，通过网络介质传输。它的主要技术参数为带宽、总线方式、电气接口方式。

（2）基本功能：网桥具有一定的路径选择功能，它在任何时候收到一个帧以后，都要确定其正确的传输路径，将帧送到相应的目的站点。

2. 集线器

（1）基本原理：集线器是单一总线共享式设备，提供很多网络接口，负责将网络中多个计算机连在一起。所谓共享，是指集线器所有端口共用一条数据总线，同一时刻只能有一个用户传输数据，因此平均每用户（端口）传递的数据量、速率等受活动用户（端口）总数量的限制。

（2）基本功能：它只是对数据的传输起到同步、放大和整形的作用，对数据传输中的短帧、碎片等无法进行有效的处理，不能保证数据传输的完整性和正确性。

3. 交换机

（1）基本原理：交换机也称交换式集线器（switched hub），它同样具备许多接口，提供多个网络节点互联。但它的性能却较共享集线器（shared hub）大为提高：相当于拥有多条总线，各端口设备能独立地进行数据传递而不受其他设备影响，表现在用户面前即是各端口有独立、固定的带宽。此外，交换机还具备集线器欠缺的功能，如数据过滤、网络分段、广播控制等。

（2）基本功能：交换机按照通信两端传输信息的需要，用人工或设备自动完成的方法，把要传输的信息送到符合要求的相应路由上，广义的交换机（switch）就是一种在通信系统中完成信息交换功能的设备。

4. 路由器

（1）基本原理：路由器是一种用于网络互联的计算机设备，工作在OSI参考模型的第三层（网络层），为不同网络之间的报文寻径并存储转发。通常路由器还会支持两种以上的网络协议以支持异种网络互联，一般的路由器还会运行一些动态路由协议以实现动态寻径。

（2）基本功能：路由器有两大典型功能，即数据通道功能和控制功能。数据通道功能包括转发决定、背板转发以及输出链路调度等，一般由特定的硬件来完成；控制功能一般用软件来实现，包括与相邻路由器之间的信息交换、系统配置、系统管理等。

思考练习

1. 如何查看机器的IP地址和MAC地址？
2. 如何进行IP地址子网划分？

第4章　网络协议知识

4.1　TCP、UDP协议

4.1.1　基本概念

1. 传输控制（TCP）协议

为应用程序提供可靠的面向连接的通信服务，适用于要求得到响应的应用程序。许多流行的应用程序都使用TCP协议。

2. 用户数据报（UDP）协议

提供无连接通信，适合于一次传输小量数据，且不对传送数据报进行可靠的保证，可靠性由应用层负责。TCP协议为终端设备提供了面向连接的、可靠的网络服务，UDP协议为终端设备提供了无连接的、不可靠的数据报服务。

4.1.2　用途及特点

（1）UDP报文格式如图4-1所示，TCP报文格式如图4-2所示。

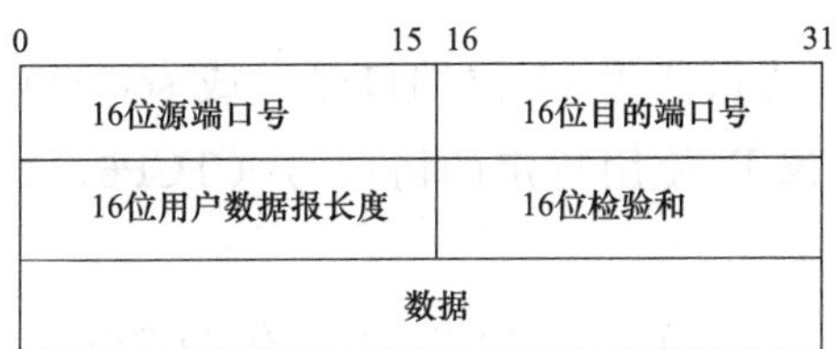

图4-1　UDP报文格式

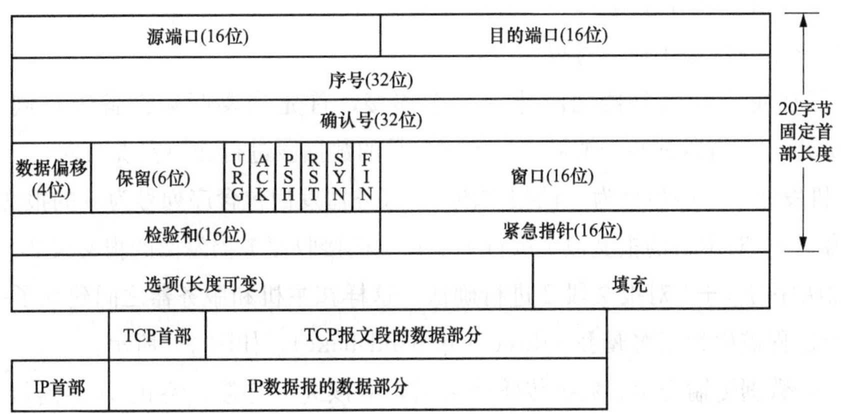

图4-2　TCP报文格式

(2) 每个 TCP 报文头部都包含源端口号（source port）和目的端口号（destination port），用于标识和区分源端设备和目的端设备的应用进程。在 TCP/IP 协议栈中，源端口号和目的端口号分别与源 IP 地址和目的 IP 地址组成套接字（socket），唯一地确定一条 TCP 连接序列号（sequence number）字段用来标识 TCP 源端设备向目的端设备发送的字节流，它表示在这个报文段中的第一个数据字节。如果将字节流看作在两个应用程序间的单向流动，则 TCP 用序列号对每个字节进行计数，序列号是一个 32 位的数。既然每个传输的字节都被计数，确认序号（acknowledgement number，32 位）包含发送确认的一端所期望接收到的下一个序号。因此，确认序号应该是上次已成功收到的数据字节序列号加 1。

(3) TCP 的流量控制由连接的每一端通过窗口大小来提供。窗口大小用数据包来表示，例如窗口大小等于 3，表示 1 次可以发送 3 个数据包。窗口大小起始于确认字段指明的值，是一个 16 位字段。窗口大小可以调节。

(4) 校验和（check sum）字段用于校验 TCP 报头部分和数据部分的正确性。

(5) 相对于 TCP 报文，UDP 报文只有少量的字段：源端口号、目的端口号、长度、校验和等，各个字段功能和 TCP 报文相应字段一样。UDP 报文没有可靠性保证字段、顺序保证字段、流量控制字段等，可靠性较差。

(6) 使用传输层 UDP 服务的应用程序的优势：由于 UDP 协议较少的控制选项，在数据传输过程中，延迟较小，数据传输效率较高，适合于对可靠性要求并不高的应用程序，或者可以保障可靠性的应用程序（如 DNSTFTPSNMP 等）；UDP 协议也可以用于传输链路可靠的网络。

(7) TCP 协议和 UDP 协议使用 16 位端口号（或 socket）来表示和区别网络中的不同应用程序，网络层协议 IP 使用特定的协议号（TCP6、UDP17）来表示和区别传输层协议。

(8) 常用端口号举例。常用的 TCP 端口号有 HTTP80、FTP20/21、Telnet 23、SMTP 25、DNS 53 等；常用的保留 UDP 端口号有 DNS 53、BootP67（server）/68（client）TFTP69、SNMP 161 等。

(9) TCP 的三次握手通信过程。

1) 为了在主机和服务器之间建立一个连接，首先需要两端设备进行同步。同步（synchronization）是通过各个携带有初始序列号的数据段进行交换实现的。

2) 主机发送一个序列号为 x 的报文段 1；服务器发回包含序列号为 y 的报文段 2，并用确认序号 $x+1$ 对主机的报文段 1 进行确认；主机接收服务器发回的报文段 2，发送报文段 3，用确认序号 $y+1$ 对报文段 2 进行确认。这样在主机和服务器之间建立了一条 TCP 连接，这个过程被称为三次握手（three-way handshake），如图 4-3 所示。

接下来，数据传输开始。数据传输结束后，应该终止连接。终止 TCP 连接需要 4 次握手。TCP 滑动窗口技术通过动态改变窗口大小来调节两台主机间数据的传输。

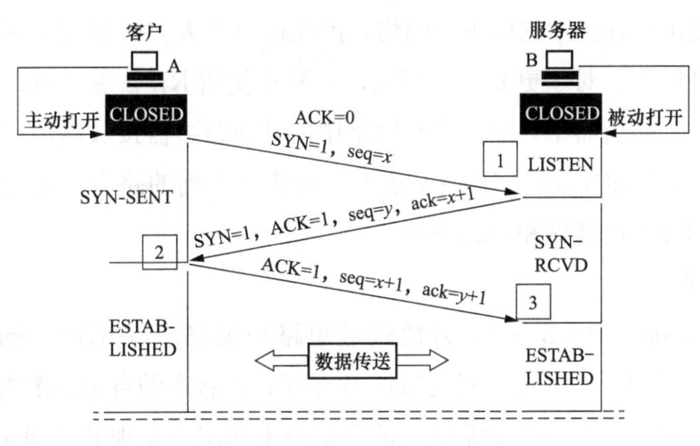

图 4-3　TCP 协议三次握手示意图

4.2　网际控制协议 ICMP

4.2.1　基本原理

网际控制消息协议（ICMP）是一个网络层的协议，它提供了错误报告和其他回送给源点的关于 IP 数据包处理情况的消息。ICMP 通常为 IP 层或者更高层协议使用，一些 ICMP 报文把差错报文返回给用户进程。ICMP 报文通常被封装在 IP 数据包内传输。

4.2.2　传输规则

（1）ICMP 包含几种不同的消息，其中 ping 程序借助于 echo request 消息，主机可通过它来测试网络的可达性。

（2）ICMP 还定义了源抑制（source quench）报文。当路由器的缓冲区满后，送入的报文被丢弃，此时路由器向发送报文的主机发送源抑制报文，要求降低发送速率。

（3）源端发起 echo request 消息，目的端回应 echo reply 消息。

4.3　内部、外部网关协议

4.3.1　内部网关协议

1. RIP 协议

IGP（interior gateway protocol，内部网关协议）在同一个自治系统内交换路由信息，RIP、OSPF、IGRP、IS-IS 都属于 IGP。IGP 的主要目的是发现和计算自治域内的路由信息。

其中，RIP（routing information protocol，路由信息协议）是一种相对简单的动态路由协议，但在实际使用中有着广泛的应用。RIP 是一种基于 D-V 算法的路由协议，它通过 UDP 交换路由信息，每隔 30s 向外发送一次更新报文。如果路由器经过 180s 没有收到来自对端的路由更新报文，则将所有来自此路由器的路由信息标识为不可达；若在其后 120s 内仍未收到更新报文，就将该条路由从路由表中删除。RIP 使用跳数（hop count）来衡量到达目的网络的距离，称为路由（routing metric）。RIP 协议是最早使用的 IGP 之一，

RIP 被设计用于使用同种技术的中小型网络，因此适应于大多数的校园网和使用速率变化不是很大的区域性网络。对于更复杂的环境，一般不使用 RIP。在实现时，RIP 作为一个系统长驻进程存在于路由器中，它负责从网络中的其他路由器接收路由信息，从而对本地 IP 层路由表作动态的维护，保证 IP 层发送报文时选择正确的路由，同时广播本路由器的路由信息，通知相邻路由器做相应的修改。

2. OSPF 协议

OSPF（open shortest path first，开放式最短路径优先）是 IETF（internet engineering task force，互联网工程任务组）组织开发的一个基于链路状态的自治系统内部路由协议。在 IP 网络上，它通过收集和传递自治系统的链路状态来动态地发现并传播路由。OSPF 协议具有如下特点：

（1）适应范围。OSPF 支持各种规模的网络，最多可支持几百台路由器。

（2）快速收敛。如果网络的拓扑结构发生变化，OSPF 立即发送更新报文，使这一变化在自治系统中同步。

（3）无自环。由于 OSPF 通过收集到的链路状态用最短路径树算法计算路由，故从算法本身保证了不会生成自环路由。

（4）子网掩码。由于 OSPF 在描述路由时携带网段的掩码信息，所以 OSPF 协议不受自然掩码的限制，对 VLSM（variable length subnet mask，可变长子网掩码）提供很好的支持。

（5）区域划分。OSPF 协议允许自治系统的网络被划分成区域来管理，区域间传送的路由信息被进一步抽象，从而减少了占用网络的带宽。

（6）等值路由。OSPF 支持到同一目的地址的多条等值路由。

（7）路由分级。OSPF 使用 4 类不同的路由，按优先顺序来说分别是区域内路由、区域间路由、第一类外部路由、第二类外部路由。

（8）支持验证。它支持基于接口的报文验证以保证路由计算的安全性。

（9）组播发送。OSPF 在有组播发送能力的链路层上以组播地址发送协议报文，既起到了广播的作用，又最大限度地减少了对其他网络设备的干扰。

（10）路由器地址（router ID）。一台路由器如果要运行 OSPF 协议，必须存在 router ID，如果没有配置 look back 接口，OSPF 会从当前接口的 IP 地址中自动选择一个作为 ID。如果一台路由器的 router ID 在运行中改变，必须重启 OSPF 协议或重启路由器才能运行 OSPF 协议。

OSPF 有以下三种主要的报文类型：

（1）hello 报文（hello packet）。hello 报文是最常用的一种报文，周期性地发送给本路由器的邻居，内容包括一些定时器的数值、DR、BDR，以及自己已知的邻居。

（2）LSU 报文（link state update packet）。用来向对端路由器发送所需要的 LSA，内

容是多条 LSA（全部内容）的集合。

（3）LSAck 报文（link state acknowledgment packet）。用来对接收到的 LSU 报文进行确认，内容是需要确认的 LSA 的 HEAD（一个报文可对多个 LSA 进行确认）

3. IGRP 协议

IGRP（interior gateway routing protocol，内部网关路由协议）是一种在自治系统中提供路由选择功能的思科公司设备专有路由协议，IGRP 支持多路径路由选择服务。在循环方式下，两条同等带宽线路能运行单通信流，如果其中一根线路传输失败，系统会自动切换到另一根线路上。多路径可以是具有不同标准但仍然奏效的多路径线路。如一条线路比另一条线路优先 3 倍（即标准低 3 级），那么意味着这条路径可以使用 3 次。只有符合某特定最佳路径范围或在差量范围之内的路径才可以用作多路径。差量是网络管理员可以设定的另一个值。

4. IS-IS 协议

IS-IS 是一种路由选择协议，是基于 OSI 域内的路由选择协议，intermediate system 是 OSI 中 router 的叫法。IS-IS 可以用作 IGP 内部网关协议以支持纯 IP 环境、纯 OSI 环境和多协议环境。IS-IS 是一种链路状态协议，基于 SPF 算法，以寻找到目标的最佳路径，由于 SPF 算法本身的优势，IS-IS 协议天生具有抵抗路由环路的能力。

4.3.2 外部网关协议

1. BGP 的基本概念

BGP 是一种自治系统间的动态路由发现协议，它的基本功能是在自治系统间自动交换无环路的路由信息，通过交换造自治区域的拓扑图，从而消除路由环路并使内部运行的协议对应，在自治带有自治系统号（AS）序列属性的路径可达信息，来构施用户配置的路由策略。

2. BGP 的特点

BGP 支持无类别域间路由 CIDR（classless inter-domain routing），有时也称为 super netting（超级网络），这是对 BGP-3 的一个重要改进，CIDR 以一种全新的方法看待 IP 地址，不再区分 A 类网、B 类网、C 类网。CIDR 的引入简化了路由聚合（routes aggregation），路由聚合实际上是合并几个不同路由的过程，从通告几条路由变为通告一条路由，简化了路由表。路由更新时，BGP 只发送增量路由，大大减少了 BGP 传播路由所占用的带宽，适用在互联网上传播大量的路由信息。BGP 的特点如下：

（1）自治系统间通信。BGP 协议专门用于自治系统间的路由信息通信。

（2）多个对等 BGP 路由器之间的协调。

（3）可达信息的传播。内部可达的目的站，以及通过可到达的目的站。

（4）下一跳信息。BGP 为每个目的站提供下一跳信息。

（5）策略支持。BGP 可以实现本地管理员选择的策略，区分自治系统内计算机可达的目的站和通告给其他自治系统的目的站。

(6) 可靠传输。网络主干路由，可靠性要求高。采用 TCP 协议传输。

(7) 路径信息。通告全路径信息。

(8) 增加更新。节约带宽资源，第一次交换完整信息。后续报文只携带变化的信息。

(9) 支持无类型编址。协议不需要地址自标识，而提供了掩码和网络地址一起发送的方式。

(10) 路由聚集。BGP 通过路由聚集，将若干路由信息聚集在一起，并发送单一条目来表示多个相关的目的站，节约了网络带宽。

(11) 鉴别。BGP 允许接收方对报文进行鉴别，验证发送方的身份。

4.4 虚拟专用网络 VPN

4.4.1 基本概念及功能

1. 基本概念

虚拟专用网络（virtual private network，VPN）是通过一个公用网络（通常是互联网）建立的一个临时的、安全的连接，是一条穿过混乱的公用网络的安全、稳定的隧道。可以理解成是虚拟出来的企业内部专线，可通过特殊的加密的通信协议在连接互联网上的位于不同地方的两个或多个企业内部网之间建立一条专有的通信线路，好比是架设了一条专线一样，但是它并不需要真正地去铺设光缆之类的物理线路，如去电信局申请专线，但是不用给铺设线路的费用，也不用购买路由器等硬件设备。

VPN 技术原来是路由器具有的重要技术之一，交换机、防火墙设备或 Windows 2000 等软件也都支持 VPN 功能。总之，VPN 的核心就是在利用公共网络建立虚拟私有网。

2. 功能

虚拟专用网是对企业内部网的扩展。虚拟专用网可以帮助远程用户、公司分支机构、商业伙伴及供应商与公司的内部网建立可信的安全连接，并保证数据的安全传输。虚拟专用网可用于不断增长的移动用户的全球互联网接入，以实现安全连接；可用于实现企业网站之间安全通信的虚拟专用线路，用于经济有效地连接到商业伙伴和用户的安全外联网虚拟专用网。

4.4.2 VPN 方案

根据业务用途不同，VPN 可分为三种，即企业内部虚拟专网（Intranet VPN）、扩展的企业内部虚拟专网（Extranet VPN）、远程访问虚拟专网（Access VPN）。

1. Intranet VPN

Intranet VPN 通过公用网络进行企业内部的互联，是传统专网或其他企业网的扩展或替代形式。

使用 Intranet VPN，企事业机构的总部、分支机构、办事处或移动办公人员可以通过公有网络组成企业内部网络。VPN 也用来构建银行、政府等机构的 Intranet。

典型的 Intranet 例子就是连锁超市、仓储物流公司、加油站等具有连锁性质的机构。

2. Extranet VPN

Extranet 利用 VPN 将企业网延伸至供应商、合作伙伴与客户处，在具有共同利益的不同企业间通过公网构筑 VPN，使部分资源能够在不同 VPN 用户间共享。

在传统的专线构建方式下，Extranet 通过专线互联实现，需要维护网络管理与访问控制，甚至还需要在用户侧安装兼容的网络设备。虽然可以通过拨号方式构建 Extranet，但此时需要为不同的 Extranet 用户进行设置，同样降低不了复杂度。因合作伙伴与客户的分布广泛，拨号方式的 Extranet 需要昂贵的建设与维护费用。因此，企业常常放弃构建 Extranet，使得企业间的商业交易程序复杂化，商业效率被迫降低。

Extranet VPN 以其易于构建和管理为以上问题提供了有效的解决方案，其实现技术与 Intranet VPN 相同。企业间通常使用 VPN 来构建 Extranet。为了保证 QoS，企业外部通信一般不直接使用 Internet。并且，企业间的通信数据通常是敏感的，而 Extranet 的安全性比 Internet 强。Extranet VPN 的访问权限可以由各个 Extranet 用户自己通过防火墙等手段来设置与管理。

3. Access VPN

Access VPN 使出差流动员工、家庭办公人员和远程小办公室工作人员可以通过廉价的拨号介质接入企业内部服务器，与企业的 Intranet 和 Extranet 建立私有网络连接。Access VPN 也叫作 VPDN。

Access VPN 有两种类型：一种是用户发起（Client-initiated）的 VPN 连接，另一种是接入服务器发起（NAS-initiated）的 VPN 连接。

4.5 MPLS（多协议标签交换）技术介绍

4.5.1 应用范围及功能

1. 应用范围

MPLS 是一个可以在多种第二层媒质上进行标记交换的网络技术。这一技术结合了第二层交换和第三层路由的特点，将第二层的基础设施和第三层的路由有机地结合起来。第三层的路由在网络的边缘实施，而在 MPLS 的网络核心采用第二层交换。

2. 功能

（1）通过在每一个节点的标签交换来实现包的转发。它不改变现有的路由协议，并可以在多种第二层的物理媒质上实施，有 ATM、FR（帧中继）、Ethernet 及 PPP 等媒质。

（2）通过 MPLS，第三层的路由可以得到第二层技术的很好补充，充分发挥第二层良好的流量设计管理以及第三层“Hop-By-Hop（逐跳寻径）”路由的灵活性，以实现端到端的 QoS 保证。

4.5.2 MPLS 特点

1. MPLS 的工作机制

MPLS 是一种特殊的转发机制，它为进入网络中的 IP 数据包分配标记，并通过对标记的交换来实现IP数据包的转发。标记作为IP包头在网络中的替代品而存在，在网络内部MPLS在数据包所经过的路径沿途通过交换标记（而不是看IP包头）来实现转发。当数据包要退出MPLS网络时，数据包被解开封装，继续按照IP包的路由方式到达目的，MPLS转发机制如图4-4所示。

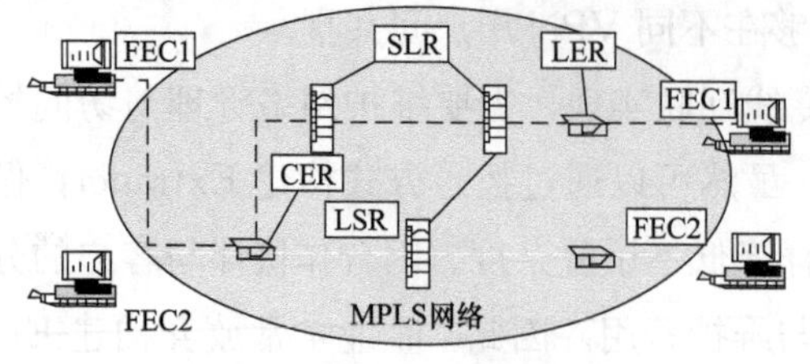

图4-4 MPLS转发机制

MPLS网络包含一些基本的元素。在网络边缘的节点称为标记边缘路由器（LER）；而网络的核心节点就称为标记交换路由器（LSR）。LER节点在MPLS网络中完成的是IP包的进入和退出过程，LSR节点在网络中提供高速交换功能。在MPLS节点之间的路径就叫标记交换路径。一条LSP可以看作是一条贯穿网络的单向隧道。

2. MPLS的工作流程

MPLS的工作流程可以分为几个方面，即网络的边缘行为、网络的核心行为以及如何建立标记交换路径。

（1）网络的边缘行为。当IP数据包到达一个LER时，MPLS第一次应用标记。首先，LER要分析IP包头的信息，并且按照它的目的地址和业务等级加以区分。

在LER中，MPLS使用了转发等价类（FEC）的概念来将输入的数据流映射到一条LSP上。简单地说，FEC就是定义了一组沿着同一条路径、有相同处理过程的数据包。这就意味着所有FEC相同的包都可以映射到同一个标记中。

对于每一个FEC，LER都建立一条独立的LSP穿过网络，到达目的地。数据包分配到一个FEC后，LER就可以根据标记信息库（LIB）来为其生成一个标记。标记信息库将每一个FEC都映射到LSP下一跳的标记上。如果下一跳的链路是ATM，则MPLS将使用ATM VCC里的VCI作为标记。

转发数据包时，LER检查标记信息库中的FEC，然后将数据包用LSP的标记封装，从标记信息库所规定的下一个接口发送出去。

（2）网络的核心行为。当一个带有标记的包到达LSR的时候，LSR提取入局标记，同时以它作为索引在标记信息库中查找。当LSR找到相关信息后，取出出局的标记，并由出局标记代替入局标签，从标记信息库中所描述的下一跳接口送出数据包。

最后，数据包到达了MPLS域的另一端，在这一点，LER剥去封装的标记，仍然按照IP包的路由方式将数据包继续传送到目的地。

（3）如何建立标记交换路径。据数包到达了MPLS域的另一端，在这一点，LER剥去封装的标记，仍然按照IP包的路由方式将数据包继续传送到目的地。

第 5 章　电力调度数据网双平面

5.1　网络架构

5.1.1　整体架构模式

国家电力调度数据网由骨干网和各级调度接入网两部分组成，骨干网用于数据的传输和交换，接入网用于各厂站接入。

骨干网采用双平面架构模式（即骨干网第一平面、骨干网第二平面），分别由国调、网调、省调和地调节点组成。其中省级以上节点构成骨干网核心层，地调（包括省调备调）节点构成骨干网骨干层。

接入网由各级调度接入网即国调接入网、网调接入网、省调接入网和地调接入网组成，其中各级调度接入网又分别通过两点接入骨干网双平面。

220kV 及以上厂站按双机配置，分别接入不同的接入网中；110kV 及以下厂站按单机配置，接入地调接入网中，即国调直调厂站应接入国调接入网和网调接入网，网调直调厂站应接入网调接入网和省调接入网，省调直调厂站应接入省调接入网和地调接入网，地调直调厂站和县调应接入地调接入网。具体如图 5-1 所示。

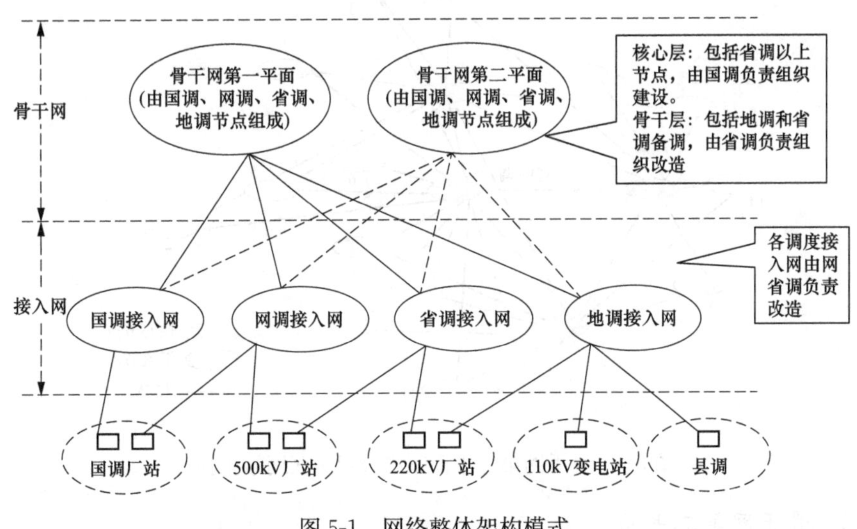

图 5-1　网络整体架构模式

5.1.2　骨干网第一平面

（1）省调以上节点网络拓扑（国调负责建设），具体如图 5-2 所示。

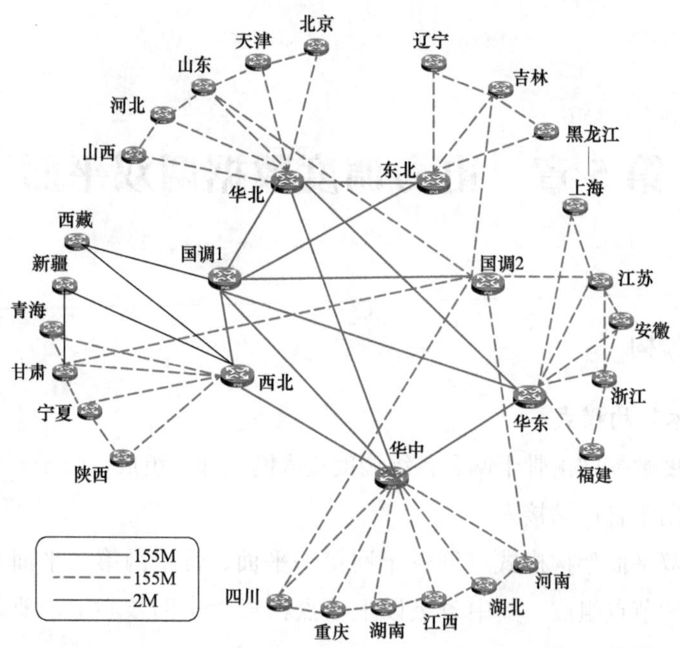

图 5-2 骨干网第一平面省调以上节点网络拓扑

(2) 某省公司子区网络拓扑。采用分层架构模式，由 4 个核心节点和 15 个汇聚节点组成。核心节点设置在省调、A 地调、B 地调和 C 地调，其他 15 个地调为汇聚节点。核心与核心节点之间采用 155M 两两互联，汇聚节点通过两路 155M 上联至两个不同的核心节点。具体如图 5-3 所示。

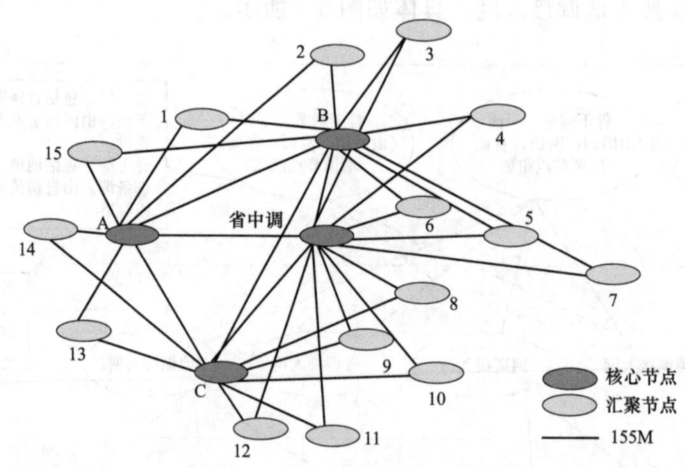

图 5-3 骨干网第一平面某省公司子区网络拓扑

5.1.3 骨干网第二平面

(1) 省调以上节点网络拓扑（国调负责建设），国家电网调度数据网第二平面网、省调骨干网拓扑具体如图 5-4 所示。

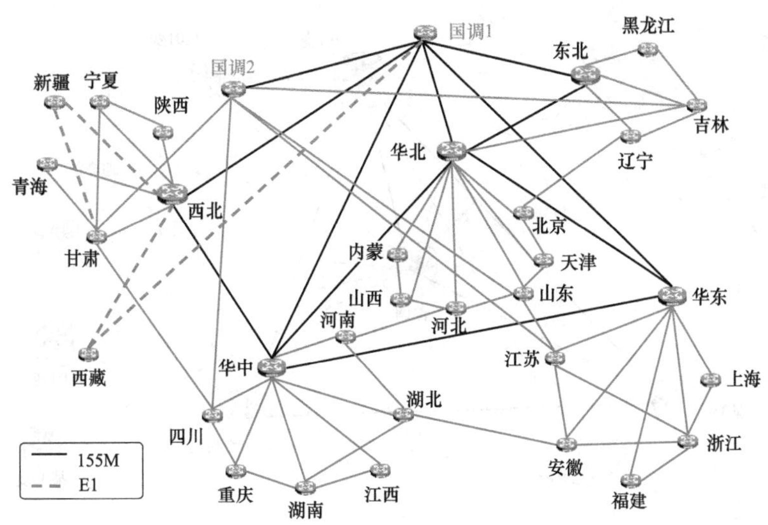

图 5-4　骨干网第二平面省调以上节点网络拓扑

（2）某省公司子区网络拓扑。采用分层架构模式，由 4 个核心节点和 15 个汇聚节点组成。核心节点设置在省调、甲地调、乙地调和丙地调，其他 15 个地调为汇聚节点。核心与核心节点之间采用 155M 两两互联，汇聚节点通过两路 155M 上联至两个不同的核心节点。具体如图 5-5 所示。

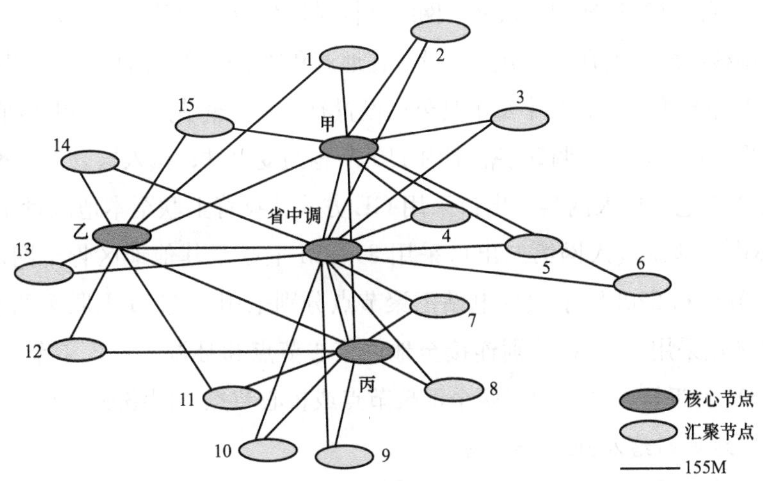

图 5-5　骨干网第二平面某省公司子区网络拓扑

5.1.4　省调接入网

以某省电力公司为例，省调接入网网络架构采用分层结构，分为核心层、汇聚层和接入层。核心层由 4 个节点组成即省调、某 1 变、某 2 变和某 3 变；汇聚层由 15 个节点组成，设置在 220kV 及 500kV 枢纽变电站即某 01 变、某 02 变、某 03 变、某 04 变、某 05 变、某 06 变、某 07 变、某 08 变、某 09 变、某 10 变、某 11 变、某 12 变、某 13 变、某 14 变、某 15 变；接入层为所有 220kV 及以上变电站。核心节点之间连接带宽为 8×2M；核心节点与汇聚节点之间带宽为 4×2M，接入节点与汇聚节点之间带宽为 1×2M。具体如图 5-6 所示。

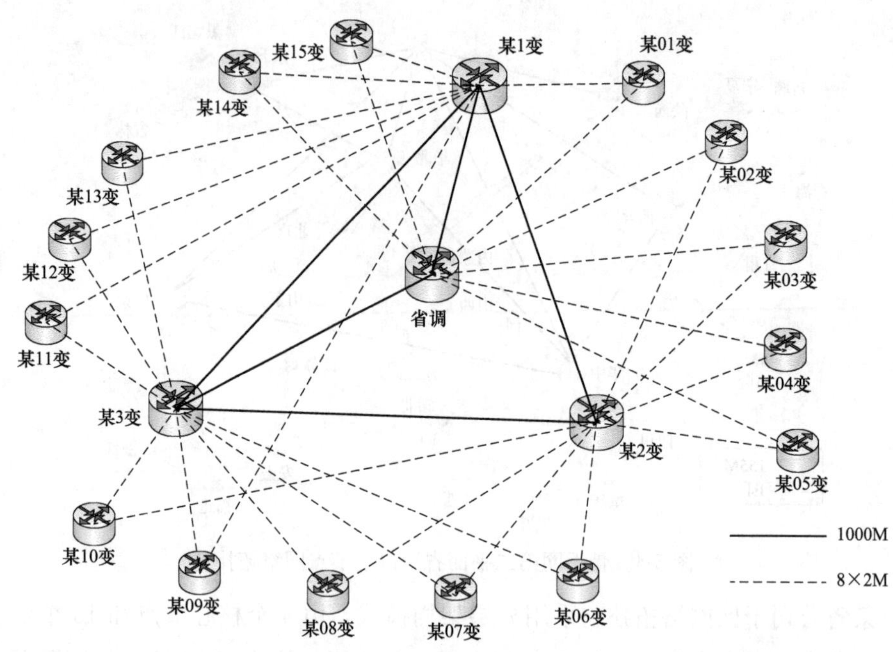

图 5-6 省调接入网网络拓扑

5.1.5 地调接入网

地区调度数据网（简称地调接入网）网络结构采用分层架构模式，分为核心层、汇聚层和接入层。其中核心层设置有2个节点，设置在地调和通信网第二出口；汇聚节点设置在各县公司和220kV枢纽变电站，其中每个县公司设置有2个汇聚节点，第一汇聚节点设置在各县调，第二汇聚节点设置在县调管辖范围内110kV枢纽变电站；接入层设置在各厂站。

第一核心作为地调接入网第一出口采用GE方式背靠背上联至本地区骨干网双平面节点，第二核心作为地调接入网第二出口采用8×2M上联至其他地区骨干网双平面节点；县调第二汇聚节点和220kV枢纽变电站汇聚节点分别采用8×2M上联至两个核心节点，县调第一汇聚节点采用8×2M分别连接至地调核心节点和县调第二汇聚节点；接入厂站分别采用1×2M就近接入到本地区两个汇聚节点或核心节点。网络示意图如图5-7所示。

5.1.6 厂站端网络及业务接入方式

1. 厂站端网络接入

接入厂站分别通过E1 2M上联至两个不同的接入网，即500kV厂站分别通过1×2M上联网调接入网和省调接入网，220kV厂站分别通过1×2M上联省调接入网和过渡期地调接入网。具体接入方式详见图5-8。

2. 接入业务

(1) 地调端：

安全区Ⅰ：能量管理系统（EMS）。

安全区Ⅱ：电能量计费小主站、即时信息系统、安全管理平台、DTS。

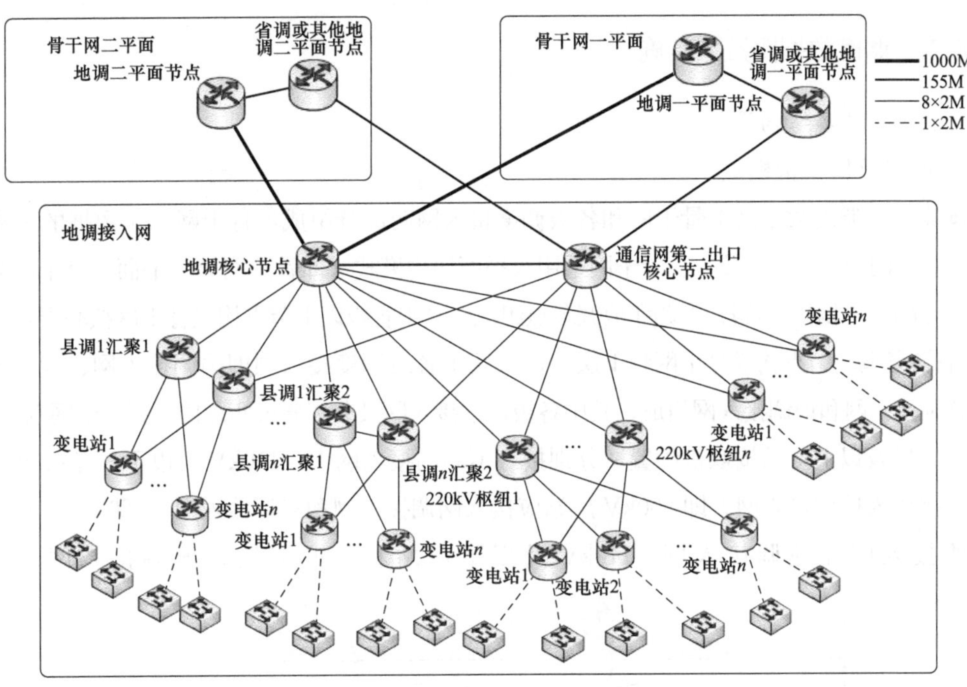

图 5-7　地调接入网网络示意图

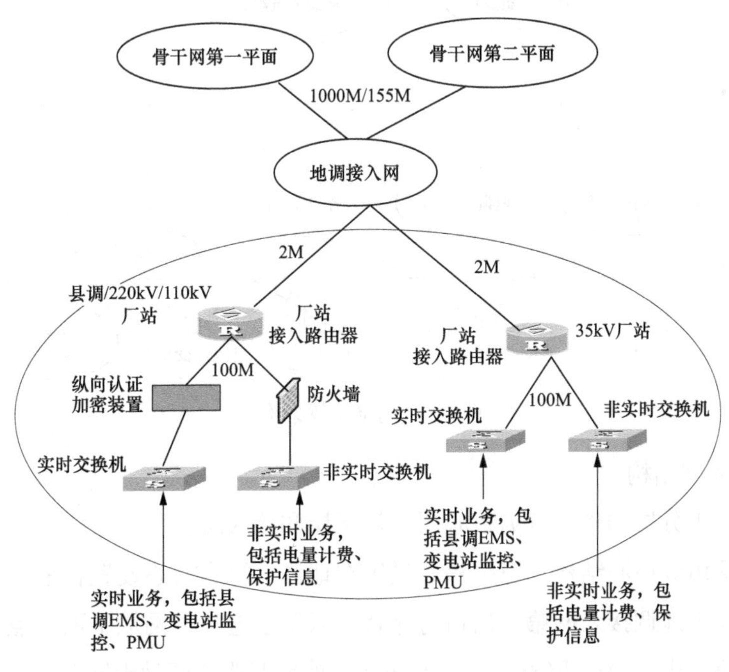

图 5-8　厂站端网络接入示意图

（2）变电站端：

安全区Ⅰ：变电站监控系统/RTU、广域相量测量装置（WAMS）。

安全区Ⅱ：电能量计量装置、保护信息子站。

5.2 调度数据网接入实施

5.2.1 网络结构设计

1. 网络整体架构模式

国家电力调度数据网由骨干网和各级调度接入网两部分组成，骨干网用于数据的传输和交换，接入网用于各厂站接入。骨干网采用双平面架构模式（即骨干网第一平面、骨干网第二平面），分别由国调、网调、省调和地调节点组成。其中省级以上节点构成骨干网核心层，地调（包括省调备调）节点构成骨干网骨干层。接入网由各级调度接入网即国调接入网、网调接入网、省调接入网和地调接入网组成，其中各级调度接入网又分别通过两点接入到骨干网双平面。

220kV 及以上厂站按双机配置，分别接入不同的接入网中，110kV 及以下厂站按单机配置，直接接入地调接入网。即 500kV 厂站应接入网调接入网和省调接入网，220kV 厂站应接入省调接入网和地调接入网，110kV 及以下厂站和县调应接入地调接入网。具体如图 5-9 所示。

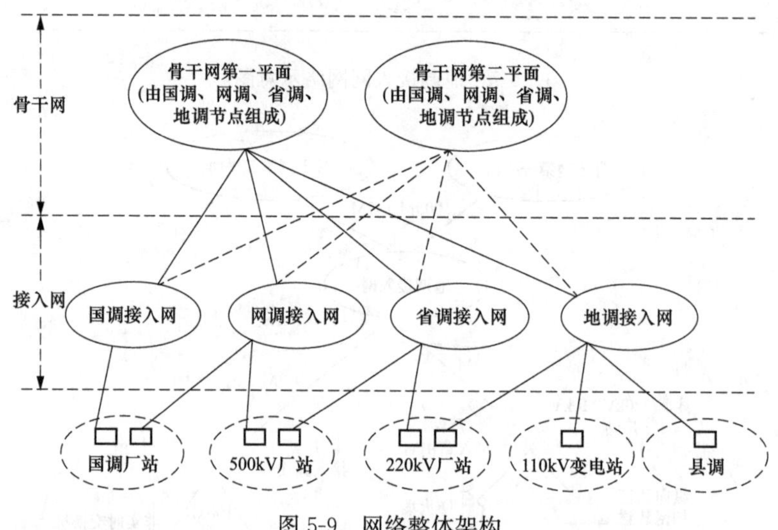

图 5-9 网络整体架构

2. 地调接入网结构

网络架构采用分层结构，分为核心层、汇聚层和接入层。

核心层：采用双核心结构，第一核心设置在地调，第二核心设置在地区通信网第二出口。第一核心作为地调接入网第一出口背靠背上联至本地骨干网双平面节点，第二核心作为地调接入网第二出口通过 POS 155M 上联至其他地调或省调骨干网双平面节点。

汇聚层：设置在各县调和 220kV 枢纽变电站。其中县调汇聚节点仍采用双节点方式，第一汇聚节点设置在各县调，第二汇聚节点设置在县调管辖范围内 110kV 枢纽变电站，核心和汇聚节点采用 CPOS 方式互联。其中县调两个汇聚节点之间采用 8×2M 互联，各汇聚节点又分别通过 8×2M 上联至两个不同的核心节点（其中济源无汇聚节点）。

接入层：设置在 220kV 及以下变电站。其中地调直调厂站通过 2×2M 就近接入到两个不同的 220kV 枢纽变电站汇聚节点或核心节点，县调直调厂站通过 2×2M 接入县调两个汇聚节点。网络示意如图 5-10 所示。

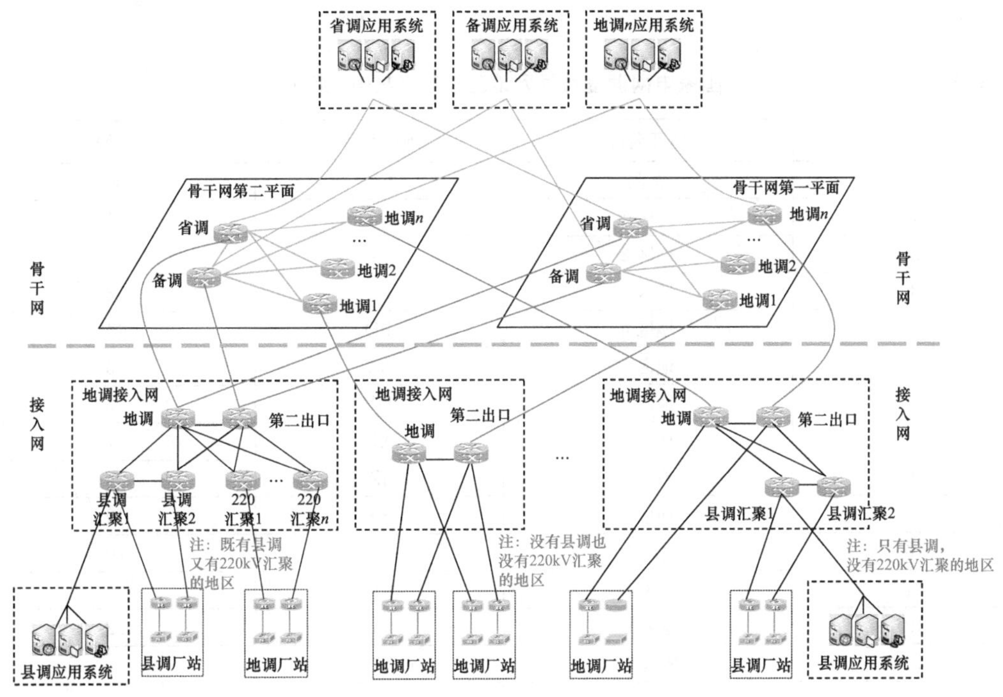

图 5-10　网络结构示意图

3. 厂站端网络接入方式

220kV 及以上厂站端配置 2 套调度专网设备（每套专网设备为 1 台路由器、2 台交换机），分别通过 2M E1 上联至两个不同的接入网。即 500kV 厂站通过 2M 上联至网调接入网和省调接入网；220kV 厂站通过 2M 上联至省调接入网和地调接入网；县调、110kV 及以下厂站配置 1 套调度专网设备，通过 2M 上联至地调接入网。具体如图 5-11 所示。

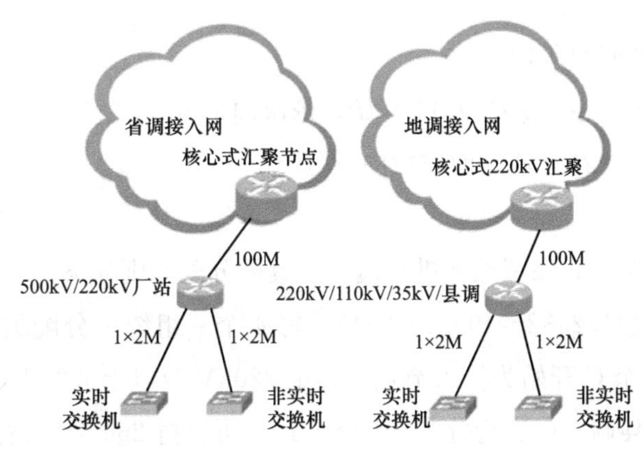

图 5-11　厂站端网络接入方式

5.2.2 公共资源规划

1. 区域编码

(1) 地区编码（以某省为例）。按照国家电网调度数据网地区编码规范进行编码，具体见表 5-1。

表 5-1 国家电网调度数据网地区编码（某省地区）

序号	地区名称	地区简称	地区编码
0	省调	EN	00
1	地区 1	BA	11
2	地区 2	KF	12
3	地区 3	LY	13
4	地区 4	PD	14
5	地区 5	AY	15
6	地区 6	HB	16
7	地区 7	XX	17
8	地区 8	JZ	18
9	地区 9	PY	19
10	地区 10	XC	20
11	地区 11	LH	21
12	地区 12	SM	22
13	地区 13	NY	23
14	地区 14	SQ	24
15	地区 15	XY	25
16	地区 16	ZK	26
17	地区 17	ZM	27
18	地区 18	JY	28

(2) 节点编码应遵循如下原则：

1) 汇聚节点的简称统一采用 2～3 位字母组合，对应地区名称或变电站的汉语拼音声母缩写。

2) 地调和地调备调编码均为 00。

3) 县调按行政区排序，编码从 11 开始，依次向下分。

4) 220kV 汇聚放置在县调后面依次向下分。

2. IP 地址规划

采用 41 开头的 A 类非保留地址进行编码，具体分配原则如下：

Loopback 地址（41.2.32～199.1～254）：每 4 个一组统一分配编码，第 1 个 C 为核心和汇聚节点，第 2 个 C 开始为接入节点。其中 220kV 及以上分配 1 C，220kV 以下按直调厂站 1 C、每 2 个县调 1 C 进行分配。1 个 C 最大可支持 254 个厂站。

互联地址（41.3.32～255.0～252）：每 4 个一组按地区规模进行统一分配。第 1 个 C

为核心和汇聚层互联地址，从第2个C开始为接入层互联地址，按每个汇聚节点1 C进行分配。1个C最大可支持64个厂站。

业务地址（41.104～199.0～255.0）：每个地区按4个B进行分配，第1个B用于地调备调，第2个B用于县调（其中每个县调占用16 C，前8 C为实时业务，后8 C为非实时业务），第3和第4个B用于接入厂站。其中第3个B的0～63 C用于220kV及以上接入厂站，64～191 C（某地区可以为64～159 C）用于220kV以下直调厂站，第3个B剩余部分和第4个B全部用于县调接入厂站，按每32 C一组进行分配。2个B最大可支持512个厂站。

网管地址（41.254.11～40.0）：按照地区编码顺序依次向下分，1个地区占用1个C。

3. 厂站编码

厂站命名统一采用3～4位字母组合，其中最后一位为F或B（F代表电厂，B代表变电站），前面几位为对应厂站名称的汉语拼音声母缩写。

4. VLAN命名及ID

VLAN命名规则见表5-2。

表5-2　VLAN命名规则

名称	业务功能	VLAN ID	VLAN名称
互联	VPN1设备管理	100	Vpn1 Device
	VPN2设备管理	200	Vpn2 Device
	VPN1业务PE-CE互连	101	VPN1
	VPN2业务PE-CE互连	201	VPN2
县调及厂站端	实时业务	10	Vpn_rt
	非实时业务	20	Vpn-nrt

5. 网络命名

网络命名标识了网络的类型和名称。

接入网命名规则采用字母缩写的方法，具体规则为SGDnet-AA［BB］。见表5-3。

表5-3　接入网命名规则

字段名称	字段含义
AA	字母组合，表示省地名简称，即EN
BB	字母组合，表示地区简称，见表5-1地区编码

例如：GH地调接入网命名为SGDnet-ENGH。

6. 设备命名

接入网设备命名标识了节点的名称、地理位置、设备类型和序号。

各级接入网设备命名规则将采用字母与数字结合的方法，具体规则为A［-BB［-CC］］-DD-Tx，见表5-4。

表 5-4 各级接入网设备命名规则

字段名称	字段含义
A	单个字母，表示接入网类型，G、W、S、D 分别代表国、网、省、地四类接入网
BB	字母组合，表示分级地名缩写，2～3 个字母
CC	
DD	字母组合，表示厂站名称缩写，6 个字母以内
T	单个字母，表示设备类型，R 代表路由器，S 代表交换机
X	单个数字，表示设备序号

例如：GH 地调接入网甲乙变交换机 2 命名为 D-EN-GH-JYB-S2。

7. 链路命名

链路命名标识了链路两端连接的节点设备、链路的物理类型及链路序号。

链路命名规则采用字母与数字相结合的方法，具体规则为 AAn-BBn-CC，见表 5-5。

表 5-5 链路命名规则

字段名称	字段含义
AA	字母组合，AA、BB 分别表示链路上、下端节点缩写，各 2～3 个字母；同级互联时，AA 代表 lookback 地址较小的节点
BB	
CC	字母数字组合，使用链路带宽表示链路类型，POS 用 155M 表示，FE 用 100M 表示，E1 用 2M 表示
n	单个数字，表示同一个节点的设备顺序号

例如：GH 地调 1 到丙丁县调 1 的 8×2M 链路命名为 GH1-BDX1-16M。

8. 接口描述命名

（1）上下级、同级互联接口描述（包括以太口和 Serial 口）。遵循设备命名及链路命名规则，应用于以太接口、Serial 口设备互联接口上。

例如：GH 地调到丙丁县调相连接的第一条 8×2M 链路命名为 description GH1-BDX1-16M。

（2）连接应用系统的交换机 VLAN 描述。业务功能（description）包括：网管（manage）、实时（vpn-rt）、非实时（vpn-nrt）。

（3）路由器以太接口、以太子接口连接交换机的接口描述。

description 主端设备名-对端设备名_X

对于交换机来说，对端设备名可以用 S1 来代表第一台交换机，S2 代表第二台交换机，由于连接交换机的子接口分为网管子接口和 VPN 子接口，对于网管来说 X 可以忽略，对于 VPN 则直接用 VPN 名字即可。

例如：GH 路由器到交换机 1 的子接口的网管子接口，则用 description GH-S1，相应

的 GH 路由器到交换机 1 的 RT VPN 互连子接口则用 description GH-S1 _ vpn-rt。

对于电厂和变电站来说，由于交换机为二层交换机，其路由器上子接口为业务地址网关，其描述中 X 用上面（2）中业务功能简写代替。

5.2.3　路由设计

调度数据网总体路由设计基于开放性、可扩展性的原则，AS 内部 IGP 采用 OSPF 路由协议，同时采用 BGP/MP-BGP 路由协议承载 VPN 路由，采用静态路由协议来连通骨干网和接入网。

1. OSPF 路由设计

本期网络建设中，地调接入网采用了核心层、汇聚层、接入层的结构设计，在每个自治系统内部的各层之间使用 OSPF 路由协议，将核心层和汇聚层的连接之间划分为区域 0，而汇聚层和接入层之间划分到非骨干区域 0 中，汇聚层的路由器作为 ABR。

为减少核心层和汇聚层设备全局 IPv4 路由表的大小，避免路由波动对路由表的影响，骨干网平面中接入层设备路由和全局的 IPv4 的路由信息通过在汇聚层 ABR 上做路由聚合后发布到 AREA 0。

（1）Router ID。采用设备 Loopback 管理地址。

（2）进程号。OSPF 支持多进程，本工程采用默认 1。

（3）区域划分。接入网采用 OSPF 多区域分级结构设计，将核心层和汇聚层划到 OSPF Area 0 中，各个接入区域按照规模予以整合，划分为与 Area0 相邻的区域，Area 号为汇聚节点编码。

（4）OSPF Cost。cost=参考带宽/链路带宽，一般将 OSPF 计算路径开销的参考带宽设为 1000M。见表 5-6。

表 5-6　　OSPF 计算路径开销的参考带宽

线路类型	E1	快速以太网	千兆以太网	POS-155M
Cost	500	10	1	7

（5）对区域间的路由的聚合。为了减少在接入网中设备的路由表数目，在区域边界路由器（ABR）上进行路由聚合操作，只发送聚合后的路由信息。

（6）OSPF 重分布静态路由。为了网络管理的需要，接入网 ASBR 上要设置骨干网网络管理地址、链路互联地址聚合网段的静态路由，并且引入到本 AS 的 OSPF 中，在 AS 内扩散。

（7）网管网段路由的发布。网管网段在 OSPF 中使用 network 命令使能，相应接口要配置 silent interface。

2. BGP 路由设计

采用 MP-BGP 路由协议承载 VPN 路由。

（1）自治系统。接入网自治系统（AS）号采用 241YY 模式，YY 为各地区编码。地调接入网 YY 编码为地区编码顺序。

（2）路由反射器。本期接入网按照层次结构确定路由反射规划。此次采用两级路由反射规划：一级路由反射器为接入网核心节点第一核心路由器和第二核心路由器，客户端为接入网汇聚节点；二级路由反射器规划为接入网汇聚节点，客户端为接入网接入节点。

3. 接入网与骨干网跨域连接

接入网与骨干网的跨域连接采用 BGP/MPLS VPN OptionB。

（1）MP-BGP（EBGP）设计。骨干网与接入网属于不同的自治系统，它们之间通过 EBGP 来传递跨域 VPNv4 的路由信息。其中，骨干网与地调接入网边界路由器的互联方案如图 5-12 所示。

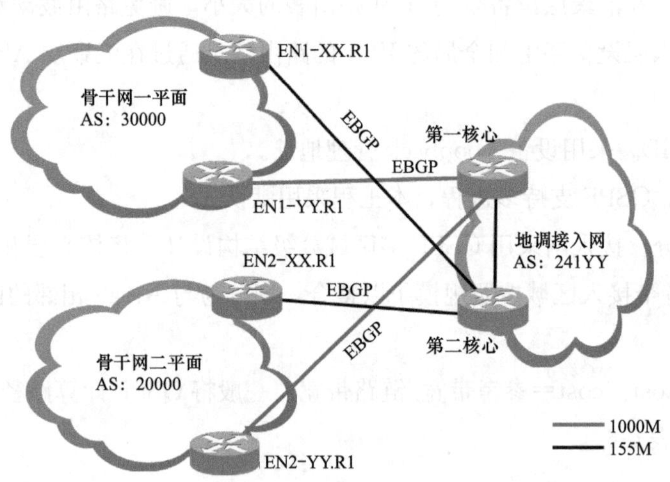

图 5-12 地调接入网跨域 MP-BGP 设计

骨干网 ASBR 与接入网 ASBR 建立跨域的 EBGP 邻居时采用互联地址建立单跳邻居关系，无论是骨干网还是接入网，从对方 EBGP 学到的 VPN 路由在本 AS 内部传播的时候，通过改变 VPNv4 路由的 Next-hop 属性为自身来实现。

（2）路由控制。

1）接入网只向骨干网发送本 AS 始发的路由。设置 AS-PATH 过滤器的正则表达式，仅仅允许本地 AS 路由发布到骨干网，应用到接入网 ASBR 的 out 方向。

2）在骨干网 ASBR 的 out 方向设置 no-export-subconfed 团体属性，使接入网收到的路由不再向其他 AS 传播，并在骨干网 ASBR 的 in 方向配置 AS-PATH 过滤器的正则表达式，使骨干网只接收接入网始发的路由。

3）接入网在向骨干网发布路由时，使用 IP 前缀对路由进行过滤，只发送聚合后的路由给骨干网。

4）接入网对骨干网同一平面存在多条出口，通过调节 ASBR 的 local prefence 和 MED 值进行多路径选择（首选地调，次选第二出口）。

5）骨干网和接入网自治系统之间路由器采用静态路由方式传送全局 IPv4 的路由。在接入网的 ASBR 上配置骨干网的聚合路由，这些静态汇聚路由仅包含设备管理地址和互连地址，下一跳分别指向对方设备互联地址，并引入到本 AS 的 OSPF 中，同时在接入网 ASBR 上配置接入网的聚合静态路由，通过 BGP 发布给骨干网。

5.2.4 各业务系统接入

调度数据网络主要承载的应用系统有 EMS/变电站监控系统、监控、告警直传、PMU、计费子站、保护子站、电力市场和新能源等系统。

1. 应用系统接入原则

（1）应用系统间采用域内 MPLS-VPN 互联。

（2）厂站端（包括县调）应用系统接入相应接入网。

（3）220kV 厂站端采用双机双卡分别接入双网，对于扩卡有问题的老系统，采用双机单卡方式，双机分别接入双网，双机应为负载均衡方式。

（4）110kV 及以下厂站端采用双机单卡接入网络，对于不具备双机接入条件的变电站可采用单机单卡方式接入。

（5）对于不支持网络方式的应用系统，可选用串口方式进行过渡。

（6）按电力二次系统安全防护要求，应用系统应配置安全防护设施。

2. 接入业务举例

接入业务举例见表 5-7。

表 5-7 接入业务举例

类别	安全区Ⅰ（接入到实时交换机）			安全区Ⅱ（接入到非实时交换机）			
	监控	告警直传	PMU	计费子站	保护子站	电力市场	新能源（风电场）
220kV 及以上变电站	√	√	√	√	√		
110kV 及以上变电站	√	√					
省调直调电厂	√		√	√	√	√	√

3. 业务接入方式

厂站端业务系统均通过提供的实时和非实时交换机进行接入。调度端（县调除外）应用系统应统一接入骨干网，厂站端应用系统接入相应接入网。

220kV 及以上厂站，厂站端业务系统 2 个网口应接入不同的接入网（具体如图 5-13 所示），2 个网口均应与相应主站进行双平面调试。调试规则：省调接入网对应所有调度主站第一平面（包括网调、省调、省调备调和地调），地调接入网对应调度主站第二平面，两个平面完全互备。

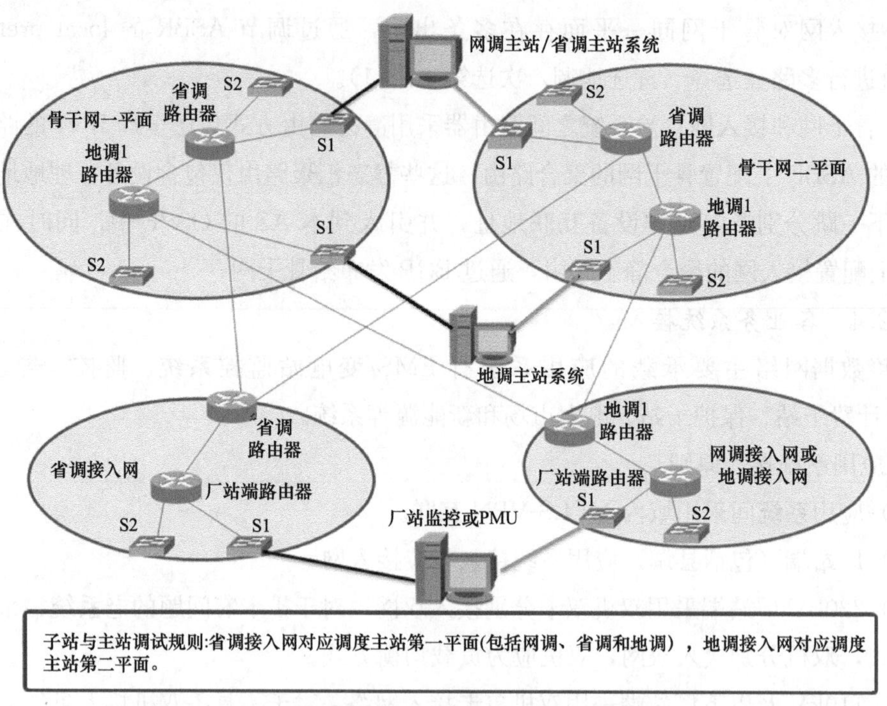

图 5-13　厂站端业务接入方式（以监控或 PMU 为例）

110kV 及以下厂站，厂站端业务系统应至少具备 1 个网口直接接入地调接入网，同时应完成与地调主站双平面的对调。

5.2.5　VPN 设计

MPLS VPN 是用来接入并转发调度数据网的业务流量，调度主站及各厂站应用系统，通过交换机将业务接入到网络。

各应用系统通过其通信前置机或通信网关与交换机连接，一般主机或业务系统通过默认路由指向本地局域网的路由网关而与远程通信，利用网关的三层特性隔离局域网的本地流量及广播报文不进入骨干设备，并在局域网内采用 802.1Q 标准的 VLAN 技术实现不同应用系统的隔离。

1. VPN 实例定义

根据调度业务的特点和规划，接入网部署两个 VPN，即实时 VPN 和非实时 VPN：实时 VPN（vpn-rt）用于传递实时业务；非实时 VPN（vpn-nrt）用于传递非实时业务。

2. 路由区分（route distinguisher，RD）定义

RD 采用格式为“ASN：nn”。其中，ASN 为节点所在 BGP 自治系统号，nn 用来区分 VPN 类别。实时 VPN 的 RD 为 1，非实时 VPN 的 RD 为 2。

3. 路由目标（route target，RT）定义

一般网络建设设计 RT 采用“AS 号：VPN 标识号”格式。其中，AS 号为每个节点所在的 AS 号，VPN 标识号 vpn-rt 为 100，vpn-nrt 为 200。具体如表 5-8 所示。

表 5-8　　　　　　　　　　　　**路由目标定义**

接入网	实时	非实时	备注
地调接入网	241【地区编码】：100	241【地区编码】：200	

4. 业务互通规则

在接入网 ASBR 上增加骨干网的 RT，骨干网 ASBR 上增加接入网的 RT，在 ASBR 上实施 RT 互导。业务互通规则具体如图 5-14 所示。

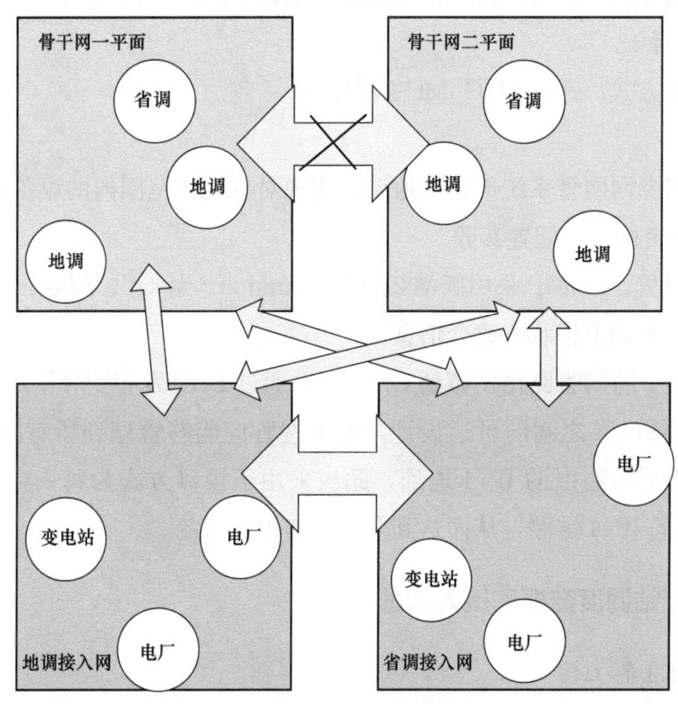

图 5-14　业务互通规则

5.2.6　服务质量保证（QOS）

调度数据网 QoS 采用 DiffServ 机制，在 PE 路由器完成信息分类、流量控制和 MPLS EXP 标记，在主干网络实现队列调度和拥塞控制。网络业务分类按 VPN 划分，确保安全区 I（控制区）中的业务优先传输，具体见表 5-9。

表 5-9　　　　　　　　　　　　**服务质量保证**

类别	代表的业务	调度队列	转发行为	占用接口带宽百分比
DSCP＝AF4	实时	LLQ	优先转发	60%
DSCP＝AF3	非实时	CBWFQ	根据带宽转发	30%
DSCP＝AF2	应急	CBWFQ	根据带宽转发	当其他流量中断时，可使用网络所有带宽
EXP＝4	实时	LLQ	优先转发	60%
EXP＝3	非实时	CBWFQ	根据带宽转发	30%
EXP＝2	应急	CBWFQ	根据带宽转发	不保证

5.2.7 时钟同步方案

将本地区接入网与骨干网省调子区双平面互联的骨干网路由器定义为 NTP 服务器，向地区调度数据专网提供可靠的时钟源。

NTP 服务器地址分别使用路由器的环回地址。

双核心为对等体关系。第二核心以第一核心为启动服务器，在启动期间第二核心将向第一核心发出 ntpdate 请求，第一核心将向第二核心提供初始时间。

地区调度数据专网中的其他路由器均配置成双核心的客户机。

5.2.8 网管系统

采用带内网管方式，选用 H3C iMC-网管系统。

1. 部署方式

地区调度数据专网网管系统部署在地调，实现对本地域范围内的设备进行管理。

2. 路由器/交换机相关配置参数

(1) SNMP 设置。SNMP 采用版本 2，读 community 为 sgd、写 community 为 sgd-p，在网络配置 trap，主动上报状态改变信息。

(2) 网管路由。将网管路由发布到 OSPF，并通过 BGP 发布到骨干网双平面。

(3) 网管系统和 CE 之间的可达设计。要求网管应能够管理到所有路由和交换设备，所以系统应具有全局可路由的 IPv4 地址，此次采用子接口方式为每一台 CE 增加一条与 PE 设备之间的全局 IPv4 链路，从而达到全局可路由的目的。

5.3 新建厂站调度数据网接入调试

5.3.1 前期准备工作

1. 专网设备要求

根据国网集采对调度数据网设备要求，站端设备采购时应满足如下条件：所有网络设备应为国产设备（华为、华三、中兴等）。

专网路由器配置应满足如下条件：

(1) 具备双电源。

(2) 业务板卡冗余（以太业务板卡、E1 业务板）。

(3) 软件版本应为厂商发布最新稳定版本。

(4) 专网设备性能参数满足如下标准：路由器包转发率不小于 1Mpps；交换容量不小于 8Gbps（全双工状态）；包转发率不小于 6Mpps。

2. 前期工作

联合调试前，应具备如下条件：

(1) 站端安防方案通过审查。

(2) 站端设备录入 OMS 台账。

（3）办理调试工作票。

（4）提交调试工作联系单（地调提供）。

（5）获取站端 IP 地址等数据信息（地调提供）。

（6）获取设备配置参数信息。

5.3.2　接入调试

1. 站端部署

（1）厂站端应配备两套调度数据网设备，分别接入到不同的接入网中。

（2）每套调度数据网设备包含一台接入层路由器、两台业务交换机。

（3）实时业务如远动、功角、告警直传等接入实时交换机。

（4）非实时业务如电量计费、保护、电力市场等接入非实时交换机。

（5）业务交换机与接入路由器之间部署电力专用纵向加密认证装置。

2. 站端拓扑结构

站端拓扑结构见图 5-15。

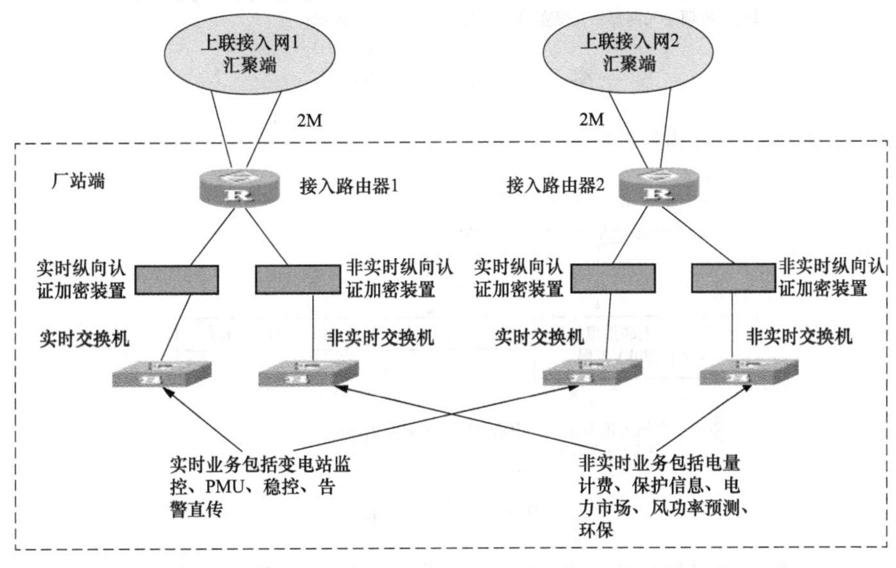

图 5-15　站端拓扑结构

3. 配置要求

调度数据网整体采用 BGP MPLS/VPN 技术架构，调试厂家应具备相关技术水平，按照配置参数要求配置如下信息：

（1）路由协议 OSPF、BGP。

（2）MPLS、LDP、VPN。

（3）NTP、SNMP、Qos。

（4）设备命名、接口描述。

（5）登录认证。

4．配置注意事项

（1）关闭路由器交换机所有非规划未使用端口。

（2）清除非调度数据网 IP 地址数据。

（3）省调远程登录用户应设置为最高权限。

5．配置详解（以华三设备为例）

（1）基础配置设备命名和链路命名分别见图 5-16 和图 5-17。

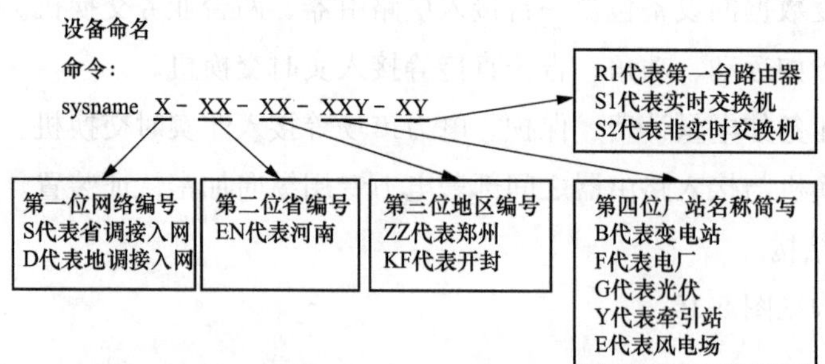

图 5-16 基础配置设备命名

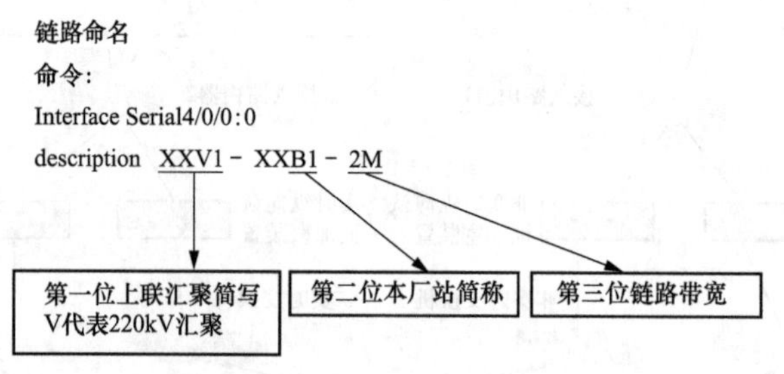

图 5-17 链路命名

（2）接口配置。实时接口配置见图 5-18，非实时接口配置见图 5-19，互联地址配置见图 5-20。

命令：

```
interface Ethernet1/0/1.10                    //互联实时交换机接口
vlan-type dot1q 10                            //VLAN封装10
description vpn_rt                            //描述连接实时业务
ip binding vpn-instance vpn-rt                //绑定实时VPN实例
ip address 41.100.32.1262 55.255.255.128
                                              //配置实时业务的网关地址。
traffic-policy rt inbound                     //应用实时Qos策略
```

图 5-18 实时接口配置

```
命令:
interface Ethernet1/0/2.20                       //互联非实时交换机接口
vlan-type dot1q 20                               //VLAN封装20
description vpn_nrt                              //描述连接非实时业务
ip binding vpn-instance vpn-nrt                  //绑定非实时VPN实例
ip address 41.100.32.254 255.255.255.128
                                                 //配置非实时业务的网关地址。
traffic-policy nrt inbound                       //应用非实时Qos策略
```

图 5-19 非实时接口配置

```
命令:
interface Serial4/0/0:0                          //互联上联汇聚接口
link-protocol ppp                                //链路协议PPP
description BWV1-RMB1-2M                         //链路描述
ip address 41.3.3.14 255.255.255.252             //互联地址
traffic-policy out outbound                      //应用E1接口策略

interface LoopBack0                              //创建环回接口
ip address 41.2.11.2 255.255.255.255             //配置环回口地址
```

图 5-20 互联地址配置

（3）OSPF 配置见图 5-21。

```
OSPF配置          [ospf协议进程统一使用1]
命令:
ospf 1  router-id 41.2.11.2                      //本站环回口地址
area 11                                          //区域编码
network 41.2.11.2 0.0.0.0                        //宣告环回口
network 41.3.3.14 0.0.0.0                        //宣告与汇聚1节点互联端口
network 41.3.4.84 0.0.0.0                        //宣告与汇聚2节点互联端口

interface Serial4/0/0:0
ospf cost 500                                    //配置上联E1链路cost值为500
```

图 5-21 OSPF 配置

（4）BGP 配置见图 5-22。

```
命令:
bgp 24100                        //所属网络的AS号，省调接入网为24100
route-id 41.2.11.2                               //本站环回口地址
peer 41.2.11.1 as-number 24100                   //与上联汇聚节点建邻居
peer 41.2.11.1 connect-interface LoopBack0
Ipv4-family vpnv4
peer 41.2.11.1 enable                            //与上联汇聚节点建邻居
ipv4-family vpn-instance vpn-rt
import-route direct                              //在实时VPN中引入直连
ipv4-family vpn-instance vpn-nrt
import-route direct                              //在非实时VPN中引入直连
```

图 5-22 BGP 配置

（5）VPN 配置见图 5-23。

```
命令:
ip vpn-instance vpn-rt            //建立实时业务VPN实例
route-distinguisher 24111:1
vpn-target 244111:100 export-extcommunity
vpn-target 244111:100 import-extcommunity
ip vpn-instance vpn-nrt           //建立非实时业务VPN实例
route-distinguisher 24111:2
vpn-target 24111:200 export-extcommunity
vpn-target 24111:200 import-extcommunity
```

RD和RT值中统一使用BGP AS号

图 5-23 VPN 配置

（6）MPLS 配置见图 5-24。

```
命令:
mpls lsr-id 41.2.11.2        //配置MPLS id
mpls                         //全局启用mpls
mpls ldp                     //全局启用ldp

interface Serial4/0/0:0      //互联上联汇聚接口
mpls                         //接口启用mpls
mpls ldp                     //接口启用ldp
```

图 5-24 MPLS 配

（7）NTP 配置见图 5-25。

```
命令:
ntp-service source-interface LoopBack0
//配置时钟同步更新源为环回地址
ntp-service unicast-server 41.2.11.1
//配置时钟同步服务端为上联汇聚地址
```

图 5-25 NTP 配置

（8）SNMP 配置见图 5-26。

```
命令:
snmp-agent                                   //启用snmp
snmp-agent community read sgd                //配置snmp读团体字
snmp-agent community write sgd-p             //配置snmp写团体字
snmp-agent sys-info version v2c v3           //配置snmp版本
snmp-agent target-host trap address udp-domain
41.254.0.25 params securityname sgd-p v2c
//配置snmp网管服务器
snmp-agent target-host trap address udp-domain
41.254.0.25 params securityname sgd
//配置snmp网管服务器
```

图 5-26 SNMP 配置

6. 管理要求

调试过程中，应严格遵循如下管理要求：

（1）禁止非调试人员接触调度数据网设备。

（2）禁止任何人员将便携式计算机接入设备业务端口。

（3）调试完成后 24h 内将纵向加密认证装置调试完毕并接入相应主站的内网安全监视平台。

5.3.3　业务接入规范

1. IP 地址规划

每座厂站按照接入网不同，均分配一个 C 类地址，前半个 C 用作实时业务，后半个 C 用作非实时业务。

以某厂站为例：分配该站调度数据网 IP 地址段为 41.199.102.0/24，分配情况如图 5-27 所示。

节点	业务网段	描述	网关	主机地址	掩码
XX站	41.199.102.0/24				
	41.199.102.0-7	RTU	126	1~7	128
	41.199.102.8-15	功角	126	8~15	128
	41.199.102.16-23	稳控	126	16~23	128
	41.199.102.24-119	RT备用			
	41.199.102.120-125	RT网管	126	120~125	128
	41.199.102.128-135	电量计费	254	129~135	128
	41.199.102.136-143	保护(行波测距140)	254	136~143	128
	41.199.102.144-151	电力市场	254	144~151	128
	41.199.102.152-159	新能源	254	152~159	128
	41.199.102.160-167	环保	254	160~167	128
	41.199.102.168-247	NRT备用			
	41.199.102.248-253	NRT网管	254	248~253	128

图 5-27　调度数据网 IP 地址段分配（某厂站）

设备地址分配如下（以某厂站为例）：

接入路由器配置实时业务网关 41.199.102.126/25 和非实时业务网关 41.199.102.254/25。

实时交换机配置 41.199.102.125/25。

非实时交换机配置 41.199.102.253/25。

实时纵向加密装置配置 41.199.102.124/25。

非实时纵向加密装置配置 41.199.102.252/25。

接入业务设备使用主机地址段，具体 IP 需要与主站端确认。

2. 交换机端口规划

厂站接入业务时应严格按照规划进行接入。厂站接入业务时规划见图 5-28。

实时交换机		非实时交换机	
端口	业务	端口	业务
1-2	告警直传（图形网关）	3-4	电量计费
3-4	远动（RTU）	5-6	保护
5-6	功角（PMU）	7-8	电力市场
7-8	稳控	9-10	行波
24	上联实时纵向加密	11-12	新能源(风/光功率预测)
		13-14	故障滤波
		21-22	环保
		24	上联非实时纵向加密

图 5-28 厂站接入业务时规划

5.3.4 常见故障处理

1. 故障分类

（1）厂站端业务故障。

（2）厂站端网络故障。

（3）调度数据网故障。

2. 厂站端业务故障

厂站端业务故障主要表现为业务系统自身故障，如数据库损坏、页面打不开、系统无法登录等。

故障处理方法：需要业务系统厂家排查自身配置问题，如路由设置不正确等。

3. 厂站端网络故障

厂站端网络故障主要表现为业务系统本身至专网设备网络故障等。

可能原因：网络设备故障、网线松动、加密装置故障等。

故障处理方法如下：

在本地系统上 ping 专网业务网关。若能 ping 通，则说明本地网络正常；若不能 ping 通，说明本地网络有问题，进行下一步。

在专网交换机上，使用业务机，直接 ping 专网业务网关，若能通，说明专网设备没有问题，需要继续排查内部网络问题；若不能通，则需要排查交换机至路由器间线缆是否松动或加密设备问题。

关闭加密设备，继续进行 ping 测试，若能通说明加密设备问题，联系厂家处理；若不能通说明接入层路由器可能存在问题，需要联系厂家处理。

4. 调度数据网故障

调度数据网故障主要表现为专网接入路由器无法与电力调度数据网连接。

可能原因：通信 2M 链路故障、现场 2M 线缆故障、接入层路由器故障等。

故障处理方法如下：

在数字配线架进行打环测试，若远端不能看到环路说明通信 2M 链路故障，则需要联

系通信部门解决；若能看到环路，说明通信 2M 链路正常，继续进行下一步测试。

在接入路由器处进行打环测试，若远端不能看到环路说明现场 2M 线缆问题或连接头松动，则需要现场排查；若能看到环路，说明现场 2M 线缆正常，继续进行下一步测试。

查看路由器是否有告警灯（红色），可以进行重启操作，重启后观察能否正常恢复，若还不能，则需要联系调试厂家进行排查。

5. 故障处理流程

以某厂站实时业务故障为例，处理流程见图 5-29。

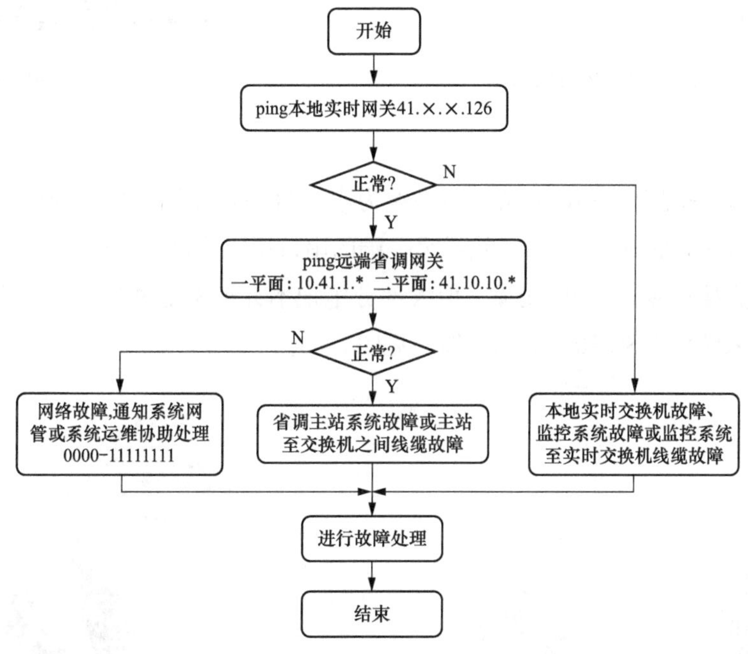

图 5-29　某厂站实时业务故障处理流程

6. 常用测试命令

（1）ping：用于测试连通性。利用网络上机器 IP 地址的唯一性，给目标 IP 地址发送一个数据包，再要求对方返回一个同样大小的数据包来确定两台网络机器是否连接相通、时延是多少。

（2）tracert：用于测试链路路径。tracert 是路由跟踪实用程序，用于确定 IP 数据包访问目标所采取的路径。

5.4　交换机、路由器的基本配置及常用命令

5.4.1　基本配置

当用户需为第一次上电的设备进行配置时，可通过 console 口登录设备。控制口（console port）是一种通信串行端口，由设备的主控板提供。一块主控板提供一个 console

口，端口类型为 EIA/TIA-232DCE。用户终端的串行端口可以与设备 console 口直接连接，实现对设备的本地配置。交换机端口见图 5-30，放大图见图 5-31。

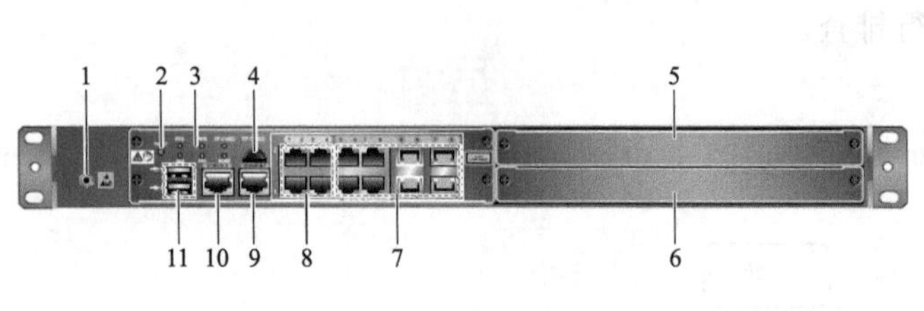

图 5-30　交换机端口

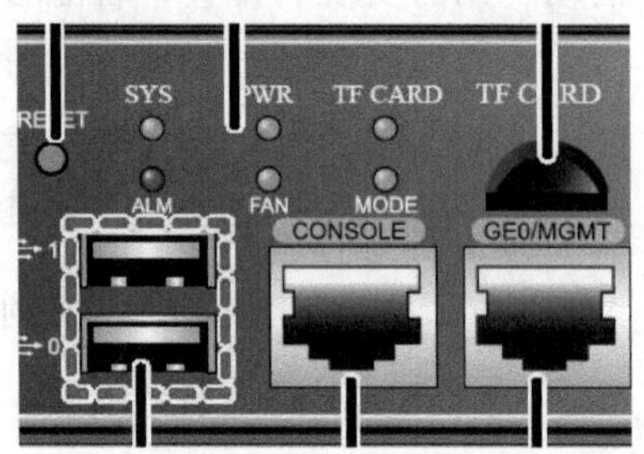

图 5-31　交换机端口放大图

1. 准备线缆

console 线缆一端为 RJ-45 水晶头，一端为串口接头，如图 5-32 所示。RJ-45 接头用于连接设备的 RJ-45 的 console 口，线缆另一端的串口用于连接 PC 机，现在大部分台式机都有串口可以直接连接 console 线缆。但大部分笔记本计算机上并没有配置串口，因此需要另一根线缆来转接 USB-RS232 的线缆，见图 5-33。

图 5-32　console 线缆

图 5-33　USB-RS232

2. 连线

使用 USB-RS232 线缆，将 USB 端连接到笔记本计算机 USB 接口，RS232 接头连接到 console 线的串口，console 线的 RJ-45 接头连接被管理网络设备的 console 口，配置环境即可搭建完成。接下来，在管理 PC 上运行终端仿真程序来对网络设备进行管理及配置。计算机、路由器（交换机）连线图见图 5-34。

3. Secure CRT 终端设置

按实际情况选择 COM 端口，此处是关键，选择错误将导致无法登录。Secure CRT 终端设置见图 5-35、图 5-36。

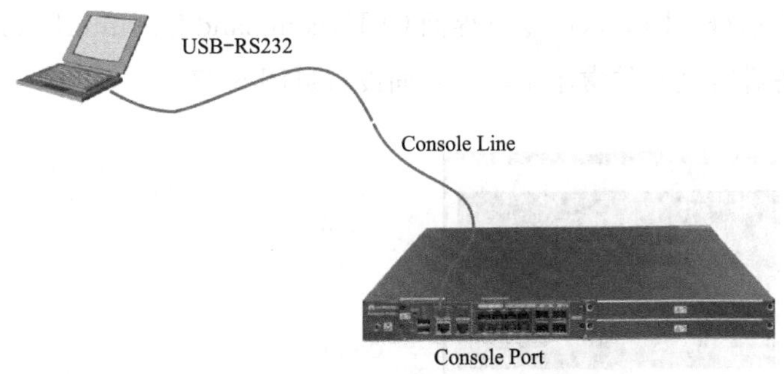

图 5-34　计算机、路由器（交换机）连线

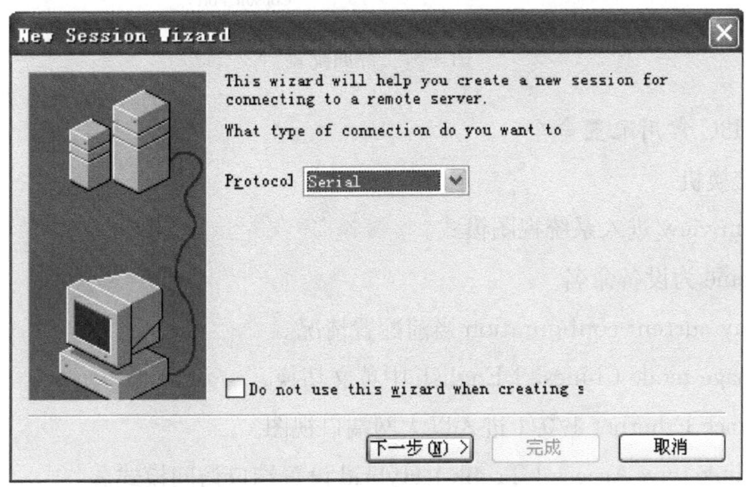

图 5-35　Secure CRT 终端设置 1

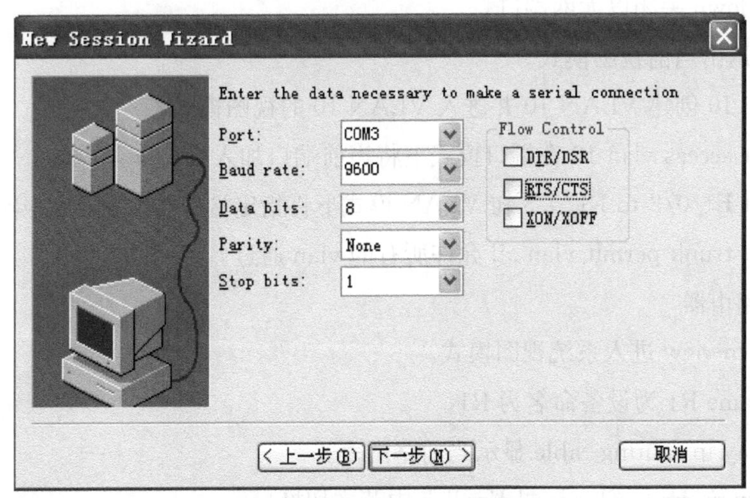

图 5-36　Secure CRT 终端设置 2

4．进入界面配置

如果线缆连接正确，使用 Secure CRT 即可登录网络设备，登录成功后 Secure CRT 界

面上出现命令行提示符，即进入命令行界面CLI（command line interface），命令行界面是工程师与网络设备进行交互的常用工具，界面设置见图5-37。

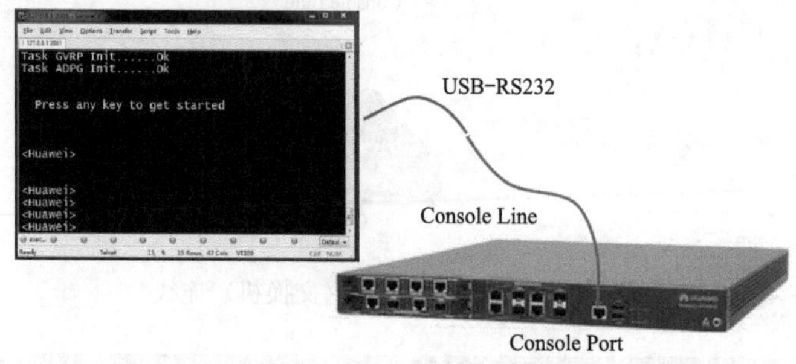

图5-37 界面配置

5.4.2 H3C常用配置命令

1. H3C交换机

（1）system-view 进入系统视图模式。

（2）sysname 为设备命名。

（3）display current-configuration 当前配置情况。

（4）language-mode Chinese | English 中英文切换。

（5）interface Ethernet 1/0/1 进入以太网端口视图。

（6）port link-type Access | Trunk | Hybrid 设置端口访问模式。

（7）undo shutdown 打开以太网端口。

（8）shutdown 关闭以太网端口。

（9）quit 退出当前视图模式。

（10）vlan 10 创建VLAN 10 并进入VLAN 10的视图模式。

（11）port access vlan 10 在端口模式下将当前端口加入到vlan 10中。

（12）port E1/0/2 to E1/0/5 在VLAN模式下将指定端口加入到当前vlan中。

（13）port trunk permit vlan all 允许所有的vlan通过。

2. H3C路由器

（1）system-view 进入系统视图模式。

（2）sysname R1 为设备命名为R1。

（3）display ip routing-table 显示当前路由表。

（4）language-mode Chinese | English 中英文切换。

（5）interface Ethernet 0/0 进入以太网端口视图。

（6）ip address 192.168.1.1 255.255.255.0 配置IP地址和子网掩码。

（7）undo shutdown 打开以太网端口。

（8）shutdown 关闭以太网端口。

（9）quit 退出当前视图模式。

（10）ip route-static 192.168.2.0 255.255.255.0 192.168.12.2 description To.R2 配置静态路由。

（11）ip route-static 0.0.0.0 0.0.0.0 192.168.12.2 description To.R2 配置默认的路由。

3. H3C S3100 交换机、H3C S3600 交换机、H3C MSR 20-20 路由器

（1）调整超级终端的显示字号。

（2）捕获超级终端操作命令行，以备日后查对。

（3）language-mode Chinese | English 中英文切换。

（4）复制命令到超级终端命令行，粘贴到主机。

（5）交换机清除配置：<H3C>reset save；<H3C>reboot。

（6）路由器、交换机配置时不能掉电，连通测试前一定要检查网络的连通性，不要犯最低级的错误。

（7）192.168.1.1/24 等同 192.168.1.1 255.255.255.0。在配置交换机和路由器时，192.168.1.1 255.255.255.0 可以写成 192.168.1.1 24。

（8）设备命名规则：地名-设备名-系列号。例：PingGu-R-S3600。

4. H3C 华为交换机端口绑定基本配置

（1）端口 MAC。

1）AM 命令。使用特殊的 AM User-bind 命令，来完成 MAC 地址与端口之间的绑定。

例如：

[SwitchA] am user-bind mac-address 00e0-fc22-f8d3 interface Ethernet 0/1

配置说明：由于使用了端口参数，则会以端口为参照物，即此时端口 E0/1 只允许 PC1 上网，而使用其他未绑定的 MAC 地址的 PC 机则无法上网，但是 PC1 使用该 MAC 地址可以在其他端口上网。

2）mac-address 命令。使用 mac-address static 命令，来完成 MAC 地址与端口之间的绑定。例如：

[SwitchA] mac-address static 00e0-fc22-f8d3 interface Ethernet 0/1 vlan 1

[SwitchA] mac-address max-mac-count 0

配置说明：由于使用了端口学习功能，故静态绑定 MAC 后，需再设置该端口 MAC 学习数为 0，使其他 PC 接入此端口后其 MAC 地址无法被学习。

（2）IP MAC。

1）AM 命令。使用特殊的 AM User-bind 命令，来完成 IP 地址与 MAC 地址之间的绑定。例如：

[SwitchA] am user-bind ip-address 10.1.1.2 mac-address 00e0-fc22-f8d3

配置说明：以上配置完成对 PC 机的 IP 地址和 MAC 地址的全局绑定，即与绑定的 IP 地址或者 MAC 地址不同的 PC 机，在任何端口都无法上网。

支持型号：S3026E/EF/C/G/T、S3026C-PWR、E026/E026T、S3050C、E050、S3526E/C/EF、S5012T/G、S5024G。

2）arp 命令。使用特殊的 arp static 命令，来完成 IP 地址与 MAC 地址之间的绑定。例如：

[SwitchA] arp static 10.1.1.2 00e0-fc22-f8d3

配置说明：以上配置完成对 PC 机的 IP 地址和 MAC 地址的全局绑定。

（3）端口 IP MAC。使用特殊的 AM User-bind 命令，来完成 IP、MAC 地址与端口之间的绑定。例如：

[SwitchA] am user-bind ip-address 10.1.1.2 mac-address 00e0-fc22-f8d3 interface Ethernet 0/1

配置说明：可以完成将 PC1 的 IP 地址、MAC 地址与端口 E0/1 之间的绑定功能。由于使用了端口参数，则会以端口为参照物，即此时端口 E0/1 只允许 PC1 上网，而使用其他未绑定的 IP 地址、MAC 地址的 PC 机则无法上网。但是 PC1 使用该 IP 地址和 MAC 地址可以在其他端口上网。

[S2016-E1-Ethernet0/1] mac-address max-mac-count 0；

进入到端口，用命令 mac max-mac-count 0（端口 mac 学习数设为 0）。

[S2016-E1] mac static 0000-9999-8888 int e0/1 vlan 10；

将 0000-9999-8888 绑定到 e0/1 端口上，此时只有绑定 mac 的 PC 可以通过此口上网，同时 E0/1 属于 vlan 10。

上面两个命令顺序不能弄反，除非端口下没有接 PC。

5.5 调度数据网管系统

5.5.1 基础网络管理

电力调度数据网络按照“统一调度、分级管理”的原则进行网络的运行、维护和管理。网络管理中心为用户提供了实用、易用的网络管理功能，在网络资源的集中管理基础上，实现拓扑、故障、性能等管理功能，不仅提供功能，更通过流程向导的方式告诉用户如何使用功能满足业务需求，为用户提供了网络精细化管理最佳的工具软件。

根据对电力调度项目的管理需求分析，为满足网络管理的各项需求，保证网管系统的良好扩展性、安全性、可靠性，建议采用 H3C iMC（intelligent management center）智能管理中心作为网络管理平台，其整体架构如图 5-38 所示。

H3C iMC 采用面向服务（SOA）开放的设计，基于 B/S 架构，可以与其他业务组件有效集成，提供灵活的组件化结构，融合统一管理业务、资源和用户三大 IT 组成要素，

按需装配功能组件与相应的硬件设备配合，形成直接面向应用需求的整体解决方案。用户可以根据自己的管理需要和网络情况灵活选择，实现网络资源、用户和业务的融合管理，提供基本的网络资源管理、拓扑管理、故障管理、性能管理、用户管理及系统安全管理。

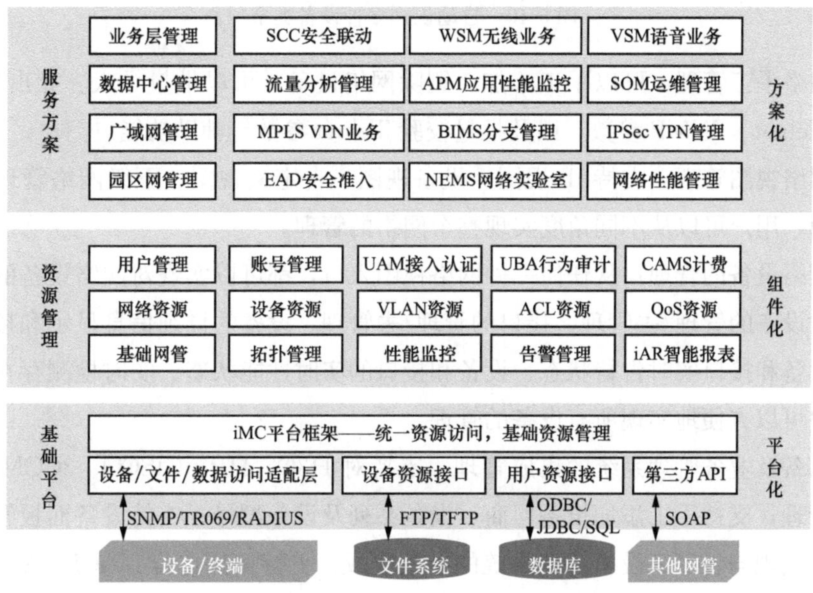

图 5-38　iMC 智能管理中心整体架构图

1. 资源管理

H3C iMC 智能管理中心支持网络资源、用户和业务的融合管理，提供基本的网络资源管理、拓扑管理、故障管理、性能管理、用户管理及系统安全管理，基于 B/S 架构，可以与 H3C iMC 其他业务组件有效集成，形成多种解决方案。iMC 资源管理与拓扑管理作为整体共同为用户提供网络资源的管理，通过资源管理可以实现如下功能。

（1）网络自动发现：可以通过设置种子的简易方式、路由方式、ARP 方式、IPSec VPN、网段方式等五种自动发现方式自学习网络资源及网络拓扑，见图 5-39。自动识别包括路由器、交换机、安全网关、存储设备、监控设备、无线设备、语音设备、打印机、UPS、服务器、PC 在内的多种类型网络设备，见图 5-40。

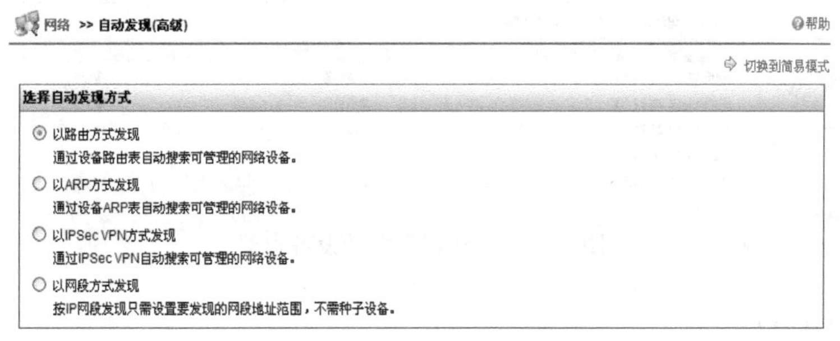

图 5-39　多种自动发现方式

图 5-40　自动识别多种设备类型

（2）网络手工管理：可以手工添加、删除网络设备，可以批量导入、导出网络设备，批量配置 Telnet、SNMP 参数，以及批量校验 Telnet 参数等辅助功能。

（3）网络视图管理：支持 IP 视图、设备视图、自定义视图、下级网络管理视图等多种管理视图，用户可以从不同角度实现整个网络的管理。

（4）网络设备的管理：从任何一种网络视图入口，都可以实现对网络设备的管理，包括：支持对设备的管理/去管理、接口的管理/去管理、设备的详细信息显示和接口详细信息显示、设备和接口实时告警状态、设备和接口的实时性能状态、实时检测存在故障的设备等，用户可以方便地实现所有设备的管理。

（5）设备及业务管理系统的集成管理：支持对 H3C、HP、CISCO、3COM 等主要厂家设备的管理；支持手工添加设备厂商、设备系列及设备型号；支持设备面板管理的动态注册机制，实现与各厂家设备管理系统的有效集成；支持拓扑定位、ACL、VLAN、QoS 等业务管理系统的集成，实现设备资源的统一管理。

（6）设备分组权限管理：支持设备分组功能，通过对设备资源进行分组管理，系统管理员方便地分配其他管理员的管理权限，便于职责分离。

（7）网络设备资产管理：在将 iMC 平台中管理的设备增加到网络资产管理的同时，系统还会自动发现该设备上可以管理的配件信息，并将这些配件加入到网络资产中进行管理，管理员可以对网络资产信息进行修改，还可以查看该资产的子模块信息、接口信息以及变更审计历史信息。见图 5-41。

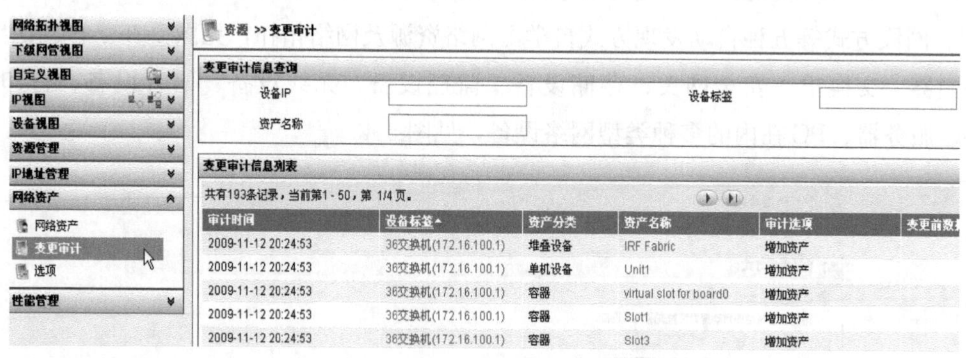

图 5-41　自动识别多种设备类型

2. 网络拓扑管理

iMC 拓扑管理从网络拓扑的解决直观地提供给用户对整个网络及网络设备资源的管

理，见图 5-42。拓扑管理包括：

（1）拓扑自动发现：H3C iMC 可以自动发现网络拓扑结构，支持全网设备的统一拓扑视图，通过视图导航树提供视图间的快速导航。通过自动发现可以发现网络中的所有设备及网络结构，并且可以将非 SNMP 设备发现出来，只要设备可以 ping 通即可，这样就可以将所有网络设备都列入其管理范围（只要设备 IP 可达），同时支持自动的拓扑图呈现和自定义拓扑。自动拓扑可以自动将网络中的逻辑连接关系显示出来，同时可以保存为自定义拓扑图，并可根据具体情况进行修改，以便于网管员对整个网络设备的监控。

支持对全网设备和连接定时轮询和状态刷新，实时了解整个网络的运行情况，并且刷新周期是可定制（刷新周期：60～7200s），同时也支持对多个设备的刷新周期进行批量配置的功能。

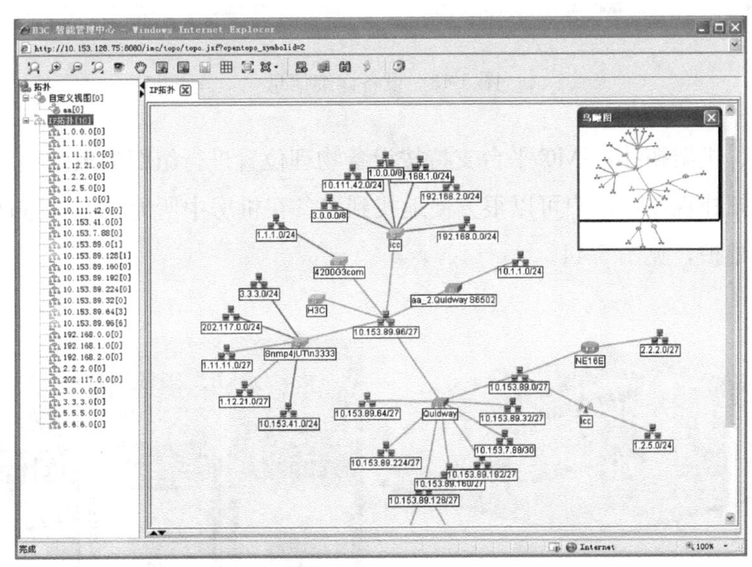

图 5-42　iMC 拓扑图展示

（2）支持自定义拓扑：传统的网络管理软件大多支持自动发现网络拓扑的功能，但是自动发现后的网络拓扑往往是很多设备图标的简单排放，不能突出重点设备和网络层次。

针对这种情况，H3C iMC 的拓扑功能支持灵活的自定义功能，管理人员可以根据网络的实际组网情况和设备重要性的不同灵活定制网络拓扑，可对拓扑图进行增、删、改等编辑操作，使网络拓扑能够清晰地呈现整个企业的网络结构以及 IT 资源分布。

H3C iMC 支持灵活定制拓扑图，使网络拓扑更有重点和层次感。管理员可以按照关注设备不同，管理角度不同定义多种拓扑，并可以针对拓扑不同选择不同的背景图；管理员可以根据网络设备的重要性不同，链路速率不同采用合适的图标显示，见图 5-43。例如：对于校园网，用户可以定制校园分布图、办公楼内网络分布图、宿舍楼内网络分布图等。

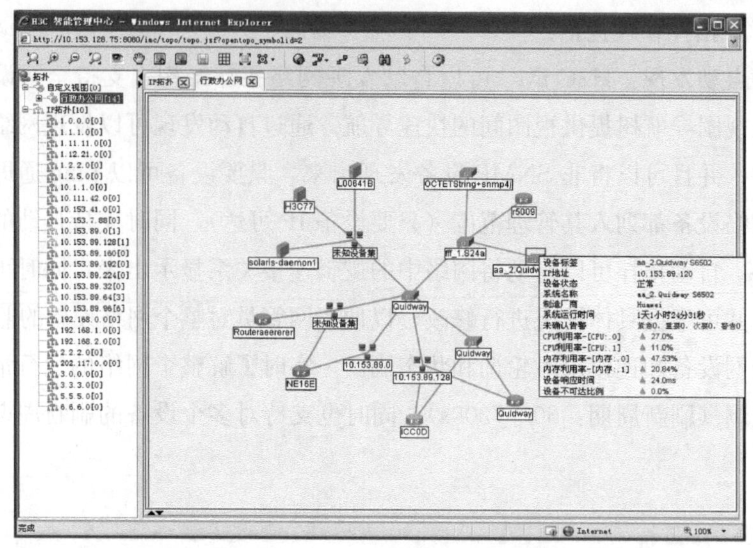

图 5-43　设备详细信息

（3）机房、机架拓扑：iMC 平台支持按设备物理位置进行组织的数据中心机房和机架拓扑。通过此拓扑视图，用户可以很方便地找到设备在机房中所处位置，进而对设备物理实体进行管理维护，见图 5-44。

图 5-44　自动识别各种网络设备和主机的类型

H3C iMC 可以自动识别 H3C、华为、Cisco、3com 等厂商的设备、Windows、Solaris 的 PC 和工作站、其他 SNMP 设备和 ping 设备，并且以树形方式组织，以不同的图标显示区分。在拓扑图上更可进一步对设备的类型进行区分，如区分路由器、交换机、安全网关、存储设备、监控设备、无线设备、语音设备、打印机、UPS、服务器、PC 等，见图 5-45。

设备状态、连接状态、告警状态等信息可在拓扑图上直观显示。

H3C iMC 的拓扑功能与故障管理和性能管理紧密融合，使拓扑图能够清晰地看到企业 IT 资源的状态，包括运行是否正常、网络带宽、接口连通、配置变化都能一目了然。多种颜色区分不同级别故障，根据节点图标颜色反映设备状态，见图 5-46。

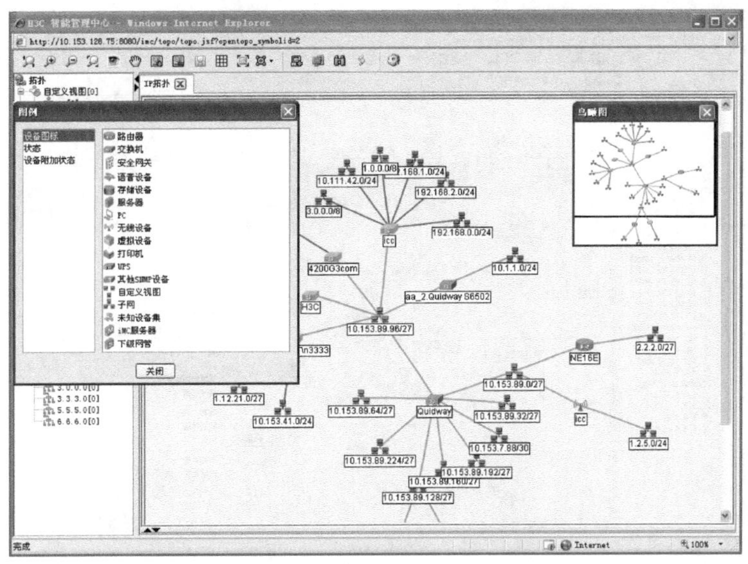

图 5-45　iMC 可管理设备类型展示

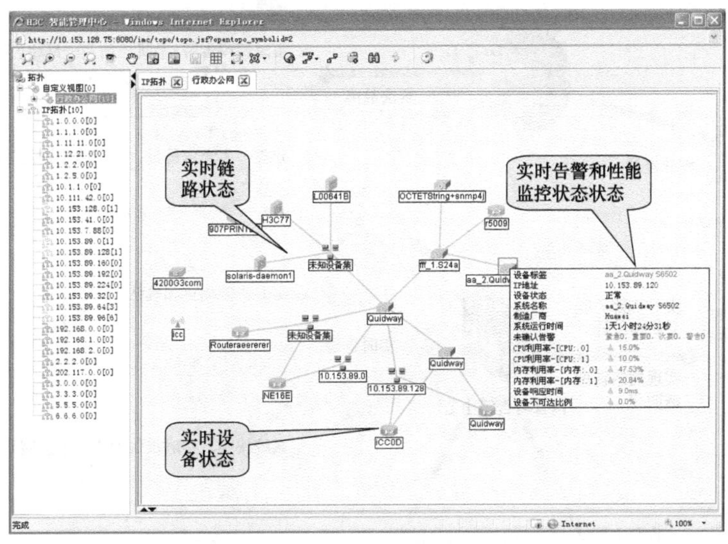

图 5-46　状态展示

（4）拓扑能提供设备管理便捷入口：H3C iMC 拓扑能够提供对设备管理的便捷入口，管理员只需通过右键点击拓扑图中的设备图标即可启动设备管理各项功能，实现对设备的面板管理等各项功能配置，见图 5-47。

3. 网络故障管理

故障管理，即告警/事件管理，是 H3C iMC 的核心模块，是 iMC 智能管理平台及其他业务组件统一的告警中心。如图 5-48 所示，以故障管理流程为引导，介绍 H3C iMC 强大的故障管理能力。

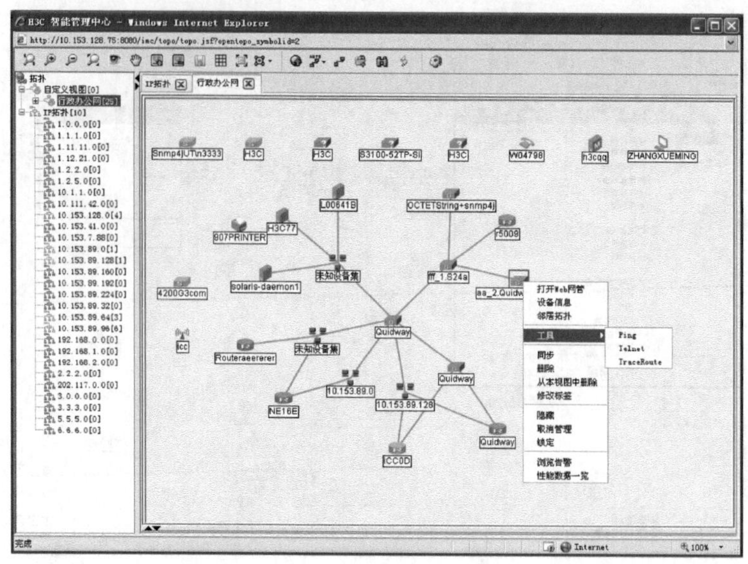

图 5-47 设备管理便捷入口

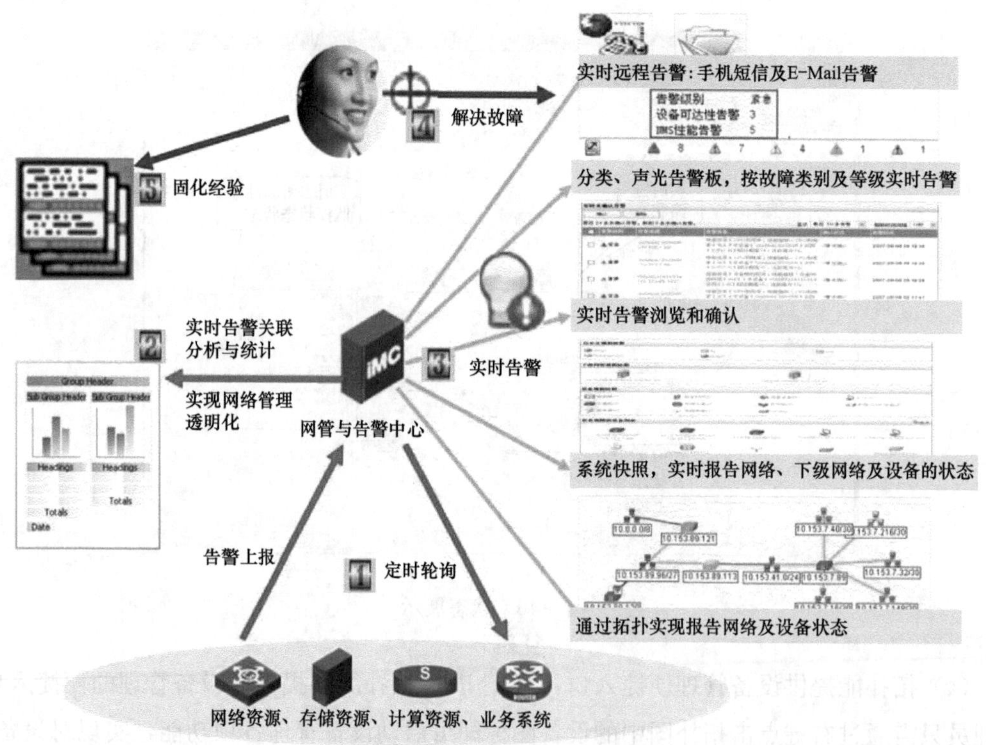

图 5-48 告警发现和上报

iMC 告警中心可以接收各种告警源的告警事件，包括设备告警、本级网管站及下级网管站告警、网络性能监视告警、网络配置监视告警、网络流量异常监视告警、终端安全异常告警等；同时通过支持对设备定时轮询，实现通断告警、响应时间告警等，以告警事件的方式上报给 H3C iMC 告警中心。

(1) 设备告警包括电源电压、设备温度、风扇、设备冷启动、设备热启动、接口linkdown、路由信息事件（OSPF，BGP）变化、热备份路由（HSRP）状态变化等告警事件，支持对H3C、CISCO、华为、3COM等多厂商设备告警的识别和解析。

(2) 网管站告警指包括本级iMC系统集群服务器的异常告警，包括CPU利用率、内存使用率、iMC服务程序运行状态等以及下级iMC系统上报的告警事件。

(3) 网络性能监视包括CPU利用率、内存使用率，以及RMON告警的故障管理。

(4) 网络配置监视告警包括设备软件版本、配置信息变更等告警事件，并通过iMC智能配置中心组件（iMC iCC）实现配置文件定期检查，实现配置变更告警事件。

(5) 网络流量异常监视告警通过iMC网络流量分析组件（iMC NTA）实现网络中异常流量告警，包括对设备及接口异常流量、主机IP地址异常流量和应用异常流量的告警，支持二级阈值告警定义。

(6) 终端安全异常告警通过iMC终端准入控制组件（iMC EAD）实现对终端用户安全异常的告警，包括ARP攻击告警、终端异常流量告警及其他终端不安全告警。

(7) iMC定期轮询告警指通过iMC的资源管理模块对设备接口信息定时进行轮循，并及时上报通断告警、响应时间告警等告警事件。

iMC告警中心根据告警脚本中的告警事件定义，接收并解析上报的告警事件。

注：H3C iMC根据标准mib中的trap信息预定义了大量告警脚本用于接收解析告警，同时支持Openview NNM告警定义格式的脚本定义，厂家私有告警可以集成到iMC告警定义脚本中，H3C iMC同时提供自定义告警方式，用户可以在H3C iMC界面上对不识别告警进行定义，后面再收到该告警事件会按用户定义的格式进行解析。

H3C iMC对接收到的告警事件进行深度关联分析，系统默认支持重复事件阈值告警、闪断事件阈值告警、未知事件阈值告警、未管理设备告警阈值告警，并能在故障恢复时自动确认相关告警；同时用户可以根据自己的需要确定事件的告警规则，以适应网络管理需要。

(1) 重复事件阈值告警：屏蔽重复接收到的相同事件，并可在达到阈值条件时产生新告警通知用户。

(2) 闪断事件阈值告警：分析接收到的闪断事件，并可在达到阈值条件时产生新告警通知用户。

(3) 未知事件阈值告警：屏蔽接收到的未知事件，并可在达到阈值条件时产生新告警通知用户。

(4) 未管理设备告警阈值告警：屏蔽接收到的未管理设备事件，并可在达到阈值条件时产生新告警通知用户。

(5) 自定义事件过滤规则：用户自定义的事件过滤规则，用户可指定在什么时间范围内、对什么样的告警进行过滤。

iMC系统预定义默认支持各类深度分析后告警事件关联升级为告警的生成规则，同时，管理员可以自定义由告警事件升级为告警的规则，可从事件、事件关键字、事件源、时间范围四个方面进行规则定义，一旦定义事件升级为告警规则后，iMC 告警中心会根据定义的规则关联分析后生成不同级别的告警（告警共分成紧急、重要、次要、警告、事件五个级别；在浏览数据窗口，分别以红色、橙色、黄色、蓝色、灰色五种颜色进行显示），将管理员从繁多的告警事件中解脱出来，避免产生告警风暴，让管理员能专心关注告警的根源。

实时告警：H3C iMC 提供多种方式将告警通知给管理员，包括：

（1）实时远程告警：通过手机短信或 E-mail 邮件的方式，将告警及时通知管理员，实现远程网络的监控和管理。

（2）分类、声光告警板，按故障类别及等级实时告警，让管理员通过告警板不但及时知道告警产生，同时可以了解产生的告警的类别和等级，见图 5-49。

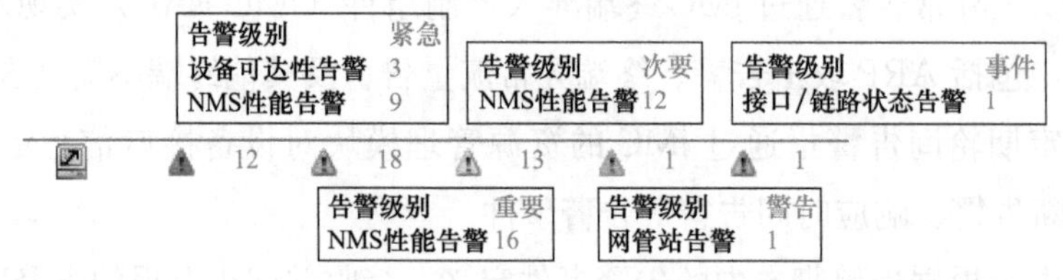

图 5-49 分类、声光告警

（3）实时告警浏览和确认，通过告警首页对故障未排除的告警实时刷新并提供故障排除确认的入口，见图 5-50。

实时未确认告警 加入收藏 帮助

实时未确认告警

确认 删除

最近 43 条未确认告警。新到 0 条未确认告警。 显示 最近 50 条告警 刷新时间间隔 10秒

	告警级别	告警来源	告警信息	确认状态	告警时间
☐	紧急	Quidway S6506R (10.153.7.89)	性能任务（CPU利用率，性能指标：CPU利用率（%））中设备（Quidway S6506R）实例（[CPU:.0]）超过阈值14，当前值为19。	未确认	2007-09-08 11:39:07
☐	重要	Snmp4jUT\n33 (10.153.89.113)	性能任务（CPU利用率，性能指标：CPU利用率（%））中设备（Snmp4jUT\n33）实例（[CPU:.65536]）超过阈值12，当前值为12。	未确认	2007-09-08 11:39:07
☐	重要	r5009231414314 (10.153.89.107)	性能任务（设备响应时间，性能指标：设备响应时间（ms））中设备（r5009231414314）实例（[:.0]）超过阈值15，当前值为16。	未确认	2007-09-08 11:38:56
☐	紧急	Quidway S6506R (10.153.7.89)	性能任务（CPU利用率，性能指标：CPU利用率（%））中设备（Quidway S6506R）实例（[CPU:.2]）超过阈值14，当前值为14。	未确认	2007-09-08 11:34:08
☐	次要	10.153.7.18(10.153.7.18)	性能任务（设备响应时间，性能指标：设备响应时间（ms））中设备（10.153.7.18）实例（[:.0]）超过阈值10，当前值为20。	未确认	2007-09-08 11:29:02
☐	重要	Snmp4jUT\n33 (10.153.89.113)	性能任务（设备响应时间，性能指标：设备响应时间（ms））中设备（Snmp4jUT\n33）实例（[:.0]）超过阈值15，当前值为25。	未确认	2007-09-08 11:28:56
☐	紧急	111(10.153.89.104)	性能任务（CPU利用率，性能指标：CPU利用率（%））中设备（111）实例（[CPU:.65536]）超过阈值14，当前值为18。	未确认	2007-09-08 11:24:11

图 5-50 实时告警浏览和确认

（4）提供系统快照，实时报告网络、下级网络及设备的状态，见图 5-51。

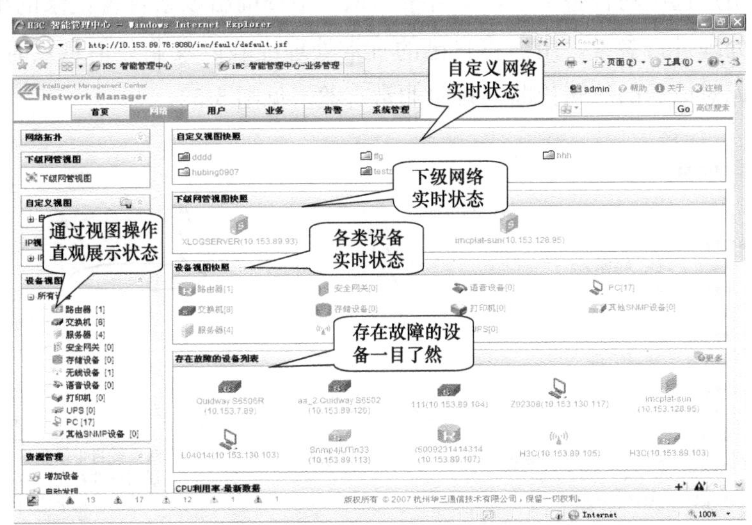

图 5-51 系统快照

（5）通过拓扑实现报告网络及设备状态，见图 5-52。

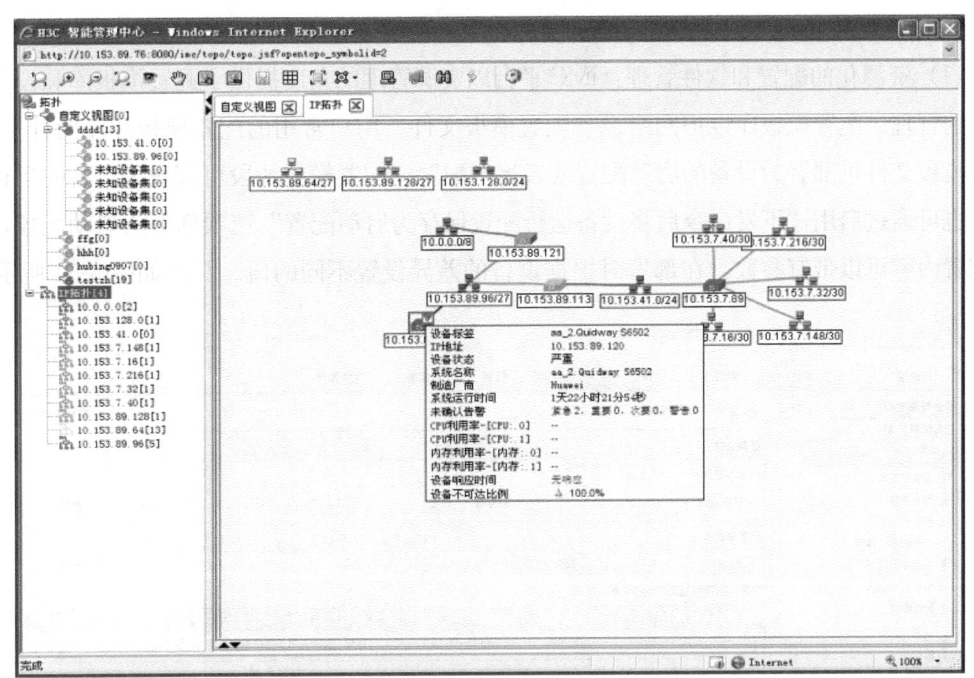

图 5-52 通过拓扑实现报告网络及设备状态

故障解决：H3C iMC 对各种故障警均提供“修复建议”，管理员可以参考修复建议对故障进行处理。在故障得到解决后，通过对告警的确认完成故障的恢复确认。

固化经验：H3C iMC 提供告警知识库。告警知识是用户在维护过程中的经验总结，将这些经验输入系统，下次再出现同样的故障时，可以作为参考。用户选中一条告警记录，系统根据用户选中的告警记录，从告警知识库中查询出该条告警记录的维护经验，供用户进行告警处理进行参考。用户将自己的日常处理经验以及业务信息及时写入数据库、更新告警知识库对以后的故障诊断与排除非常有益。见图 5-53。

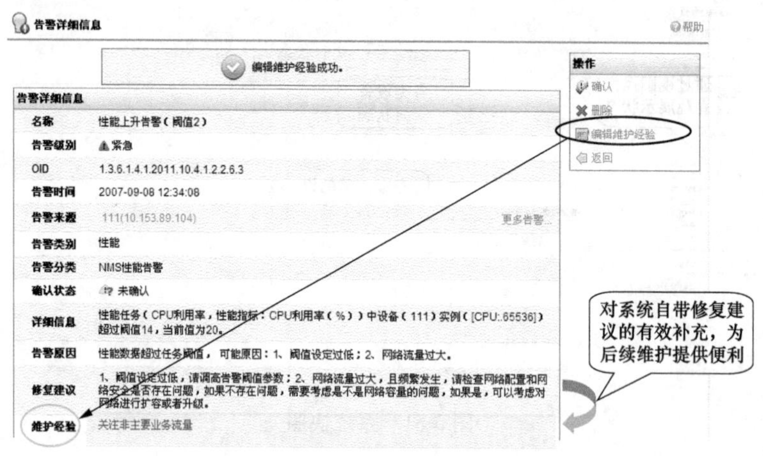

图 5-53　固化经验

4. 网络配置管理

（1）资源化的配置和软件管理：iMC 平台以资源管理的角度提供了配置模板库和设备软件库的管理。配置模板库维护网络设备配置模板文件、用户常用的配置模板片段两种资源；配置模板文件可部署为设备的启动配置或者运行配置；配置模板片段可部署为设备的运行配置，也可通过启用“下发命令后将设备运行配置保存为启动配置”选项部署为启动配置，并且配置内容可以带有参数，在部署时根据设备的差异设置不同的值。具体如图 5-54 所示。

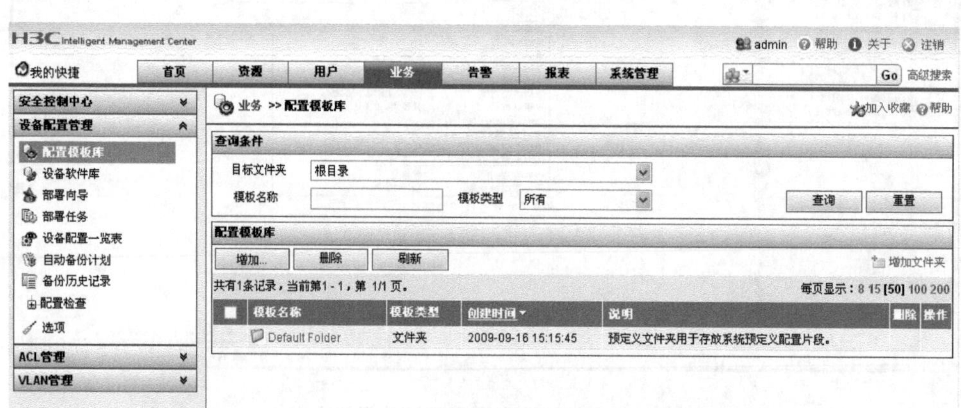

图 5-54　网络配置管理

设备软件库维护各类软件文件。除了管理设备的版本软件，还支持设备上各种业务的软件管理，从而实现设备软件文件的统一管理。用户可以将配置模板、设备软件文件从系

统中导出到本地系统，建立本地的配置、软件文件资源备份；反过来也可以从本地文件中导入到 iMC 平台中。

（2）集中化的设备配置和软件信息展示：提供全网设备的配置文件、软件版本信息集中式展示，包括设备的当前软件版本、最新可用于升级的软件版本、最近备份时间、是否已加入自动备份计划等信息；可提供管理员对设备的集中操作包括设备配置部署、设备配置备份与恢复、设备软件升级与恢复、设备空间管理、设备软件基线化管理功能，极大的方便了管理员直观的掌握当前网络的配置和软件版本，见图 5-55。

图 5-55　集中化的设备配置和软件信息展示

（3）基线化的设备配置变更审计：通过配置备份历史和软件升级历史的管理，实现基线化的设备配置变更审计功能，使配置文件管理和软件升级管理具有可回溯性。提供设备运行配置和启动配置的基线化版本管理，将每个设备相关的配置文件划分为三种版本，即基线、普通、草稿，便于管理员识别、管理，并可快速恢复至基线配置。提供设备软件基线化版本管理，每个设备可以指定一个基线版本，提供基线审计及快速恢复至基线版本功能，见图 5-56。

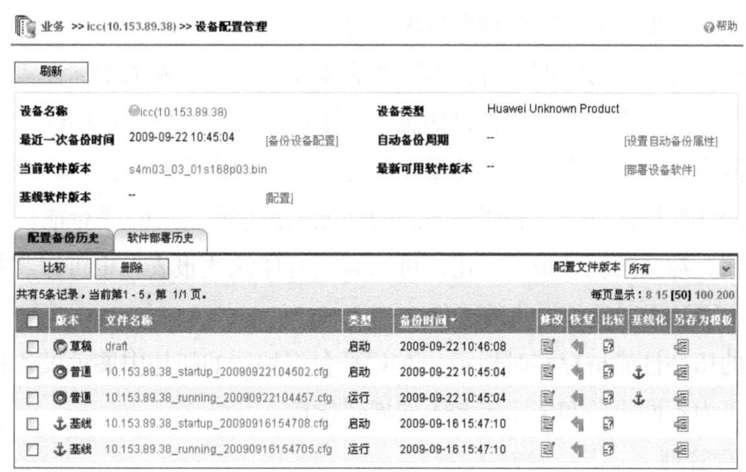

图 5-56　基线化的设备配置变更审计

（4）自动化的建立可追溯的网络配置：通过启动自动备份功能，帮助管理员周期性自动地完成设备配置的历史备份，为用户自动建立起可追溯的网络配置。用户可以针对不同的设备设置不同的备份周期和备份时间点，支持按天、周、月周期备份。支持网络运行设备的配置变化检查，一旦配置发生变化，立刻以告警方式通知管理员关注。

5. 网络性能管理

iMC 提供一目了然的网络 TopN 性能指标：CPU 利用率、内存利用率、带宽利用率、设备响应性能、设备不可达等。iMC 平台通过 TopN 列表，使用户能清楚看出当前网络中的性能瓶颈问题，见图 5-57。

设备响应时间的TopN - 今天

设备名称	实例	数据
L-23-1-102(10.153.89.8)	[:.0]	2.030ms
L-13-4-302(10.153.89.9)	[:.0]	1.076ms
L-12-4-201(10.153.89.38)	[:.0]	0.720ms
L-21-2-301(10.153.89.115)	[:.0]	0.712ms
L-41-3-201(10.153.89.148)	[:.0]	0.356ms

内存利用率的TopN - 今天

设备名称	实例	数据
L-21-2-301(10.153.89.115)	[内存:.0]	56.457%
L-11-2-313(10.153.89.43)	[内存:.0]	55.719%
L-12-4-201(10.153.89.38)	[实体:virtual board]	46.008%
L-13-4-302(10.153.89.9)	[内存:.0]	40.799%
L-12-3-401(10.153.89.6)	[内存:.0]	37.516%

图 5-57 网络性能管理

（1）支持性能视图：用户可灵活定制性能数据浏览视图，分析网络运行趋势。性能视图支持多指标多实例数据组合的展示，支持 TopN 明细表格、TopN 柱图、折线图、柱状图、面积图、汇总数据多种性能监控数据展示方式。

（2）提供性能与告警的深度结合：iMC 平台支持对每一个性能指标设置两级阈值，发送不同级别的告警。用户可以根据告警信息直接了解到设备监视指标的性能情况，有助于用户随时了解网络的运行状态，预测流量发展趋势，合理优化网络。

（3）翔实的性能统计报表：利用采集到的性能数据信息，iMC 平台能对关键的性能监控内容形成实用、翔实的统计报表，用户可以直接打印这些报表，也可以将报表导成 Excel、HTML、PDF、Word 等形式的文件。

（4）丰富的拓扑性能指标实时展示：iMC 平台支持在的拓扑中展示设备和链路性能监控数据，用户可为不同设备和链路定制不同展示指标。

6. 系统安全管理

系统安全管理功能主要包括：操作日志管理、操作员管理、分组分级与权限管理、操

作员登录管理等，见图 5-58。

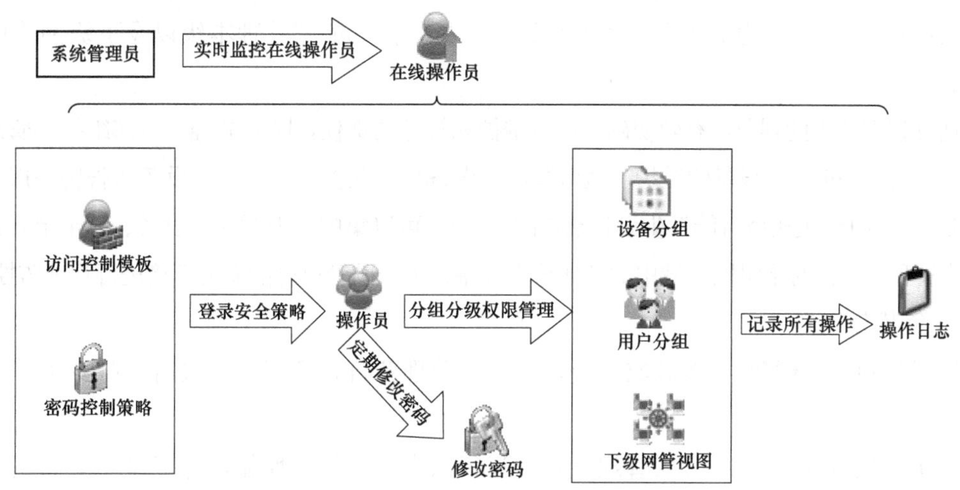

图 5-58　系统安全管理示意图

(1) 操作员登录管理：管理员通过制订登录安全策略约束操作员的登录鉴权，实现操作员登录的安全性，通过访问控制模板约束操作员可以登录的终端机器的 IP 地址范围，避免恶意尝试他人密码进行登录的行为存在，通过密码控制策略，约束操作员密码组成要求，包括密码长度、密码复杂性要求、密码有效期等，以约束操作员定期修改密码，并对密码复杂性按要求设置。

(2) 操作员密码管理：管理员为操作员制订密码控制策略，操作员仅能按照指定的策略定期修改密码，以保证访问 iMC 系统的安全性。

(3) 分组分级权限管理：管理员通过设备分组、用户分组的设置，可以为操作员指定可以管理的指定设备分组和用户分组，并指定其管理权限和角色，包括管理员、维护员和查看员，实现按角色、分权限、分资源（设备和用户）的多层权限控制；同时通过设置下级网络管理权限，可以限制登录下级网络管理系统的操作员和密码，以保证访问下级网络管理系统的安全性。

(4) 操作日志管理：对于操作员的所有操作，包括登录时间、注销时间、登录 IP 地址以及登录期间进行的任何可能修改系统数据的操作，都会记录详细的日志。只要提供丰富的查询条件，管理员可以审计任何操作员的历史操作记录，从而界定网络操作错误的责任范围。

(5) 操作员在线监控和管理：系统管理员通过“在线操作员”可以实时监控当前在线联机登录的操作员信息，包括登录的主机 IP 地址、登录时间等，同时，系统管理员可以执行强制注销、禁用/取消禁用在线操作员的当前 IP 地址等控制操作。

5.5.2　分级网络管理

大型网络需要分级管理，主要目的有以下两个方面。

1. 分权管理，责任明确

区域化（横向）：按区域划分，对各自管理域内设备进行管理、监控、维护。

层次化（纵向）：为上级提供数据和管理支持，使其能够管理本级以及下级网络的运行状态。

通过管理范围的划分，有效明确了设备维护和管理的责任，同时减轻了总部维护和管理的工作量，尤其是地市级设备的维护（地市级接入设备数量众多，而这部分设备的告警一般都是非重要，一台PC关机就可能发生设备端口的告警），可以集中精力对核心设备、骨干节点设备进行维护和升级。对下级网管域中的某些重点设备，上级网管也可能需要直接进行管理监控。

2. 负载分担

区域间独立（横向）：按区域划分，仅限于管理各自管理域内的设备，减少了单个网管的管理压力。

层次间汇总（纵向）：分层管理设备的运行状态、告警、性能，并汇总本级数据上报给上级网管，减少了上级网管的数据量。

各区域中可分布式部署、管理，按组件灵活组合，提供良好的可扩展性，进一步分散负载压力。

通过分级管理有效地解决了性能压力（见图5-59）：

（1）将网管系统的性能压力分布到下架管理系统中。

（2）减轻了广域网链路的带宽压力，如果使用集中管理，所有设备的告警信息都将通过广域网链路发送到总部网络管理系统，尤其是下级的接入设备经常由于人为原因导致告警数量很大，如果设备数量也众多，对于广域网带宽的消耗也会比较大，同时网络系统还要定期轮询设备的性能、链路通断等信息，所以整体消耗是很大的。由于广域网带宽是非常有效的，所以需要分级来减少网管信息对广域网带宽的消耗。

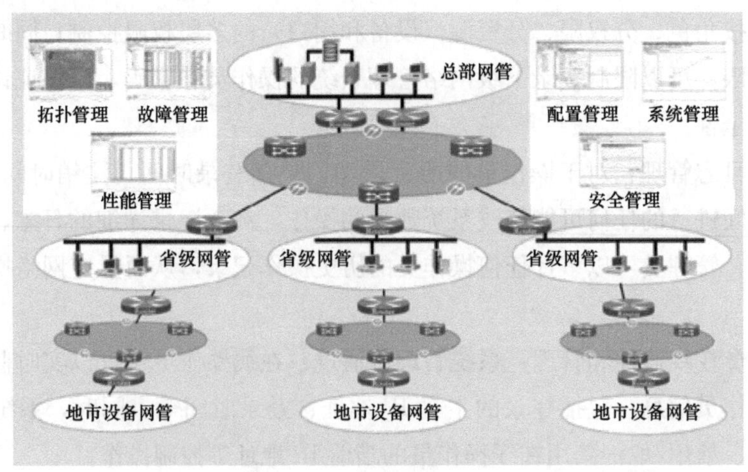

图5-59 分级管理有效地解决了性能压力

5.5.3　智能分析报表

H3C iMC 作为核心管理系统，为用户提供了有效的决策支持，智能分析报表（iAR）解决方案提供智能分析能力和报表数据挖掘、展示能力，为决策提供足够的依据保障。

1. 电力调度报表系统

根据《国家电力调度数据网骨干网运行管理规定》定制的电力报表系统，可基于 iMC 系统加装国调定制报表组件，见图 5-60。

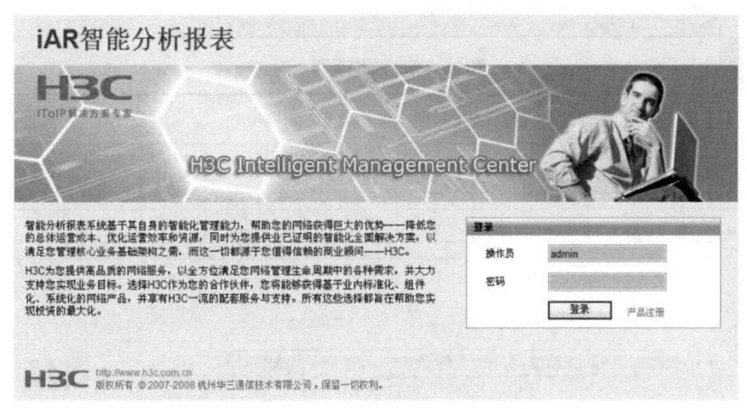

图 5-60　IAR 智能分析报表

报表创建方便灵活，支持周期性自动报表，见图 5-61。

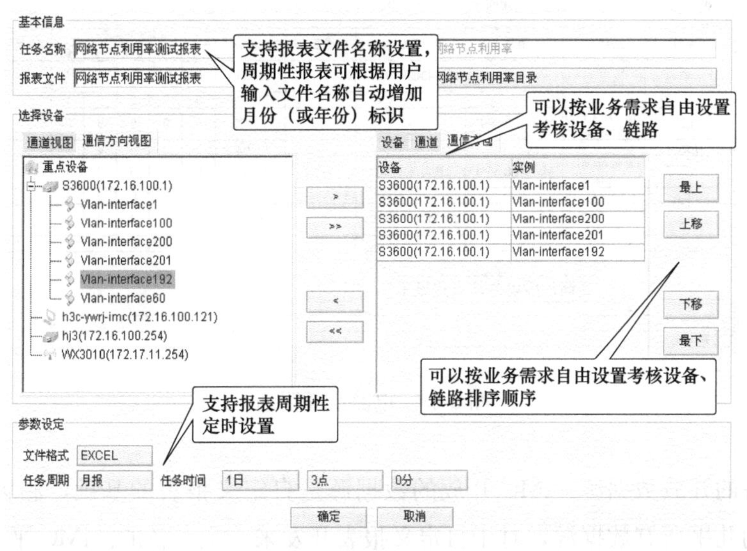

图 5-61　报表创建

网络节点可利用率报表见图 5-62。通断明细报表、通断可用率及节点利用率等多个相关报表统一生成在一个报表文件中，见图 5-63，在报表中以备注方式标识了每次中断的故障原因。

2. 智能分析报表

H3C iMC 智能分析报表解决方案基于 B/S 架构，将报表分析和报表展示能力与 iMC 无缝集成，实现数据提取、数据转换和数据展示等功能，提供有效报表系统解决方案。智能分析报表具有以下特点。

A1　网络节点利用率测试报表

网络节点利用率测试报表

制表时间:2009-10-10 09:27:05

时间范围：2009-10-09 00:00:00---2009-10-09 23:59:59

序号	节点名称	通信方向数	通道数	数据网络通信方向中断时间分类					节点可用率(%)	通道可用率(%)	备注
				网络设备	电源	通道	其他	小计			
1	hj3	0	4	0	0	0:00:00	0	0:00:00	--	25.02	
2	S3600	5	0	0	0	0:00:00	0	0:00:00	100.00	--	
	合计	5	4					0:00:00			
								全网可用率(%)	100.00	25.02	

网络节点利用率测试报表报表 / 电路通断可用率 / 电路方向通断可用率 / 电路通断明细

图 5-62　网络节点利用率测试报表

电路通断明细

制表时间:2009-10-10 11:24:44

时间范围：2009-10-09 00:00:00---2009-10-10 10:59:59

节点名称	链路名称	端口	中断开始时间	中断恢复时间	中断持续时间	中断明细(分钟)					备注编号
						<5	5~10	10~30	30~60	>60	
hj3	Vlan-interface1 Interface	Vlan-interface1	2009-10-09 11:41:12	--	23:18:48	0	0	0	0	1	1
小计：					23:18:48	0	0	0	0	1	
hj3	Vlan-interface100 Interface	Vlan-interface100	--	--	0:00:00	0	0	0	0	0	
小计：					0:00:00	0	0	0	0	0	
hj3	Vlan-interface111 Interface	Vlan-interface111	2009-10-09 11:41:12	--	23:18:48	0	0	0	0	1	
小计：					23:18:48	0	0	0	0	1	
hj3	Vlan-interface200 Interface	Vlan-interface200	2009-10-09 11:40:58	--	23:19:02	0	0	0	0	1	2
小计：					23:19:02	0	0	0	0	1	

通断故障以备注方式显示

备注

1）设备网线松动

2）接口物理损坏

图 5-63　电路通断明细

（1）完备的开放数据源：iMC 开放的数据源是自定义报表的基础，涵盖了 iMC 预定义报表使用的几乎所有数据源，对于自定义报表开发来讲是完备的。iMC 平台开放的是基础网管的数据，包括资源、性能、告警模块，每个业务组件也会根据自己的设计开放完备的数据源。表 5-10 列出了 iMC 平台开放的数据源。

表 5-10　　　　H3C iMC 智能分析报表

组件模块	视图/存储过程名称	描述
资源模块	plat_v_dev	设备信息
	plat_v_oper_dev	操作员和设备的权限关联
	plat_v_cus_view	设备自定义视图信息
	plat_v_ip_view	设备 IP 视图信息
	plat_v_symbol	设备符号信息
	plat_v_address	设备地址信息
	plat_v_if	接口信息
	plat_v_link	链路信息
	plat_v_phy_if_info	物理链路信息
	plat_v_ipaddress_info	除了 127.0.0.1 和 255.255.255.255 和 0.0.0.0 的接口地址信息
	plat_v_capacity	设备容量信息
	plat_v_l2topo_arp	二层拓扑 ARP 信息
	plat_v_inventory	设备存量信息
	plat_v_phy_link	物理链路信息
	plat_v_dev_snmp_para	设备 SNMP 参数信息
	plat_v_dev_history	设备修改历史
	plat_v_oper_role	操作员角色信息
性能模块	nme_perf_v_origindata	性能原始监控数据
	nme_perf_v_hourreportdata	性能小时粒度的监控汇总数据
	nme_perf_v_dayreportdata	性能天粒度的监控汇总数据
	nme_perf_v_summ_item	性能摘要指标关系信息
	nme_perf_v_task_temp	性能任务模板关系信息
	nme_perf_v_task_inst	性能 At A Glance 监控实例列表
	nme_perf_v_perf_task_inst	性能定制监视监控实例列表
告警模块	nme_fault_v_device_status	设备通断数据
	nme_fault_v_if_status	端口通断数据
	nme_fault_v_link_status	链路通断数据
	nme_fault_v_node_status	节点通断数据
	nme_fault_v_node_if_info	节点通道及通信方向统计数据

（2）强大的智能分析能力：iMC 报表平台同时内嵌的 ETL 模块（数据提取、转换、加载），提供强大的智能分析能力，作为有力的数据分析工具，在 iMC 开放的原始数据源和对应复杂报表需求的用户自定义报表数据源之间搭建起一个桥梁。

（3）灵活而强大的报表设计功能：业界领先的报表设计器（iAR），提供可视化的自定义报表设计环境，见图 5-64。

可视化设计环境：提供可视化的报表设计环境，类似 MS Office 的操作界面，用户可以拖放报表的组成元素，如报表标题、数据库字段等。

所见即所得：用户利用 iAR 设计的是所见即所得的报表，预览界面所看到的报表与打印出来后的报表效果是一致的；

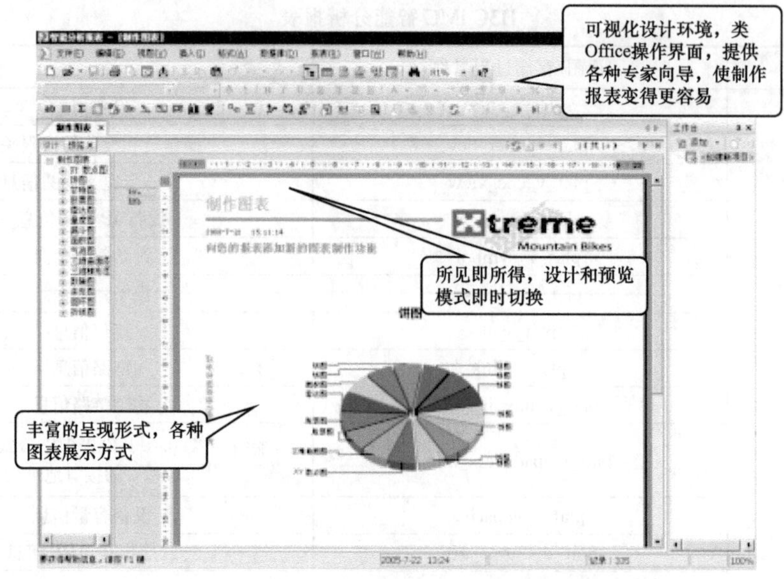

图 5-64 可视化自定义报表设计环境

提供各种专家向导，包括排序专家、分组专家、汇总专家、选择专家、图表专家等功能向导，指导用户轻松地实现记录的排序、分类、归纳、选择和格式设置等，快速开发和设计报表；

提供多种报表样式，包括普通的行列报表、主/子报表、图形摘要报表、交叉表、TopN 和 Bottom N 报表；

支持中国式报表和图表报表，提供 20 多个图形类型，包括条形图、饼图、曲线图、甘特图、面积图、圆环图、三维梯形图、三维曲面图、XY 散点图、雷达图、气泡图、股票图、漏斗图等，见图 5-65；

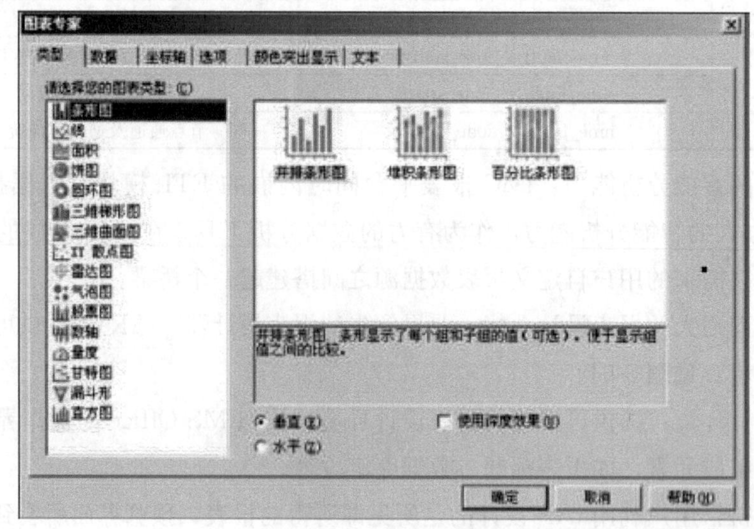

图 5-65 报表专家

提供常用的报表模板，让所有报表呈现出一种连续性，而不用每次设计专门的格式；

提供强大的公式语言支持，包括 Basic 语法格式，用户可以简单方便地自定义函数，丰富报表的内容；

囊括 160 多种内置功能模块和函数，包括日期函数、格式函数、统计函数、字符函数、类型转换函数等；

支持预先设定参数，最终用户在查看报表时，只需要在预先设定的参数中进行选择，就可以看到不同的数据子集。

（4）无缝的设计环境：iMC 报表平台提供 iMC 数据源配置的导出功能，简化报表设计过程中的数据源建立过程。而对于用户来讲，数据库连接和数据源的建立往往是最不容易完成的操作，从而使报表设计工作轻松上手，见图 5-66。

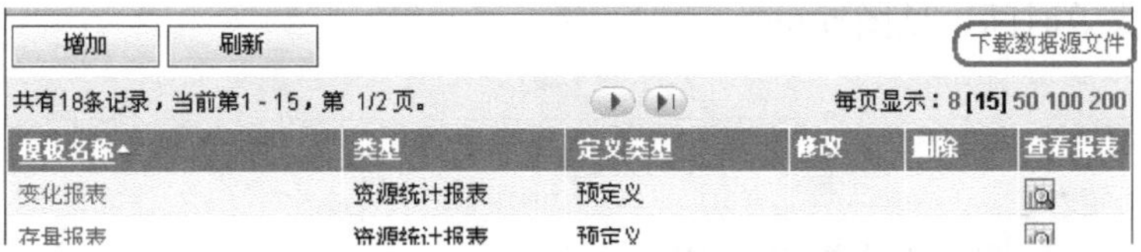

增加　刷新　下载数据源文件

共有18条记录，当前第1 - 15，第 1/2 页。　每页显示：8 [15] 50 100 200

模板名称▲	类型	定义类型	修改	删除	查看报表
变化报表	资源统计报表	预定义			
存量报表	资源统计报表	预定义			

图 5-66　无缝的设计环境

使用报表设计器设计出来的自定义报表模板的发布操作非常简单，只需要在报表平台上执行一个增加操作，即将新的自定义报表模板等同于原有的预定义模板使用，见图 5-67。

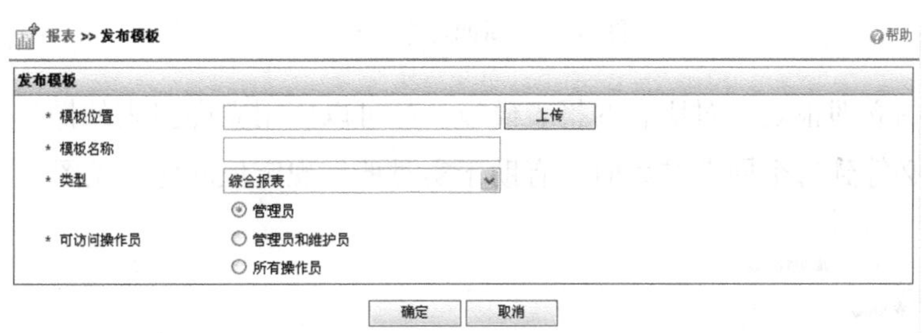

图 5-67　报表发布模板

（5）业界领先的报表展示：图 5-68 为 iMC 平台提供的一个预定义报表实例。

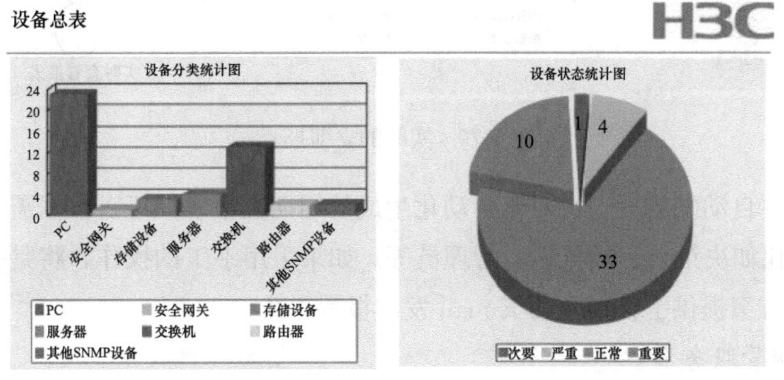

图 5-68　预定义报表实例（一）

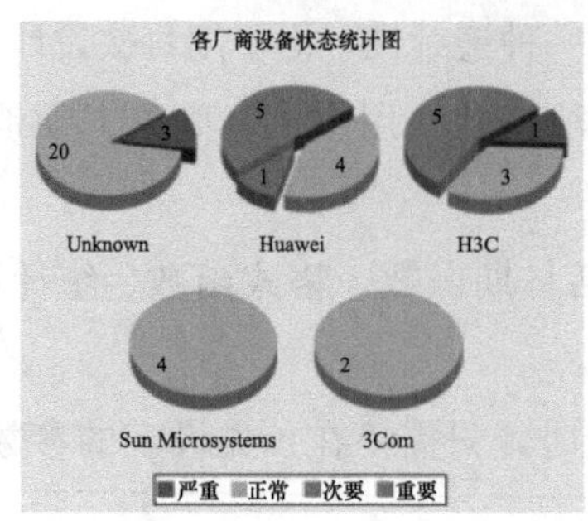

各网段设备状态统计图

网段	未管理	未知	正常	警告	次要	重要	严重
10.153.89	0	0	29	0	1	10	1
10.153.7	0	0	4	0	0	0	2
10.153.130	0	0	0	0	0	0	1

图 5-68 预定义报表实例（二）

（6）自动化的周期性报表机制：在报表平台中，可以使用报表模板创建各类周期的报表，包括天报表、周报表、月报表、季度报表、半年报表、年报表，可以设定周期性报表的开始时间、失效时间，见图 5-69。

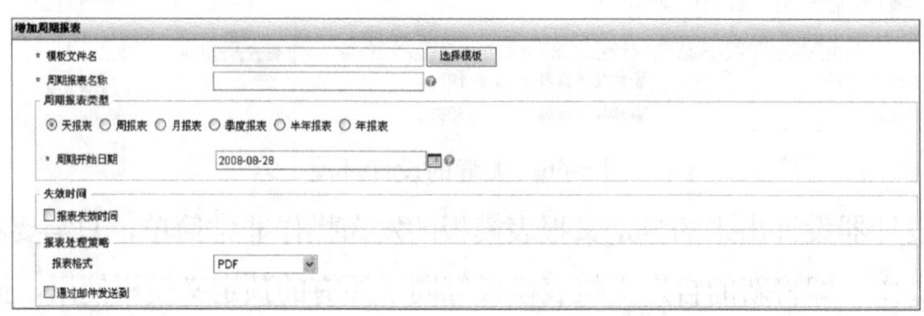

图 5-69 周期性报表机制

（7）实时的立即报表：对所有的报表模板，都可以使用立即报表的操作查看实时的报表数据，而不必等到每个周期结束时，有助于实时地发现定位问题，见图 5-70。

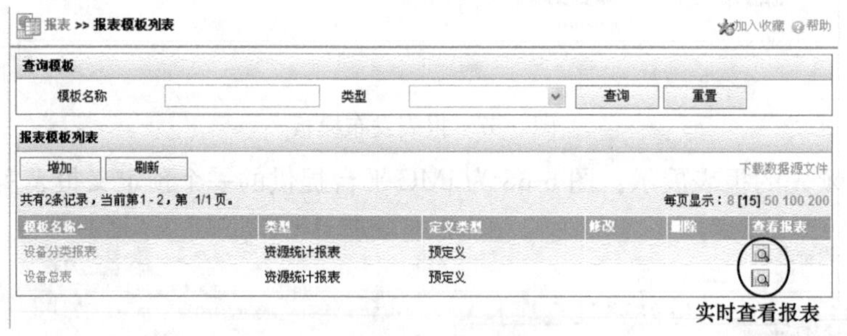

图 5-70 实时的立即报表

（8）E-mail 自动发放报表：对于自动化生成的周期性报表，可以根据需要发送给不同角色的用户，比如决策人、投资人、管理员等。如果采用手工的操作，将是一件繁重的工作，iMC 报表方案提供了自动化的 E-mail 发放报表方式。

5.5.4 网管服务器

在地调部署 2 台网管服务器，均用于部署地调接入网网管软件，使用 H3C CAS-CAS

云计算管理平台服务器虚拟化软件实现网管服务器的主备冗余。

服务器是虚拟化平台的核心，承担着虚拟化平台的“计算”功能。服务器虚拟化可以充分利用高性能服务器的计算能力，将原本运行在单台物理服务器上的操作系统及应用程序迁移到虚拟机上。通过服务器虚拟化，提高硬件资源的利用率，有效地抑制 IT 资源不断膨胀的问题，同时可以节省 IT 机房的占地空间以及供电和冷却等运营开支。

由于网管系统需要管理每个核心层、汇聚层和接入层设备，所以网管系统必须具有全局可路由的 IPv4 地址。但是 CE 属于 VPN 内部，CE 上的管理地址非全局可路由的 IPv4 的地址。为了使网管系统能够管理 CE 设备，需要网管服务器实现双接入，即接入公网（全局可路由）和 VPN 内部（业务路由）。部署方式如图 5-71 所示。

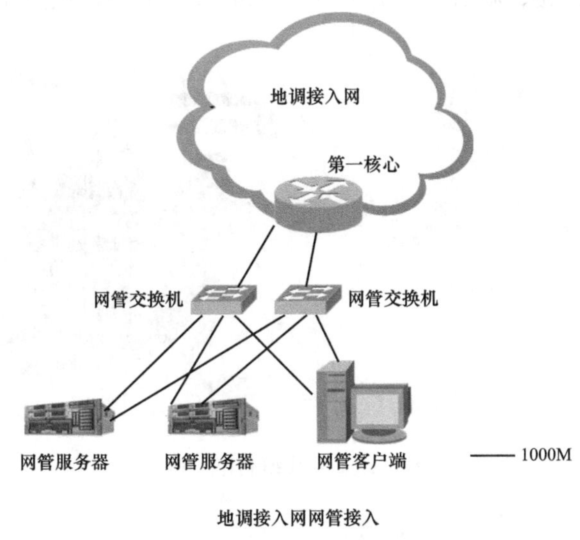

图 5-71　网关服务器双接入

第 6 章 电力调度数据网线缆制作

6.1 2M 线制作

1. 工具

电烙铁、专用压线钳、斜口钳、美工刀、焊锡丝、2M 线，见图 6-1。

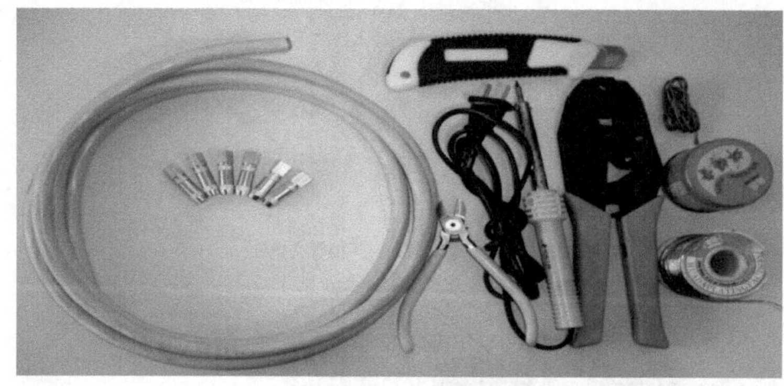

图 6-1 2M 线缆制作工具

2. 制作步骤

（1）将 2M 同轴缆外皮拨开，如图 6-2（a）所示。将 2M 头尾部外套拧开，并将尾部外套、压接套管套在同轴线上，见图 6-2（b）。

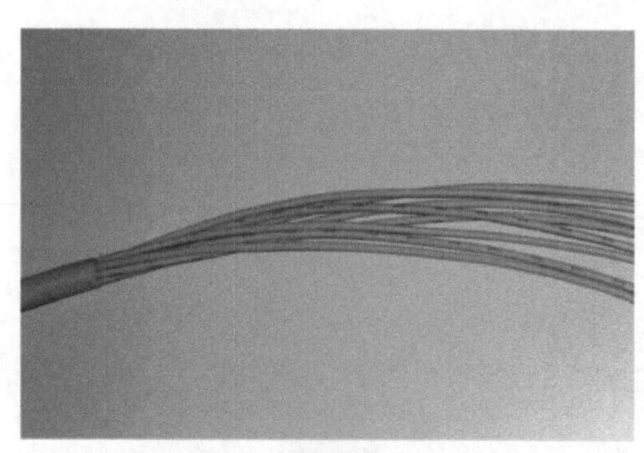

(a) 2M同轴缆

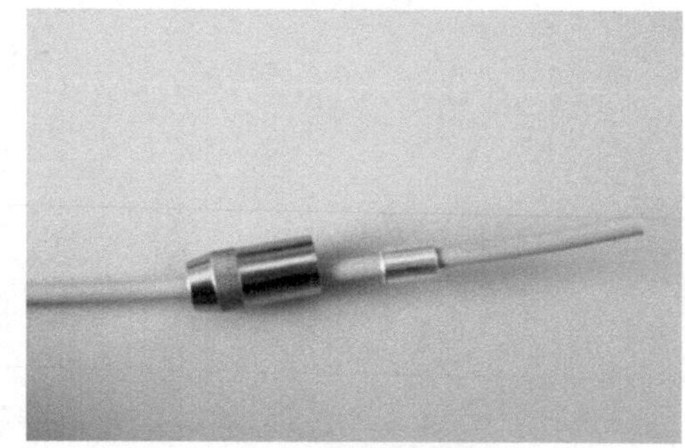

(b) 2M缆压接套管

图 6-2 2M 线缆制作步骤 1

（2）用工具刀将同轴缆外皮剥去 12mm，剥时力量适当，注意不得伤及屏蔽网。

2Mbit/s同轴线是成对使用的，其中一根用作发信，一根用作收信，对其用途做了定义后应做好标签。将露出的屏蔽网从左至右分开，用斜口钳剪去4mm，使屏蔽网长度为8mm，见图6-3。

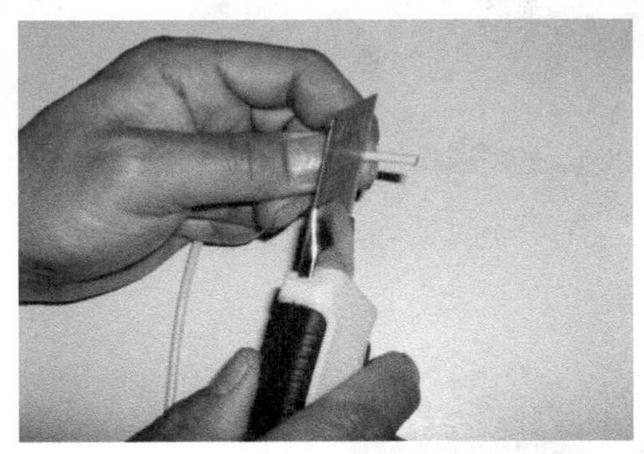
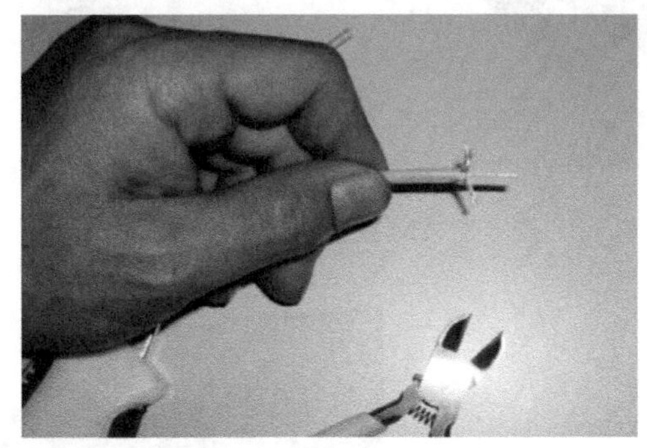

图6-3　2M线缆制作步骤2

用工具刀将内绝缘层剥去2mm，注意不要伤及同轴缆芯线，将剥好的同轴线穿入同轴插头压接套管内，见图6-4。

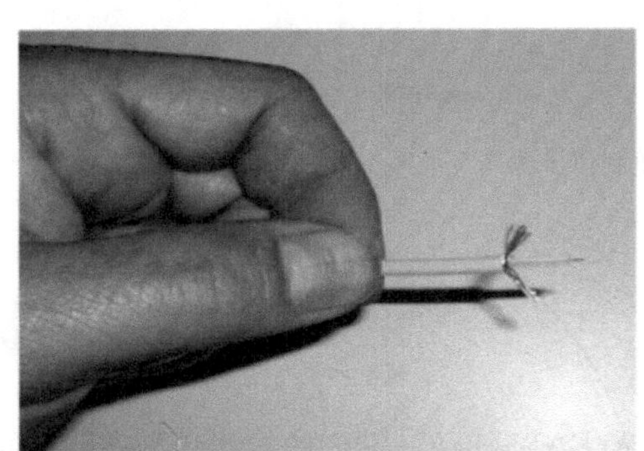
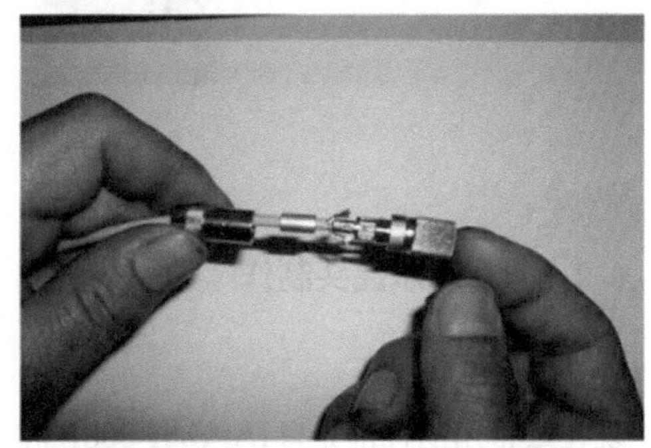

图6-4　2M线缆制作步骤3

将同轴缆芯线插入同轴体铜芯杆，涂少许焊锡膏在同轴芯线上，用电烙铁沾锡点焊，焊接时间不得太长，以免破坏内绝缘，导致同轴芯线接地，要求焊点光滑、整洁、不虚焊。注意：焊接时确保焊锡充分融化，并且焊点大小适中，以及不虚焊导致同轴芯线与同轴体短路，见图6-5。

将屏蔽层贴附在同轴体接地管上，使屏蔽网尽可能大面积地与接地管接触，将压接套管套在屏蔽网上，保持压接套管与接地管留有1mm的距离，并保证屏蔽层不超出导压接管，见图6-6。

用压线钳将压接管与接地管充分压接，但用力适当，不得压裂接地管，见图6-7。

压好后将同轴插头外套旋紧在同轴体上，用万用表测试是否有短路。

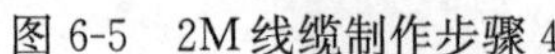
图 6-5　2M 线缆制作步骤 4

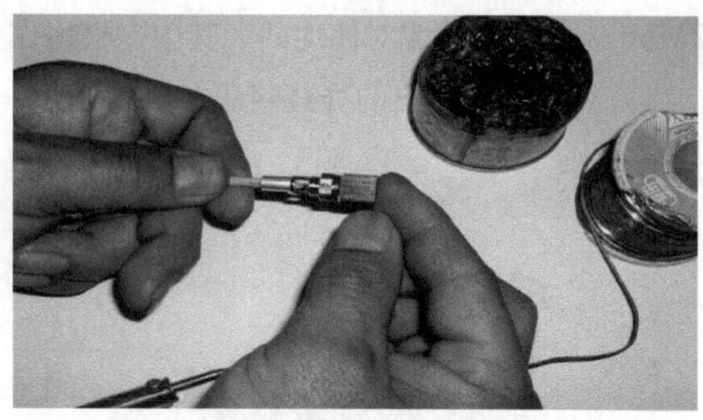

图 6-6　2M 线缆制作步骤 5

图 6-7　2M 线缆制作步骤 6

6.2　RJ-45 水晶头制作

1. 标准

现在最常用的标准是 TIA/EAI-568B 和 TIA/EAI-568 A。它们的接线稍微有些不同，制作水晶头首先将水晶头有卡的一面向下，有铜片的一面朝上，有开口的一方朝向自己身体，从左至右排序为 1、2、3、4、5、6、7、8，见图 6-8。

10M 以太网的网线接法使用 1、2、3、6 编号的芯线传递数据，100M 以太网的网线使用 4、5、7、8 编号的芯线传递数据。100BASE-T4RJ-45 对双绞线网线接法的规定如下：1、2 用于发送，3、6 用于接收，4、5，7、8 是双向线。1、2 线必须是双绞，3、6 双绞，4、5 双绞，7、8 双绞。

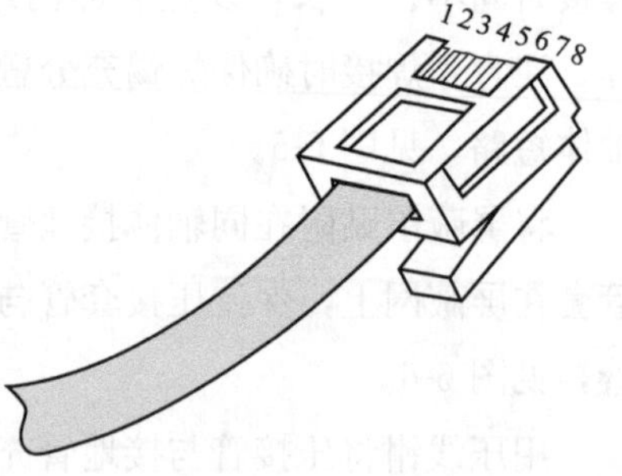

图 6-8　RJ-45 水晶头接线标准

根据网线两端水晶头做法是否相同，有两种网线接法。

(1) 直通线，见图 6-9。网线两端水晶头做法相同，都是依据 TIA/EIA-568B（或 TIA/EIA-568 A）

标准。用于PC网卡到HUB普通口、HUB普通口到HUB级联口。一般用途用直通线就可全部完成。

(2) 交叉线，见图6-10。网线两端水晶头做法不相同，一端依据TIA/EIA-568B标准，另一端依据TIA/EIA-568 A标准。用于PC网卡到PC网卡、HUB普通口到HUB普通口。

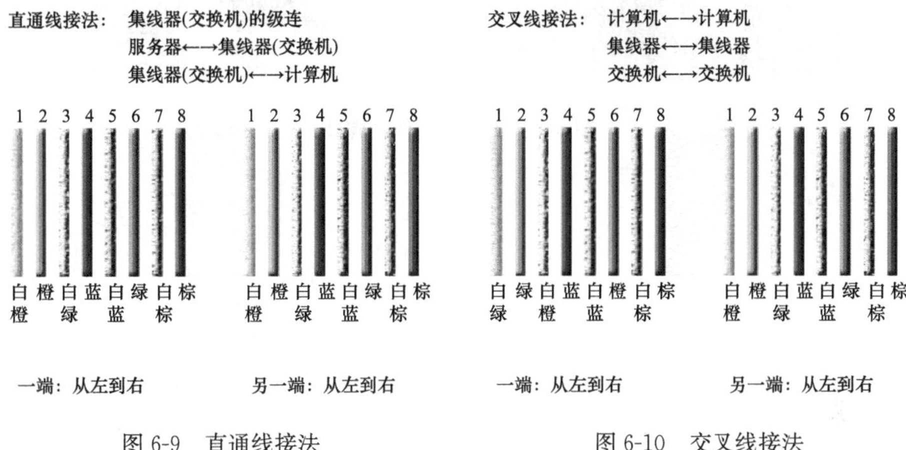

图6-9　直通线接法　　　　图6-10　交叉线接法

2. 工具：网线钳、测试仪，见图6-11。

3. 制作步骤

首先将网线外皮剥去2～3cm，注意不要伤到里面的网线。将网线分开，按白橙、橙、白绿、蓝、白蓝、绿、白棕、棕的顺序排列好。排列好顺序后，用网线钳将网线剪齐留1.5cm左右，见图6-12。

图6-11　RJ-45制作工具

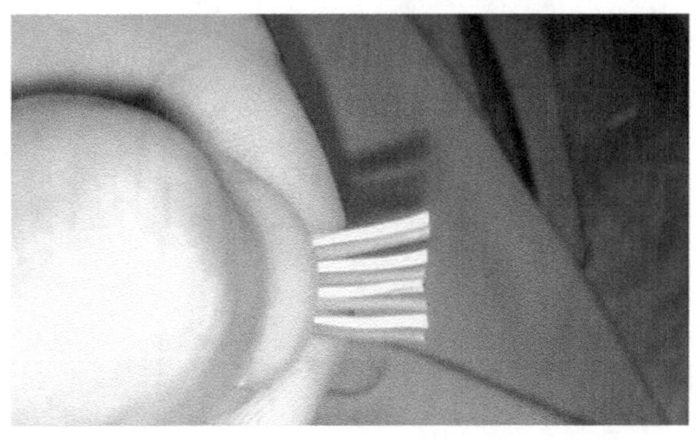

图6-12　RJ-45制作步骤1

将剪齐的网线插到水晶头里面，注意水晶头带铜片一面向上。网线插到水晶头后用网线钳将水晶头压好。将网线另一端也做好水晶头，用测线仪测试一下能不能通，见图6-13。

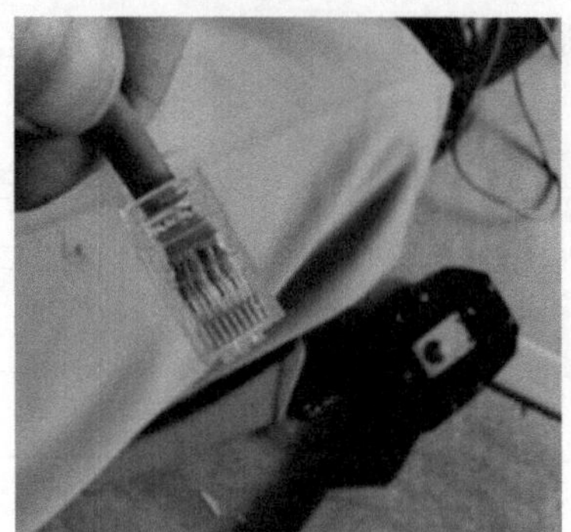

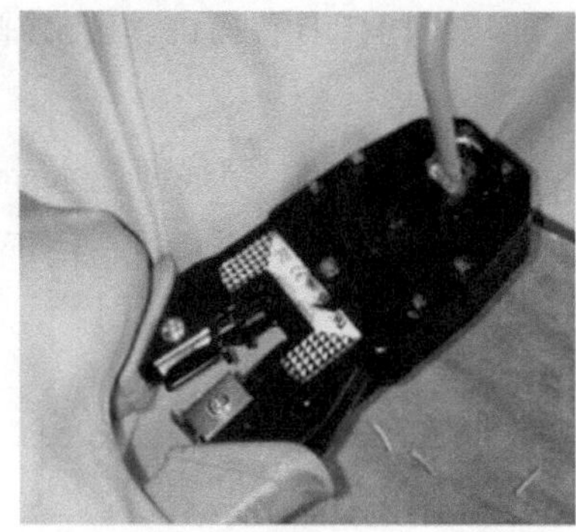

图 6-13 RJ-45 制作步骤 2

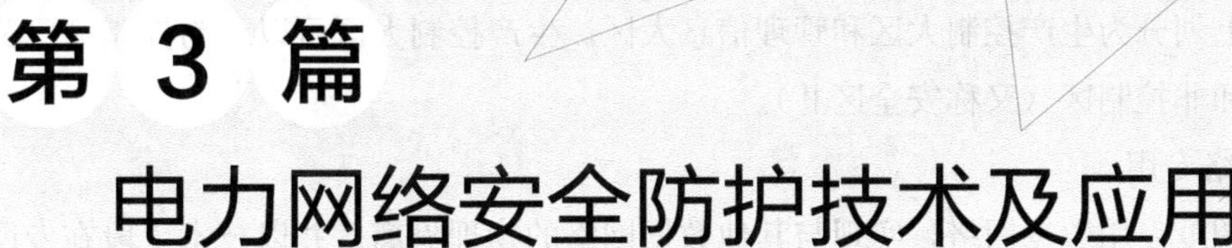

第 3 篇

电力网络安全防护技术及应用

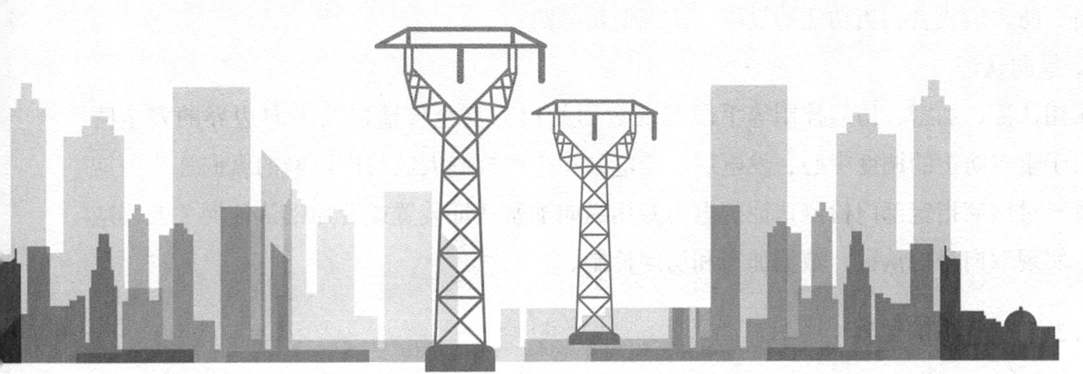

第7章 调度数据网安全防护原则和体系

7.1 安全防护原则

电力二次系统安全防护原则是“安全分区、网络专用、横向隔离、纵向认证”，保障电力监控系统和电力调度数据网络的安全。

1. 安全分区

根据系统中业务的重要性和对一次系统的影响程度进行分区，所有系统都必须置于相应的安全区内；对实时控制系统等关键业务采用认证、加密等技术实施重点保护。

原则上划分为生产控制大区和管理信息大区。生产控制大区可以分为控制区（又称安全区Ⅰ）和非控制区（又称安全区Ⅱ）。

2. 网络专用

建立调度专用数据网络，实现与其他数据网络的物理隔离，并以技术手段在专网上形成多个相互逻辑隔离的子网，以保障上下级各安全区的纵向互联仅在相同的安全区进行，避免安全区纵向交叉。

3. 横向隔离

采用不同强度的安全隔离设备使各安全区中的业务系统得到有效保护，关键是将实时监控系统与办公自动化系统等实行有效安全隔离，隔离强度应接近或达到物理隔离。电力专用横向单向安全隔离装置作为生产控制大区与管理信息大区之间的必备边界防护措施，是横向防护的关键设备。生产控制大区内部的安全区之间应当采用具有访问控制功能的网络设备、防火墙或者相当功能的设施，实现逻辑隔离。

4. 纵向认证

采用认证、加密、访问控制等手段实现数据的远方安全传输以及纵向边界的安全防护。对于重点防护的调度中心、发电厂、变电站在生产控制大区与广域网的纵向连接处应当设置经过国家指定部门检测认证的电力专用纵向加密认证装置或者加密认证网关及相应设施，实现双向身份认证、数据加密和访问控制。

7.2 安全防护体系

电力系统已经建立了栅格状电力监控系统动态安全防护体系，主要包括基础设施安

全、体系结构安全、系统本体安全、全面安全管理、应急备用措施五个方面。

1. 基础设施安全

物理安全，按照国家信息安全等级保护要求，加强建筑物、机房、电源、环境、通信等物理设施的物理安全防护，主要包括：强化机房等重要区域的电子门禁系统管理，控制、鉴别和记录人员的进出情况；为电力监控系统配置冗余电源并同时建立应急供电系统；对满足等级保护四级涉及敏感数据的业务系统或关键区域实施电磁屏蔽；梳理整改通信设备、线缆沟道的安全隐患，满足 N-1 安全运行要求。

调度数字证书系统，电力调度数字证书为电力监控系统及电力调度数据网上的各个应用、所有用户和关键设备提供数字证书服务，主要用于生产控制大区。已在地级以上调度中心建立了电力调度证书服务系统。

2. 体系结构安全

国家电网有限公司按照“安全分区、网络专用、横向隔离、纵向认证”的安全防护总体策略全面建立了电力监控安全防护体系，覆盖了五级电网调度、各类变电站和发电厂，形成栅格状安全防护体系。

安全分区是电力监控系统安全防护体系的结构基础。发电企业、电网企业内部基于计算机和网络技术的业务系统，原则上划分为生产控制大区和管理信息大区。

生产控制大区可以分为控制区（又称安全Ⅰ区，安全等级最高）和非控制区（又称安全Ⅱ区，安全等级次之）。安全分区体系结构见图 7-1。

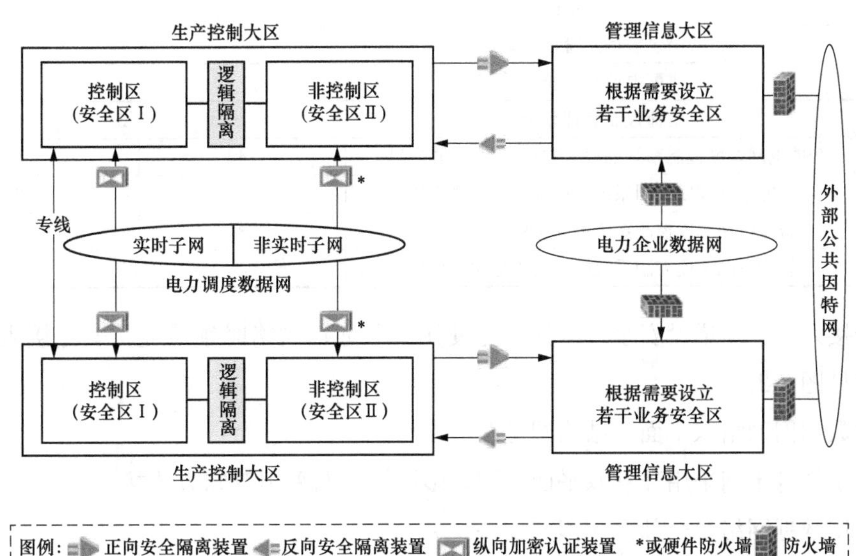

图 7-1　安全分区体系结构

安全等级定义见表 7-1。

表 7-1　　　　安全等级定义

类别	定级对象	系统级别	
		省级以上	地级及以下
电力监控系统	能量管理系统（具有 SCADA、AGC、AVC 等控制功能）	4	3
	变电站自动化系统（含开关站、换流站、集控站）	220kV 及以上变电站为 3 级，以下为 2 级	
	火电厂监控（含燃气电厂）系统 DCS（含辅机控制系统）	单机容量 300MW 及以上为 3 级，以下为 2 级	
	水电厂监控系统	总装机 1000MW 及以上为 3 级，以下为 2 级	
	水电厂梯级调度监控系统	3	
	核电站监控系统 DCS（含辅机控制系统）	3	
	风电场监控系统	风电场总装机容量 200MW 及以上为 3 级，以下为 2 级	
	光伏电站监控系统	光伏电站总装机容量 200MW 及以上为 3 级，以下为 2 级	
	电能量计量系统	3	2
	广域相量测量系统（WAMS）	3	无
	电网动态预警系统	3	无
	调度交易计划系统	3	无
	水调自动化系统	2	
	调度管理系统	2	
	雷电监测系统	2	
	电力调度数据网络	3	2
	通信设备网管系统	3	2
	通信资源管理系统	3	2
	综合数据通信网络	2	
	故障录波信息管理系统	3	
	配电监控系统	3	
	负荷控制管理系统	3	
	智能电网调度控制系统的实时监控与预警功能模块	4	3
	智能电网调度控制系统的调度计划功能模块	3	2
	智能电网调度控制系统的安全校核功能模块	3	2
	智能电网调度控制系统的调度管理功能模块	2	

安全接入区：新增设安全接入区，当使用公共通信网络时须设立“安全接入区”。安全区设置见图 7-2。

调度数据网网络双平面，结构图见图 7-3。

建立了“骨干网采用独立双平面组网，多层接入网采用双归方式接入骨干网”的双平面调度专用数据网络，全部采用国产设备。

3. 本体安全

智能电网调度控制系统将原多个独立业务系统横向集成为由一个基础平台和四大类应用构成的电网调度控制系统，纵向实现国、分、省三级调度业务的协同贯通，支持实时数据、实时画面、应用功能的全网共享。遵照安全防护体系和四级等级保护的安全要求设计

开发，将调度数字证书和安全标签技术融入 SCADA 控制的各个环节，安全防护水平显著提升。智能电网调度控制系统本体安全见图 7-4。

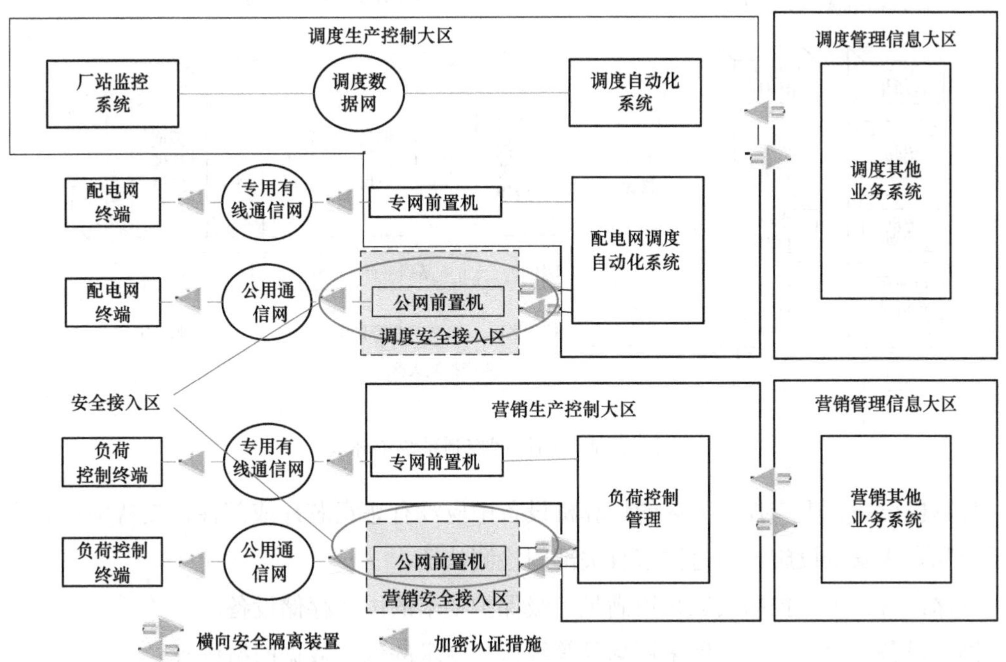

图 7-2　安全接入区

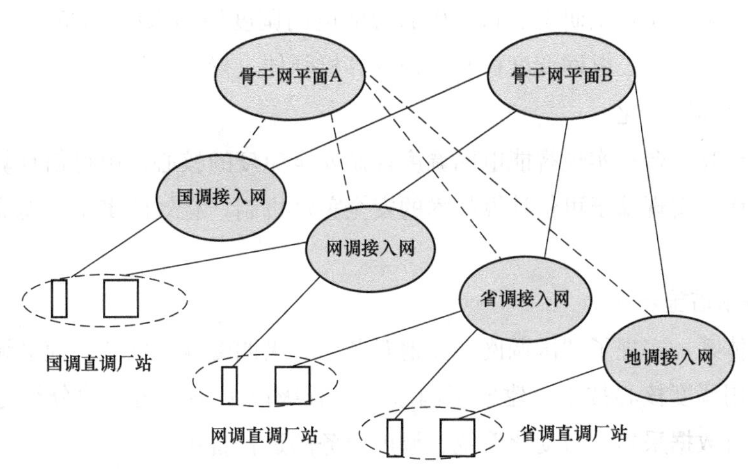

图 7-3　调度数据网网络双平面结构图

操作系统：生产控制大区采用满足等级保护要求的安全 Linux 操作系统，按国家军用标准 GJB 4936、GJB 4937 进行检测认证；禁用通用网络服务功能，禁用非安全 Windows 系统。

商业数据库：生产控制大区采用满足等级保护要求的安全数据库管理系统。

基础平台软件：生产控制大区采用满足等级保护要求的安全数据通信、安全服务总线、安全消息总线、安全简单邮件、安全图形浏览等基础平台软件。

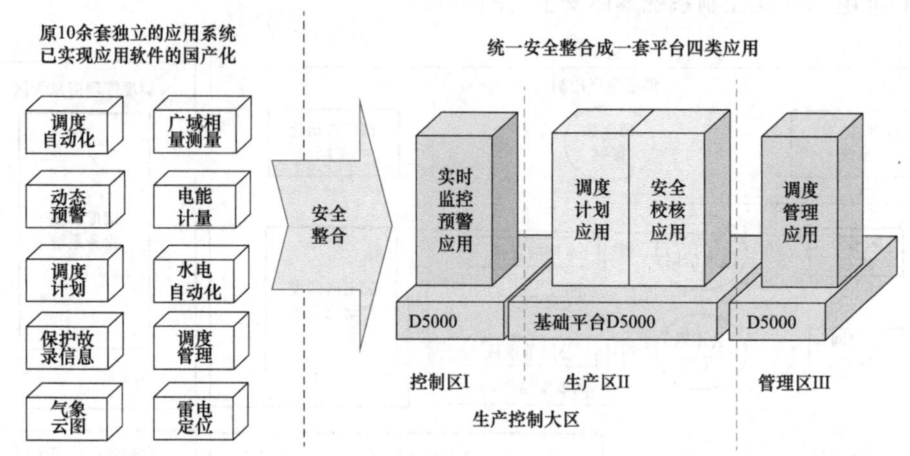

图 7-4 智能电网调度控制系统本体安全

计算机设备：生产控制大区的计算机设备中应没有恶意芯片或部件，支持国产安全操作系统和专用安全设施，通过国家有关部门检测认证。

存储设备：生产控制大区采用满足等级保护要求的国产存储设备。

网络设备：生产控制大区采用满足等级保护要求的国产数据网络设备。

关键芯片：生产控制大区核心设备的关键芯片应没有恶意指令或漏洞。

国家电网有限公司自主研发的新一代的智能电网调度控制系统（D5000）全部采用国产化软硬件产品，实现了电网调度控制系统计算机硬件、操作系统、关系数据库、网络设备等软硬件的全面国产化。

电力可信计算平台是实现智能电网调度控制安全免疫的核心，由可信计算密码模块和可信软件基组成，实现基于可信计算技术的安全免疫机制，有效防御未知恶意代码与程序攻击。

4. 应急备用措施

备用调度体系：实现了“国调网调异地互备、省级调度异地共备、地县调分布采集上为下备”的备用调度核心技术，建成了国家电网省级以上协调运作的分组分布式备调体系，实现了实时数据采集、自动化系统、调度业务的远程备用。

内网安全监视平台：对常见网络安全设备、电力二次安全设备在运行过程中产生的日志、消息、状态等信息的实时采集，在实时分析的基础上，监测各种软硬件系统的运行状态，发现各种异常事件并发出实时告警，提供对存储的历史日志数据进行数据挖掘和关联分析，通过可视化的界面和报表向管理人员提供准确、详尽的统计分析数据和异常分析报告，协助管理人员及时发现安全漏洞，采取有效措施，提高安全等级。

5. 安全全面管理

全部设备管理，见图 7-5。

电力监控系统管理	调度控制系统、变电站监控系统、发电厂监控系统等的安全管理，包括总体结构、安全边界、自身安全、证书应用等
安全防护设备管理	安全防护设备台账、安全策略配置、运行日志、设备维护、安全审计等
数据网络设备管理	调度数据网络设备台账、接入端口封锁、路由配置策略、网管系统运行、网络日志、设备维护等
计算机设备管理	计算机设备台账、操作系统安全管理、无用端口封锁、强制访问控制、运行日志和安全审计、运行维护管理等
控制软件版本管理	对SCADA等重要电力监控软件的强制版本管理、安全检测、现场测试等

图 7-5 全部设备管理

全寿命周期管理：产品包括设计研发、安全检测、招标采购、调试验收、运行维护、升级改造、退役报废阶段。安全产品终身负责制，开发制造单位负责开发的产品无恶意安全隐患，安全检测单位负责被测的产品无恶意安全隐患，设备主体单位负责所构建系统无恶意安全隐患。

全体人员管理：包括安全管理员、审计管理员、系统管理员、调度监控员、运行值班员、其他专业人员、主管领导、外部支撑人员。全员配备调度数字证书和安全标签，开展全员安全防护培训，安全防护纳入绩效考核。

第8章 横向单向隔离装置

8.1 隔离装置

8.1.1 隔离装置的工作原理

横向隔离是电力二次安全防护体系的横向防线，在生产控制大区与管理信息大区之间必须设置经国家指定部门检测认证的电力专用横向单向安全隔离装置，隔离强度应接近或达到物理隔离。电力专用横向安全隔离装置作为生产控制大区与管理信息大区之间的必备边界防护措施，是横向防护的关键设备。因此横向隔离装置的主要目的是实现两个安全区之间的非网络方式的安全的数据交换，并且保证安全隔离装置内外两个处理系统不同时连通，防止穿透性TCP联接。禁止两个应用网关之间直接建立TCP联接，应将内外两个应用网关之间的TCP联接分解成内外两个应用网关分别到隔离装置内外两个网卡的两个TCP虚拟联接。隔离装置内外两个网卡在装置内部是非网络连接，且只允许数据单向传输。

因此，为了达到上述目的，隔离装置采用了使用虚拟地址来代替网络传输的方法，即内网主机在隔离装置外网口侧配置一个虚拟地址，此虚拟地址与外网在同一网段；外网主机在隔离装置内网口侧配置一个虚拟地址，此虚拟地址与内网在同一网段。通信时，内网主机发送给外网主机的数据首先发送到外网虚拟地址，然后通过隔离装置内部发送到外网；同理，外网主机发送给内网主机的数据首先发送到内网虚拟地址，然后通过隔离装置内部发送到内网。不同的是，外网主机给内网主机发送数据需要经过反向隔离装置，安全要求比正向隔离更高，此时需要身份认证，要用到证书，后面的章节会详细说明。

综上所述，隔离装置数据流向大致如图8-1箭头所示。

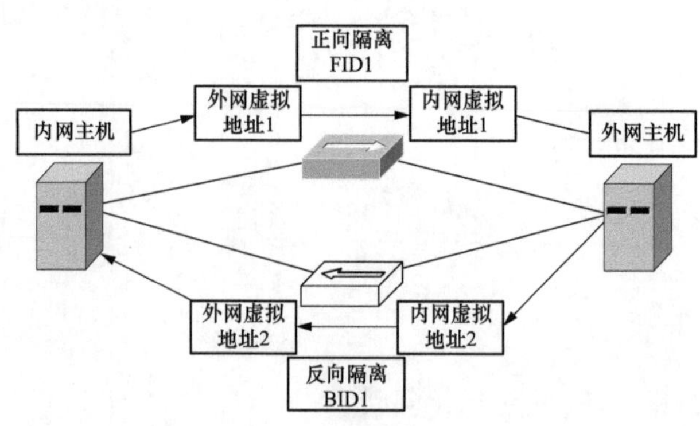

图8-1 隔离装置数据流向

8.1.2 二层与三层网络结构下的配置区别

隔离装置通过转换虚拟地址来进行通信寻址，因此需要知道通信双方的 IP 地址和 MAC 地址。在二层网络结构下，由于内外网交换机为二层交换机，不参与路由寻址，二层交换机不会修改经它转发出去的数据报文的源 MAC 地址，故配置规则时可以选择绑定内外网主机 MAC 地址。而在三层网络结构下，内外网交换机为三层交换机，参与路由寻址，由于隔离装置两端三层交换机路由功能的存在会修改经它转发出去的数据报文的源 MAC 地址，修改为三层交换机本身的 MAC 地址，同时内网三层交换机需要和外网主机的虚拟 IP 之间交换 ARP 报文，外网三层交换机需要和内网主机的虚拟 IP 之间交换 ARP 报文。因此，在设置规则时，需要设置两条，一条为主机到主机的规则，另一条为路由到路由的规则。

8.1.3 二层网络结构配置原理

如图 8-2 所示，内外网交换机均为二层交换机，因此，只需配置一条主机到主机的规则即可，内网 IP 为 192.168.0.1，MAC 地址为 00：E0：4C：E3：97：92，内网虚拟地址与外网 IP 在同一网段且不冲突即可；外网 IP 为 10.144.0.1，MAC 地址为 00：E0：4C：5F：92：93，外网虚拟地址与内网 IP 在同一网段且不冲突即可。

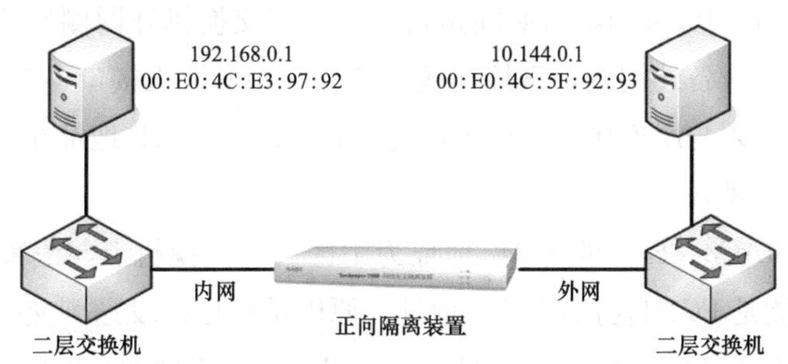

图 8-2 二层网络结构配置原理

南瑞隔离装置配置图如图 8-3 所示。

基本信息

规则名称	TCP	协议类型	TCP

内网配置		外网配置	
IP地址	192.168.0.1	IP地址	10.144.0.1
端口	0	端口	1111
MAC	000000000000	MAC	000000000000
虚拟IP	10.144.0.2	虚拟IP	192.168.0.2
是否绑定	否	是否绑定	否
网 卡	eth0	网 卡	eth0

图 8-3 南瑞隔离装置配置图

南瑞设备如果内外网都是二层结构的话，MAC 地址可全部配置为 000000000000，也可配置为本身的MAC地址；如果涉及三层机构，则必须配置为实际MAC地址。而科东设备不论是二层结构还是三层结构，均必须填写实际的MAC地址。

8.1.4 三层网络结构配置原理

如图8-4所示，此隔离设备两侧Ⅰ区和Ⅲ区均为三层网络环境，需要配置两条规则，即主机到主机、路由到路由。

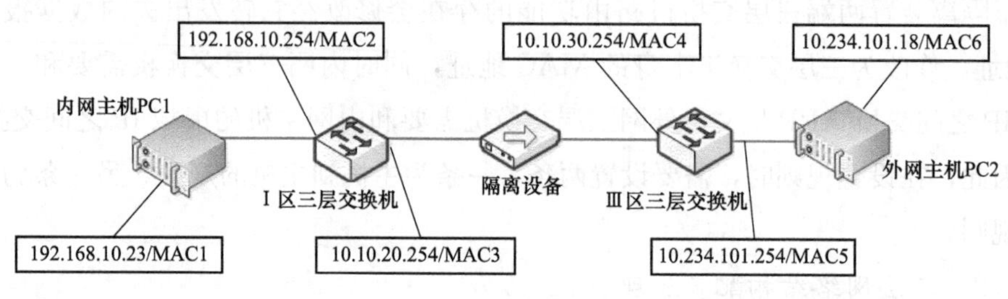

图8-4 三层网络结构配置原理

1. 主机到主机

(1) 内网侧。

IP地址：192.168.10.23。

虚拟IP地址：10.10.30.100（必须是与Ⅲ区三层交换机外网侧地址同一网段，因为内网虚拟地址在隔离设备外网侧，直接连接的是外网侧交换机接口，因此如果想要通信，则此内网虚拟地址必须与所连接交换机所在端口的VLAN的IP地址在同一网段。外网虚拟地址也是同一个道理）。

MAC地址：MAC3［PC1的MAC地址为Ⅰ区三层交换机上与隔离设备相连网口的MAC地址，而不能是PC1自身的MAC地址，原因是数据包发送到交换机端口时，如果数据包的目的MAC为PC1的MAC地址，交换机将无法识别这个地址，所以此处应须填写隔离设备所连接的交换机端口的MAC地址，获取方法为打开交换机配置窗口，输入display interface vlan（VLAN ID)］。

(2) 外网侧。

IP地址：10.234.101.18。

虚拟IP地址：10.10.20.100（必须是与Ⅰ区三层交换机外网侧地址同一网段）。

MAC地址：MAC4（PC2的MAC地址为Ⅲ区三层交换机上与隔离设备相连网口的MAC地址）。

关于端口设置：C/S架构的传输，一般sever端口固定，client端口号随机。因此，为了符合安全加固的相关要求，正向隔离设备的内网侧端口号为0，代表端口不限制；外网侧端口号为固定接收端口，例如科东传输接收端软件默认端口号为7777。

2. 路由到路由

配置本条规则目的是让三层设备学习到MAC地址，不是用来进行数据传输。因此，

路由 IP 的虚拟地址是什么都可以，但是不能在对侧网段出现地址冲突，一般设为 0.0.0.0。端口任意。

（1）内网侧。

IP 地址：10.10.20.254。

虚拟 IP 地址：0.0.0.0。

MAC 地址：MAC3。

（2）外网侧。

IP 地址：10.10.30.254。

虚拟 IP 地址：0.0.0.0。

MAC 地址：MAC4。

8.2　正向隔离设备配置流程

8.2.1　配置步骤

正向隔离配置步骤见表 8-1。

表 8-1　正向隔离配置步骤

序号	项目	内容	方法
1	内网主机信息配置	配置内网侧主机的 IP 地址、MAC 地址及虚拟地址	点击“规则配置”→“主机信息表”添加即可
2	外网主机信息配置	配置外网侧主机的 IP 地址、MAC 地址及虚拟地址	点击“规则配置”→“主机信息表”添加即可
3	内网侧“路由”信息配置（三层网络结构）	配置内网侧“路由”的 IP 地址、MAC 地址及虚拟地址	点击“规则配置”→“主机信息表”添加即可
4	外网侧“路由”信息配置（三层网络结构）	配置外网侧“路由”的 IP 地址、MAC 地址及虚拟地址	点击“规则配置”→“主机信息表”添加即可
5	配置“主机——主机”连接规则	根据连接情况配置通信规则	点击“规则配置”→“连接信息表”添加即可
6	配置“路由——路由”连接规则（三层网络结构）	根据连接情况配置通信规则	点击“规则配置”→“连接信息表”添加即可
7	告警配置	配置告警输出地址（一般为内网监视平台采集服务器地址）	根据内网监视平台的连接位置，在告警配置下输入内网监视平台采集工作站地址，告警输出端口为 UDP 514
8	发送端配置	内网发送主机配置	打开内网主机正向隔离发送端程序进行配置
9	接收端配置	外网接收主机配置	打开外网主机正向隔离接收端程序进行配置

8.2.2　科东正向隔离设备三层结构配置

如图 8-5 所示，MAC1 为 d4：61：fe：f9：a5：9 d，MAC2 为 60：da：83：35：77：45。

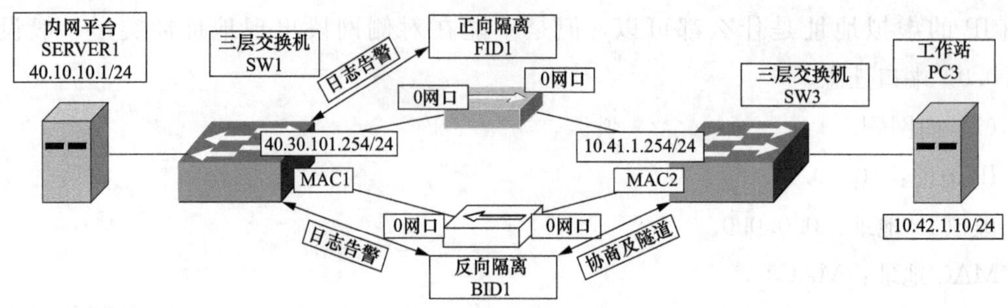

图 8-5 科东正向隔离设备三层结构配置

(1) 内外网主机及路由信息配置，见图 8-6。

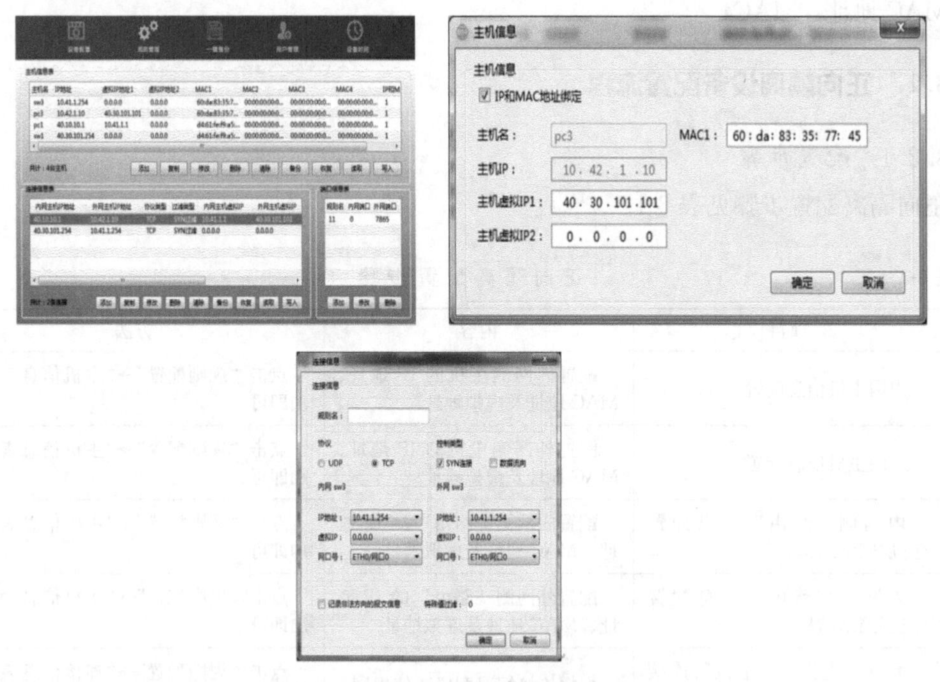

图 8-6 内外网主机及路由配置信息

由于网络拓扑为三层结构，内外网侧均需要两条规则，即主机到主机、路由到路由，所以需要内外网主机自身的 IP 地址及隔离设备所连接交换机所属 VLAN 的 IP 地址及 MAC 地址。外网虚拟地址与内网侧所连接交换机端口所在 VLAN 的 IP 地址在同一网段，内网虚拟地址与外网侧所连接交换机端口所在 VLAN 的 IP 地址在同一网段（具体请参照 1.3.1），网口选择实际连接的网口，此处为网口 0，规则中发送端口需按要求设定，正向隔离为内网发向外网，所以内网端口默认设为 0，外网端口按要求设定即可，此处为 7865。

(2) 告警信息配置，见图 8-7。因为内网监视平台位于内网侧，所以从隔离设备 0 网口发送告警信息，跟外网虚拟地址必须与其所连接交换机端口所在 VLAN 的 IP 地址在同一个网段道理相同，需要设置一个与外网虚拟地址在同一网段的 IP 地址来发送告警信息。

（3）发送端配置，见图 8-8。打开正向隔离发送端程序，在左下角有路径，按照要求找到所需发送的路径及文件，点击右键“发送”，弹出任务设定窗口。

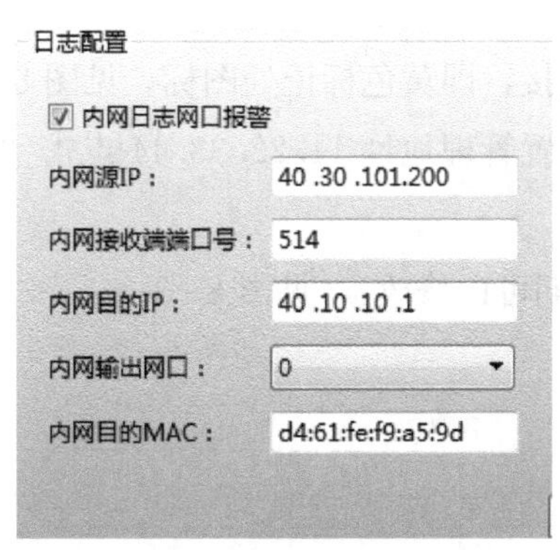

图 8-7　告警信息配置

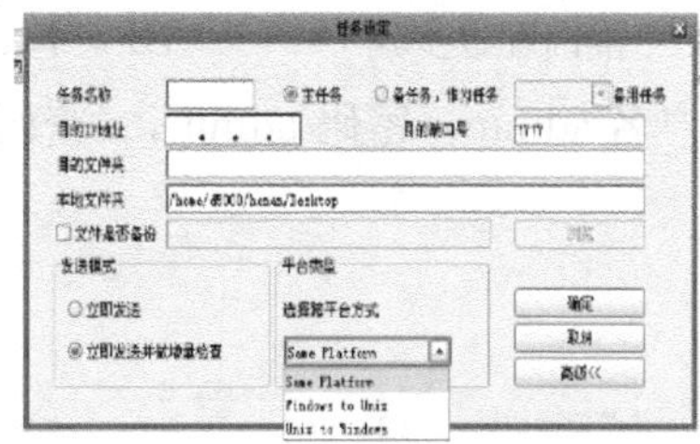

图 8-8　告警信息配置

任务名称自定，因为数据发送方向为内网→外网，而发送到外网的数据需按照隔离装置的工作原理发送到外网虚拟地址，所以此处的目的 IP 地址为外网虚拟地址 40.30.101.101，目的端口号须与规则配置中设定的端口号一致，即 7865，目的文件夹按照要求选定即可。

跨平台方式的选择有三种，即 Same Platform（内外网主机操作系统一致）、Windows to Unix 和 Unix to Windows，根据实际的情况选定即可。

（4）接收端配置，见图 8-9。

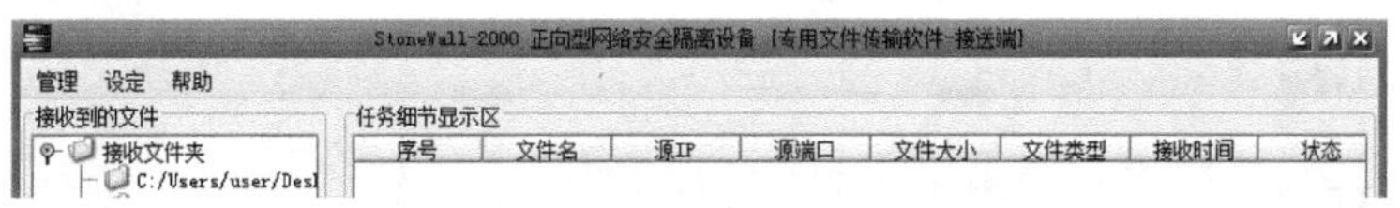

图 8-9　告警信息配置

在外网主机上打开正向隔离接收端程序，在“管理”→“端口管理”中将接收端口修改为规则配置中配置的端口号即可，此处为 7865。

8.2.3　南瑞正向隔离设备配置

南瑞正向隔离设备配置如图 8-10 所示。

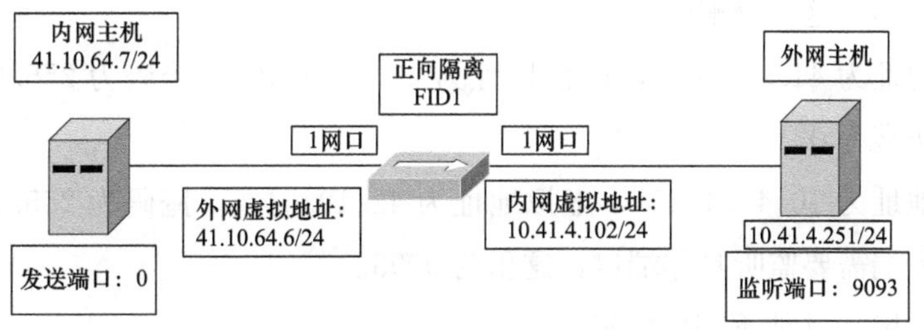

图 8-10　告警信息配置

1. 隔离配置

计算机设置 IP：11.22.33.43，连接内网 4 口（配置口），正向隔离是一区或者二区向三区发送文件，打开隔离装置客户端。

图 8-11 隔离配置步骤 1

点击连接，即黄色标记处图标。见图 8-11。

输入装置管理地址 11.22.33.44 点击“确定”，见图 8-12。

输入用户名 admin，密码 admin，（密码后期可以修改），见图 8-13。

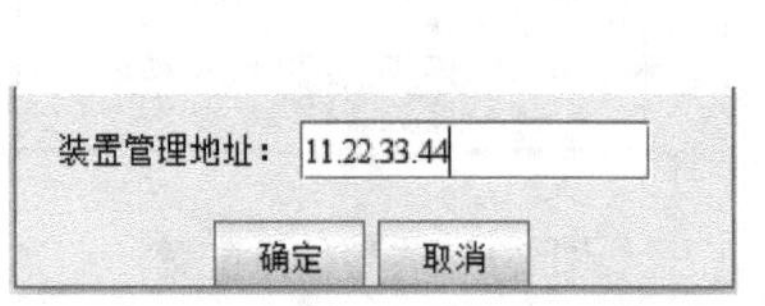

图 8-12 隔离配置步骤 2

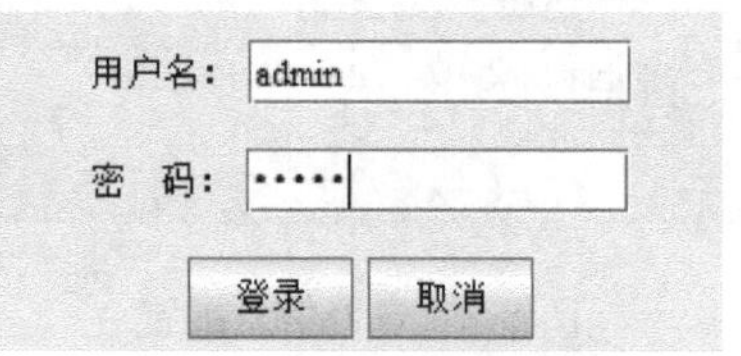

图 8-13 隔离配置步骤 3

进入系统点击“规则配置”→“策略配置”，根据实际分配的地址进行隔离配置，如图 8-14 所示。

图 8-14 拓扑图

由拓扑图可知，这里分配的 IP 为：

内网实际地址为 41.10.64.7，虚拟地址为 10.41.4.102，掩码为 255.255.255.0，内网为一区，发送端为 0。

外网实际地址为 10.41.4.251，虚拟地址为 41.10.64.6，掩码为 255.255.255.0，外网为三区，服务端需要监听具体端口，这里为 9093。

网口选择 eth1，其他不需要配置。

点击保存后，依次点击 上传配置。

如果需要上传日志到内网监控平台，还需要进行日志配置，由于隔离装置无实际 IP 地址，虚拟地址是写在网卡上的地址，内网监控平台安装在一区，所以选择一个外网虚拟地址作为本机 IP 发送日志，即本地 IP：41.10.64.6，远程 IP：41.10.64.7（日志采集服务器地址），端口 514。见图 8-15。

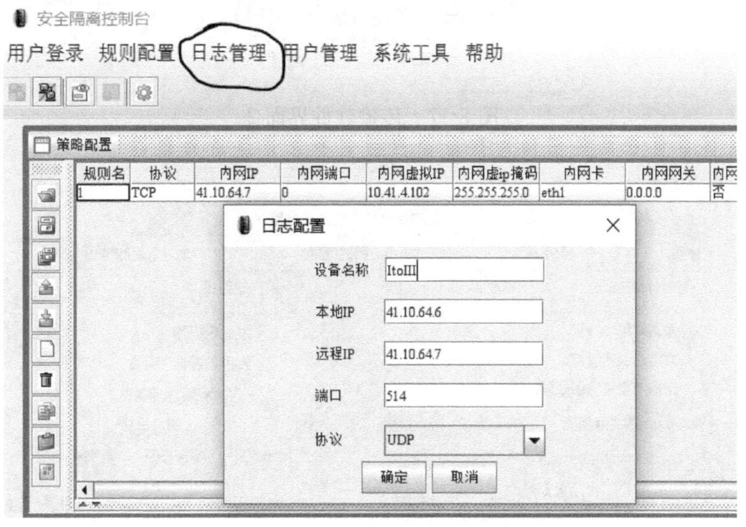

图 8-15 日志配置

确定后，重启设备，即配置完成。

2. 传输软件的布置

内网布置发送端软件（即客户端），外网布置接收端软件（即服务端）。

例如，布置在 linux 系统，需要敲击相关命令启动软件，进入软件所在目录，右键选择打开终端运行，进入命令行。

内网工作站启动发送端程序敲击：java-jar reverse-client. jar。

进入界面如图 8-16 所示。

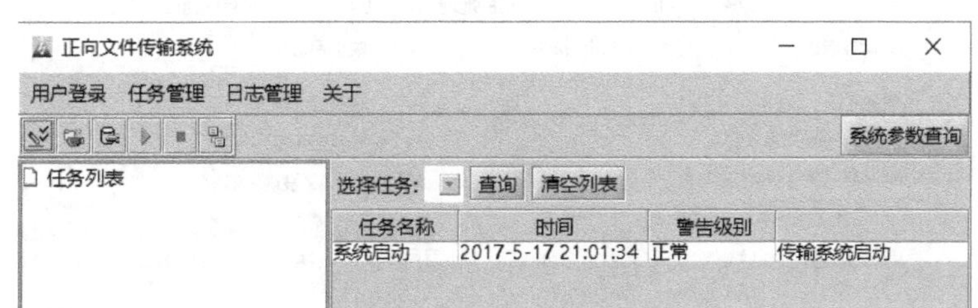

图 8-16 传输软件界面 1

选择“用户登录”→“登录”→“确定”（密码为空），即正常登录了发送端软件，见图 8-17。

选择“任务管理”→“设置文件任务”，出现如图 8-18 所示的任务配置窗口，按要求配置。

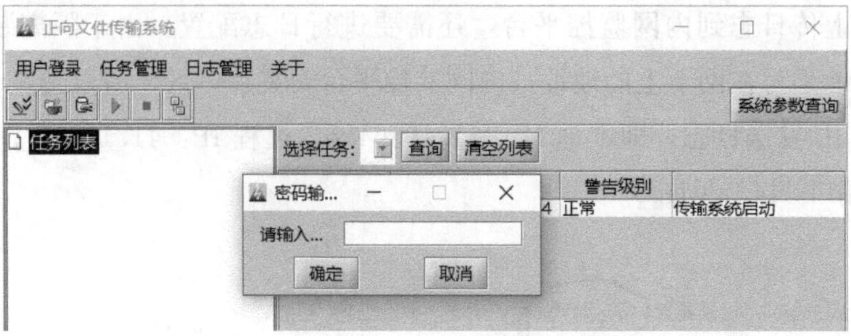

图 8-17　传输软件界面 2

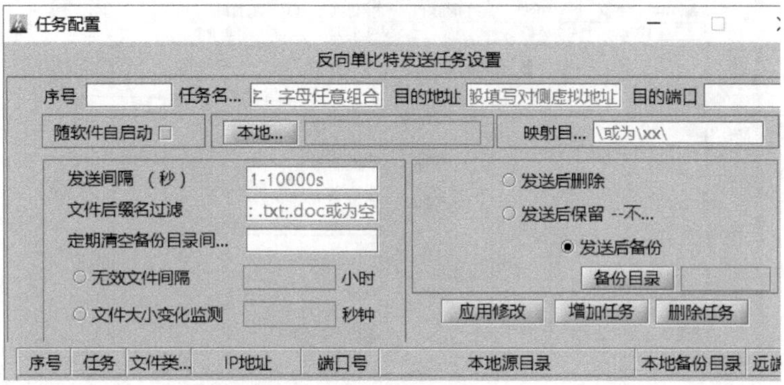

图 8-18　任务配置窗口 1

填写序号按照 1、2、3、4…顺序添加，需要几条任务添加几条；任务名称自定义（可以知道传输的是什么就可以）；目的地址填写外网虚拟 IP，即 41.10.64.6；端口为规则配置里的 9093；本地目录为所要发送的目录；映射目录填入“/”号即可，发送时间选择 1s；文件后缀过滤这里为空，即不过滤；发送后选择保留文件。配置如图 8-19 所示。

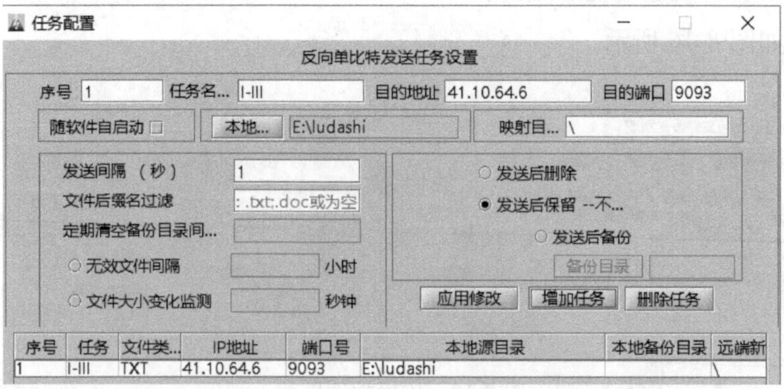

图 8-19　任务配置窗口 2

外网工作站启动接收端程序敲击：java-jarreverse-server.jar，进入界面如图 8-20 所示。

选择"用户登录"→"登录"→"确定"（密码为空）即正常登录了接收端软件，选择"任务"→"任务配置"，出现如图 8-21 所示的任务配置窗口，按要求配置。

图 8-20　NARI XFTP-Server

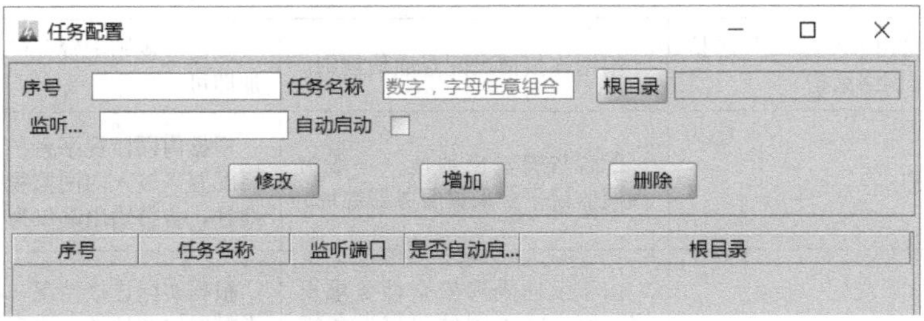

图 8-21　任务配置窗口 3

接收端程序只需要填入序号（按顺序 1、2、3、4…配置多条接收任务）；任务名称自定义（可以知道传输的是什么就可以）；根目录即从内网发过来的文件需要储存的位置；监听端口即规则配置里指定使用的端口，这里是 9093。配置完成后界面如图 8-22 所示。

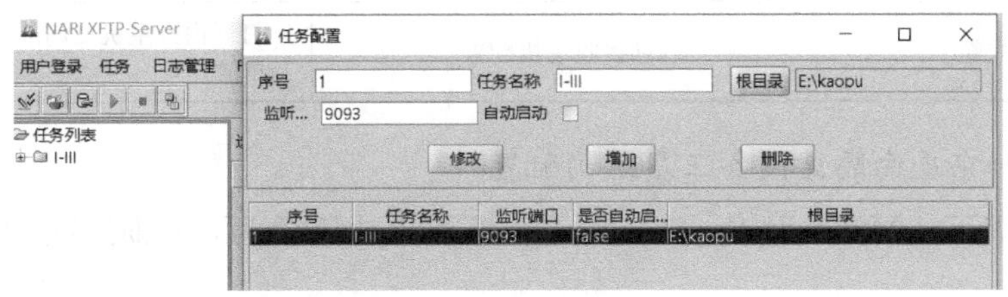

图 8-22　配置完成界面

发送端与接收端都配置完成后分别在软件上点击开始发送文件，图标为▶‖，即可以正常从内网将文件发送到外网。

8.3　反向隔离设备配置流程

8.3.1　配置步骤

配置步骤见表 8-2。

表 8-2 反向隔离配置步骤

序号	项目	内容	方法
1	内网主机信息配置	配置内网侧主机的 IP 地址、MAC 地址及虚拟地址	点击“规则配置”→“主机信息表”添加即可
2	外网主机信息配置	配置外网侧主机的 IP 地址、MAC 地址及虚拟地址	点击“规则配置”→“主机信息表”添加即可
3	内网侧“路由”信息配置（三层网络结构）	配置内网侧“路由”的 IP 地址、MAC 地址及虚拟地址	点击“规则配置”→“主机信息表”添加即可
4	外网侧“路由”信息配置（三层网络结构）	配置外网侧“路由”的 IP 地址、MAC 地址及虚拟地址	点击“规则配置”→“主机信息表”添加即可
5	配置“主机——主机”连接规则	根据连接情况配置通信规则	点击“规则配置”→“连接信息表”添加即可
6	配置“路由——路由”连接规则（三层网络结构）	根据连接情况配置通信规则	点击“规则配置”→“连接信息表”添加即可
7	告警配置	配置告警输出地址（一般为内网监视平台采集服务器地址）	根据内网监视平台的连接位置，在告警配置下输入内网监视平台采集工作站地址，告警输出端口为 UDP 514
8	协商地址配置	由于反向隔离安全性要求更高，所以在外网侧隔离设备需要与外网主机之间建立一条安全的通信隧道	根据实际连接情况，在所连接的网口下配置协商地址，协商地址应与隔离设备外网侧所直接连接的端口 IP 地址在同一个网段，以达到通信的目的
9	互导证书	建立安全隧道时需要验证双方身份	在“证书密钥”里先导出设备证书并留存，一会配置发送端时需要，然后再在“发送端证书”下导入发送端程序的证书，IP 地址为发送端即外网主机的地址
10	发送端配置	外网发送主机配置	打开外网主机反向隔离发送端程序进行配置
11	接收端配置	内网接收主机配置	打开内网主机反向隔离接收端程序进行配置

8.3.2 科东反向隔离设备三层结构配置

如图 8-23 所示，MAC1 为 d4：61：fe：f9：a5：9d，MAC2 为 60：da：83：35：77：45。

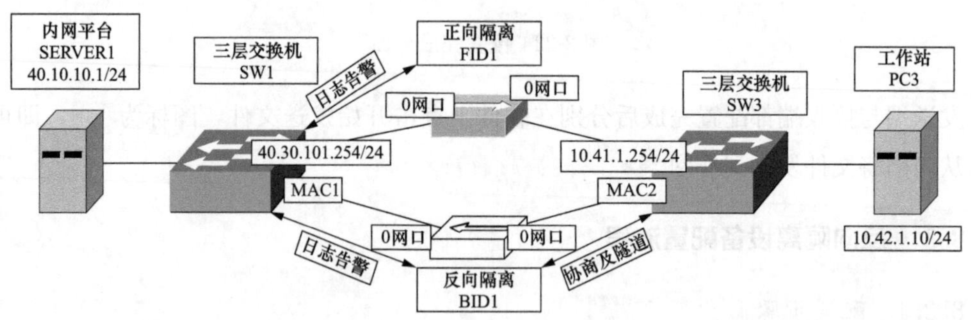

图 8-23 科东反向隔离设备三层结构配置

（1）内外网主机及路由信息配置，见图 8-24。

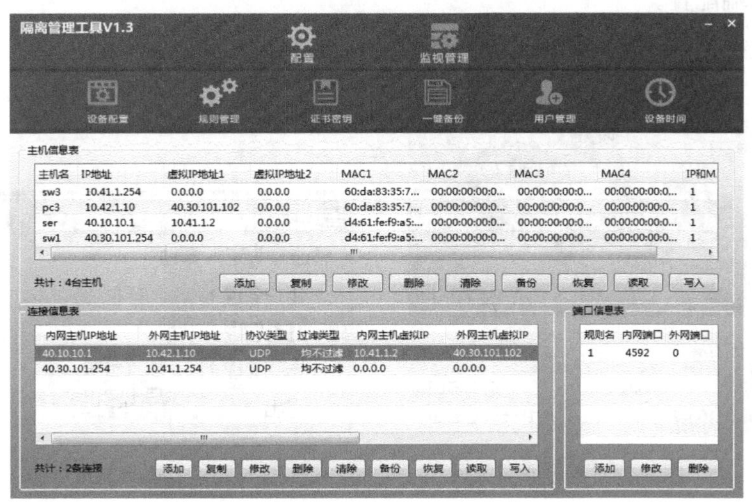

图 8-24　内外网主机及路由信息配置

此项配置过程与正向隔离设备相同，需要注意的是，如果正向隔离设备与反向隔离设备在同一个网络中，则虚拟地址必须不同。

（2）日志告警配置：此项配置过程与正向隔离设备相同，需要注意的是，如果正向隔离设备与反向隔离设备在同一个网络中，则日志告警地址必须不同，见图 8-25。

（3）协商地址配置：如图 8-26 所示，协商地址与反向隔离设备外网侧所直接相连的端口的 IP 地址在同一网段，此处直接相连的端口为交换机，所以在 10.41.1.0 这个网段自定义一个地址，只要与其他地址不冲突即可。

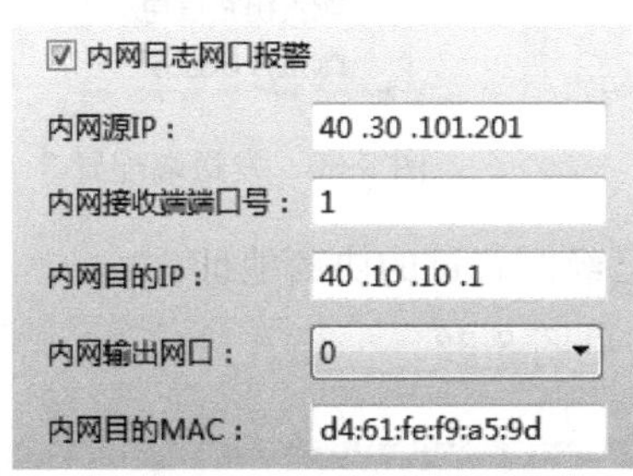

图 8-25　日志告警配置

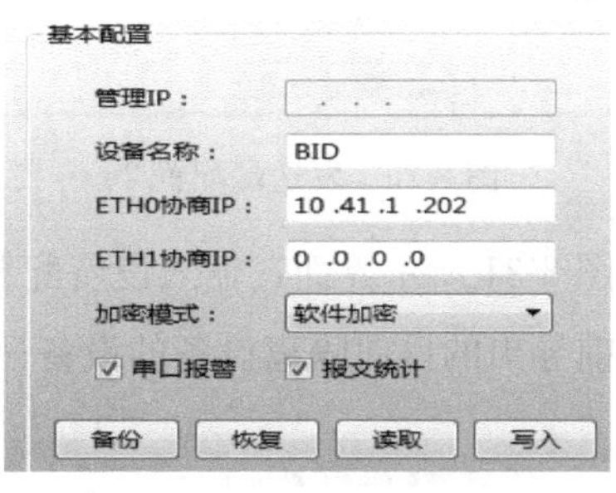

图 8-26　协商地址配置

（4）互导证书：由于数据流向为管理信息大区到生产控制大区，安全要求很高，所以需要互相导入证书以完成安全验证。

如图 8-27 所示，首先点击“导出设备证书文件”导出反向设备的设备证书，并保存下来，配置发送端时需要用到。其次，在发送端证书项下面导入发送端证书，这个证书为反向隔离发送端的证书，此证书的获取方法在发送端配置中会讲到。IP 地址为发送主机的地址，此处为外网主机地址。

（5）发送端配置。

在外网主机上打开反向隔离的发送端程序，出现图 8-28 所示界面。

图 8-27　互导证书

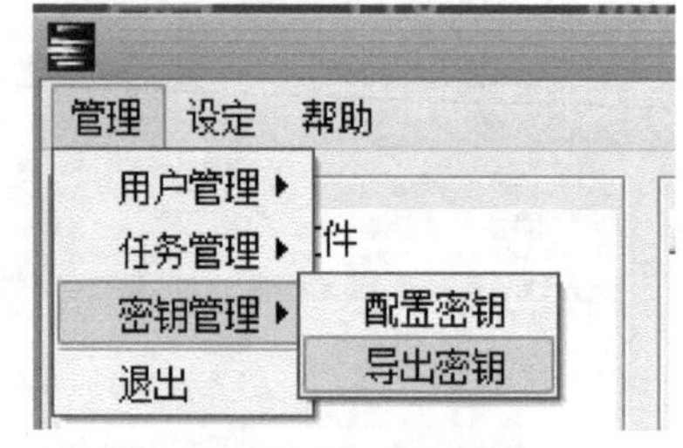

图 8-28　发送端配置 1

点击“管理”→“密钥管理”→“导出密钥”后，出现图 8-29 所示界面。

输入密钥保护口令及保存路径后即可得到发送端证书，此证书即为第四步反向隔离设备配置中导入的证书。接下来，要开始配置一条用来通信的安全的隧道。点击“配置加密隧道”，见图 8-30。

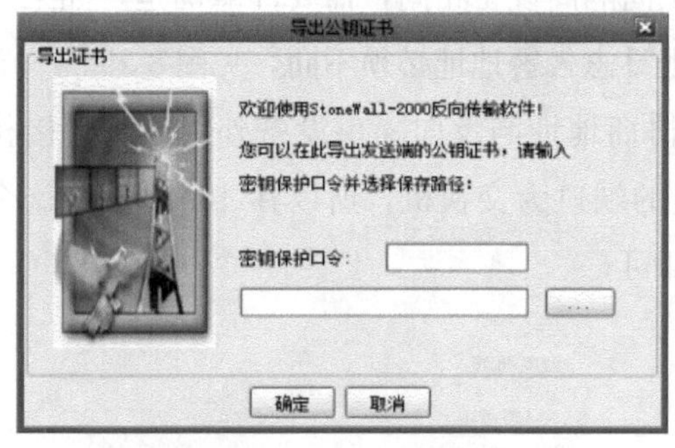

图 8-29　发送端配置 2

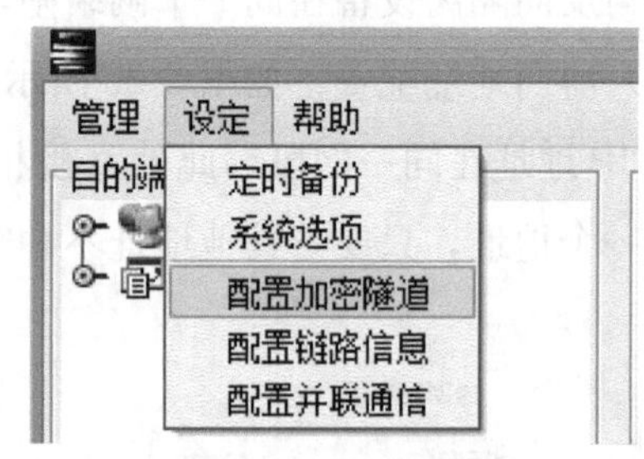

图 8-30　发送端配置 3

出现如图 8-31 所示界面，输入设备配置中已经配置过的协商地址。

导入之前导出的反向隔离设备的设备证书，见图 8-32。

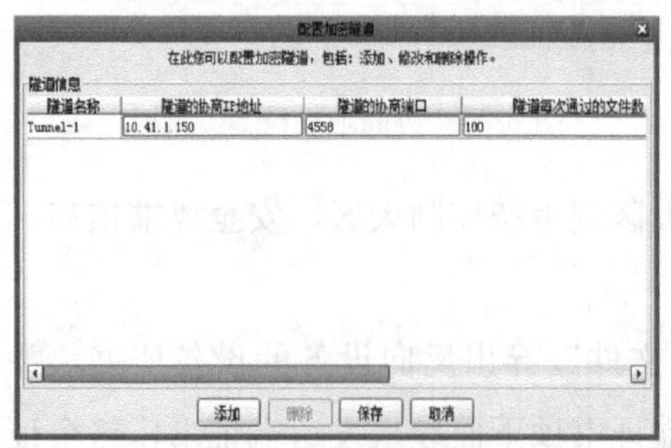

图 8-31　发送端配置 4

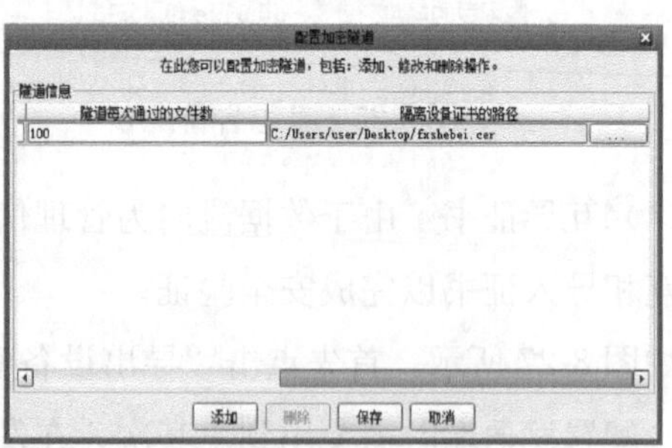

图 8-32　发送端配置 5

隧道配置完成后，就可以配置链路了，链路的作用即为实际数据通信的路径。点击“配置链路信息”后出现如图 8-33 所示界面。输入传输数据的目的 IP 地址，与正向隔离原理相同，因为数据要发送到内网主机，所以此地址为内网虚拟地址，目的端口与设备配置中相同。

隧道和链路配置完成后，则可以选择路径文件传输数据。与正向隔离相同，在右下角点击需要发送的路径文件右击“发送”后出现如图 8-34 所示界面。只需要输入文件夹，选择链路即可。

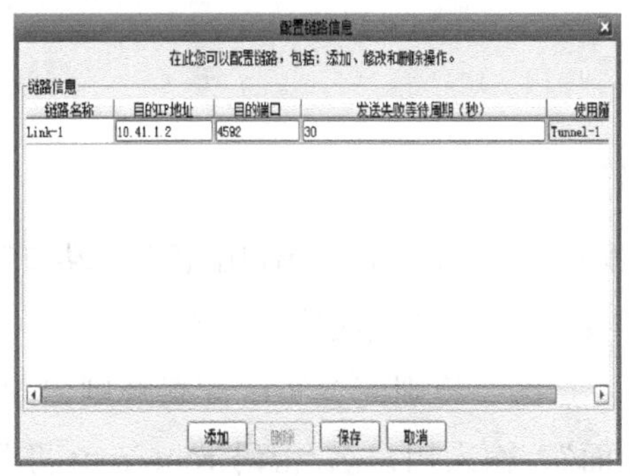

图 8-33　发送端配置 6

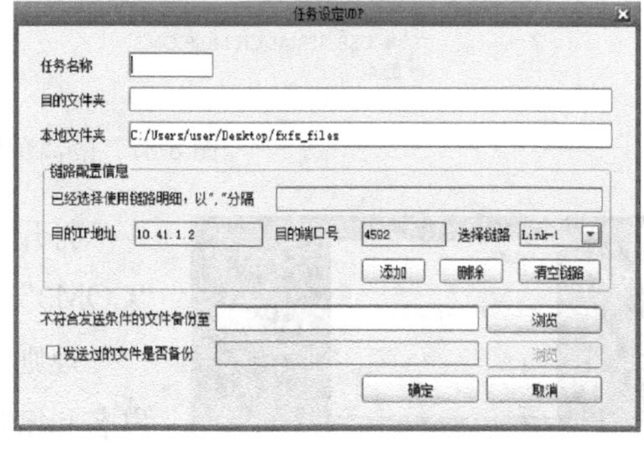

图 8-34　发送端配置 7

(6) 接收端配置，如图 8-35 所示，在内网主机上打开接收端程序，修改接受端口为设备配置的端口号即可。

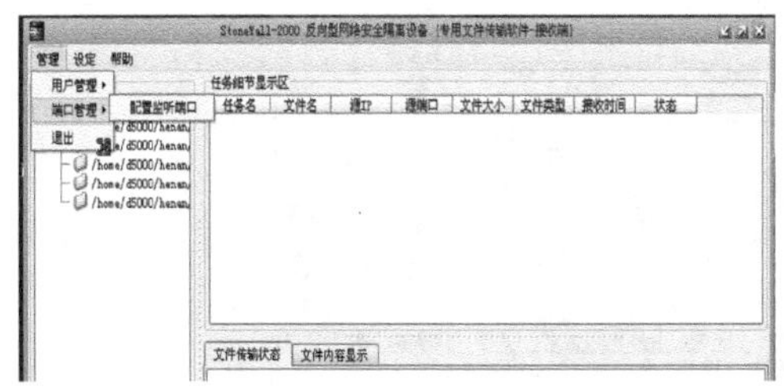

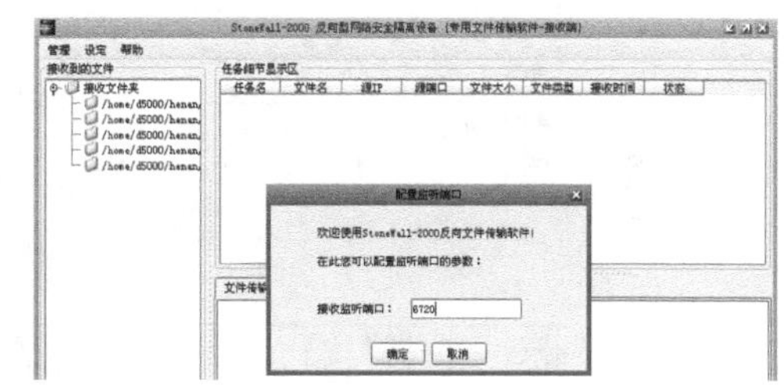

图 8-35　接收端配置

8.3.3　南瑞反向隔离二层结构设备配置

南瑞反向隔离二层结构设备配置如图 8-36 所示。

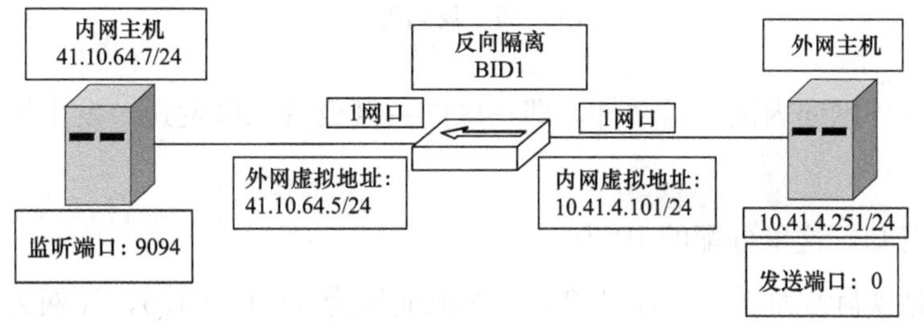

图 8-36　南瑞反向隔离二层结构设备配置

（1）隔离配置。反向百兆隔离配置需要用专用的 console 线，连接外网测 console 口，根据计算机设备管理器的端口，选择正确 COM 口，比如这里选择 COM3，见图 8-37。

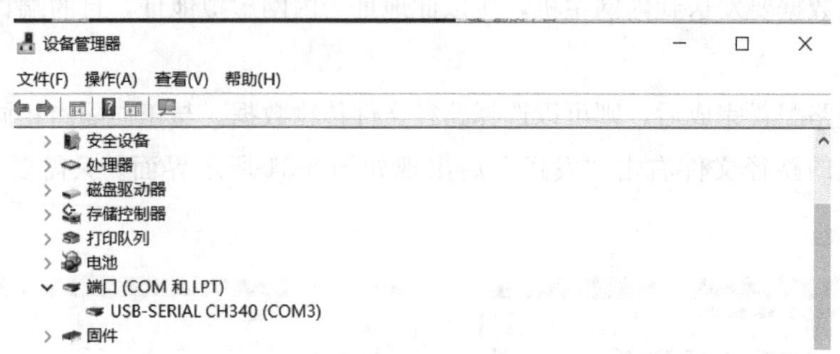

图 8-37 隔离配置 COM 口显示

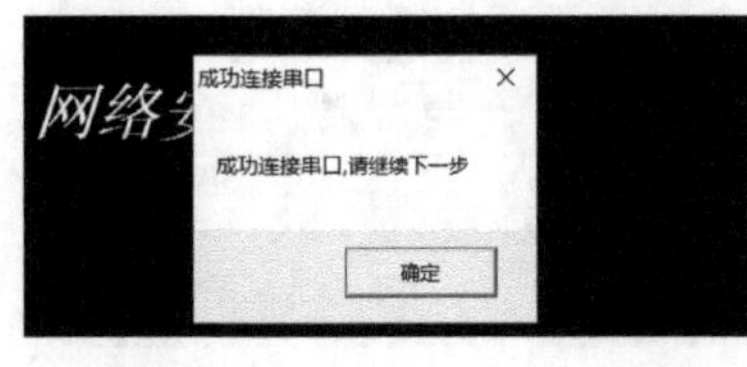

图 8-38 隔离配置串口连接

打开反向配置客户端，点击“串口配置”→“端口”→“COM3”→“连接”，显示连接成功，见图 8-38。

规则配置：点击“规则配置”→“配置规则出现用户名和密码界面”，输入用户名/密码 root/root 登录，这时候会弹出规则配置主界面，见图 8-39。

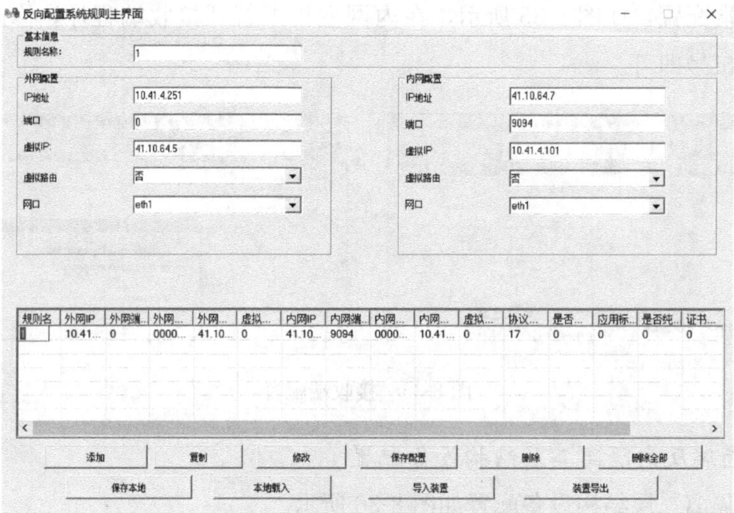

图 8-39 规则配置

反向隔离事外网向内网发送文件，即三区向一区或者二区发送。发生端为客户端，接收端为服务端。

由拓扑图可知，这里分配的 IP 为：

外网工作站实际地址为 10.41.4.251，虚拟地址为 41.10.64.5，外网为三区，发送端端口为 0。

内网工作站实际地址 41.10.64.7，虚拟地址为 10.41.4.101，内网为一区，发送端需要监听端口，此处为 9094。网口选择 eth1，其他不需要配置。

配置完成后，如果是新加一条规则，点击“添加”→“保存配置”→“导入配置”（如果修改策略的话，点击“修改”→“保存配置”→“导入配置”）。

如果需要上传日志到内网监控平台，需要配置日志规则，这里由于日志采集服务器在一区，所以需要在内网测配置日志规则，登录流程和前文一致，只是登录 console 口选择内网测 console 口，选择一个外网虚拟地址作为装置地址，即 41.10.64.5。

配置流程：“选择 COM 口”→“连接成功”→“日志管理”→“日志配置”，见图 8-40。

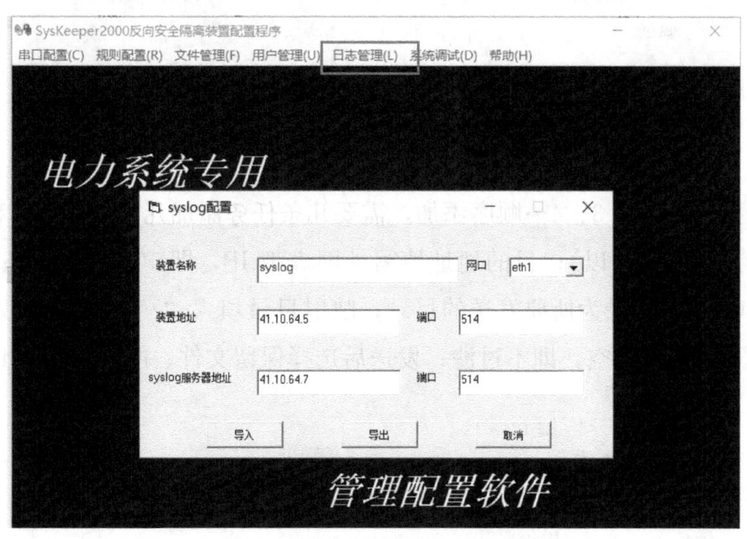

图 8-40　日志配置

配置完成导入。最后关电重启即可。

（2）传输软件配置。外网布置发送端软件（即客户端），内网布置接收端软件（即服务端）。

如布置在 linux 系统，需要敲击相关命令启动软件，进入软件所在目录，右键选择打开终端运行，进入命令行。外网工作站启动发送端程序敲击：java-jar Client.jar，进入如图 8-41 所示界面。

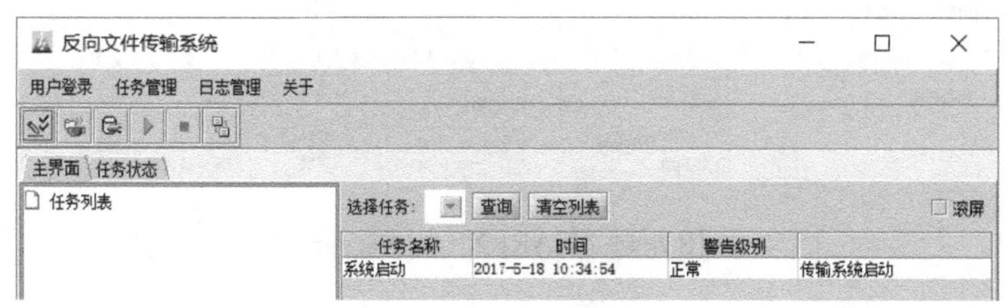

图 8-41　传输软件配置

选择“用户登录”→“登录”→“确定”（密码为空）即正常登录了发送端软件，选择“任务管理”→“设置文件任务”，出现如图 8-42 所示的任务配置窗口，按要求配置。

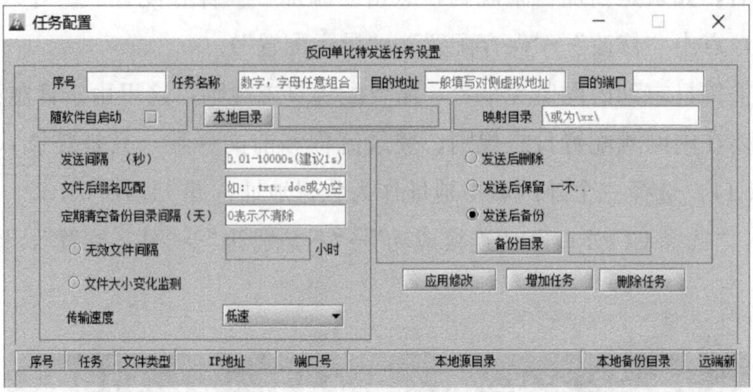

图 8-42 任务配置

填写序号按照 1、2、3、4…顺序添加，需要几条任务添加几条；任务名称自定义（可以知道传输的是什么就可以）；目的地址填写外网虚拟 IP，即 10.41.4.101；端口为规则配置里的 9094；本地目录为所要发送的目录；映射目录填入“/”号即可，发送时间选择 1s；文件后缀过滤这里为空，即不过滤；发送后选择保留文件。配置如图 8-43 所示。

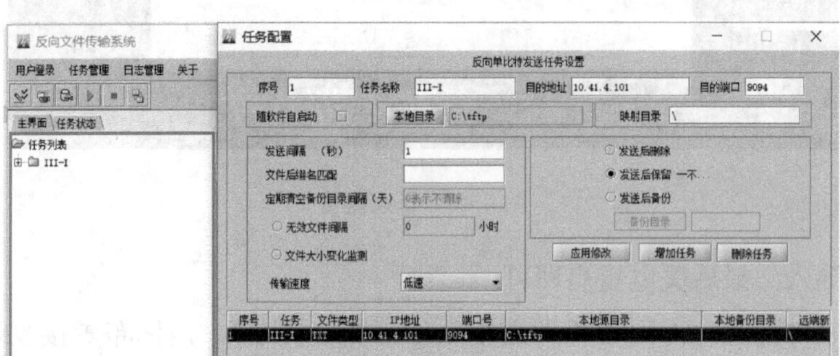

图 8-43 任务配置填写

内网工作站启动接收端程序敲击 java-jarServer.jar，进入如图 8-44 所示界面。

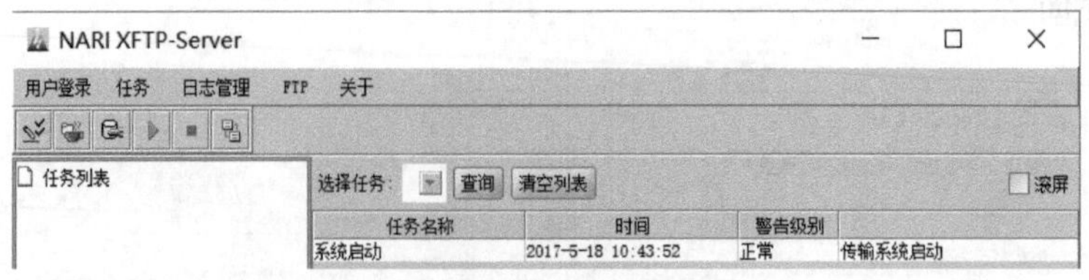

图 8-44 NARI XFTP-Server

选择“用户登录”→“登录”→“确定”（密码为空）即正常登录了接收端软件，选择“任务”→“任务配置”，出现如图 8-45 所示的任务配置窗口，按要求配置。

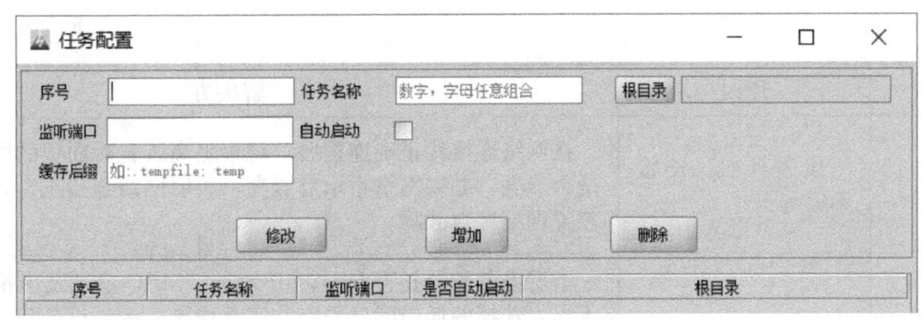

图 8-45　任务配置窗口

接收端程序只需要填入序号（按顺序 1、2、3、4 配置多条接收任务）；任务名称自定义（可以知道传输的是什么就可以）；根目录即外网发过来的文件需要储存的位置；监听端口即规则配置里指定使用的端口，这里事 9094；缓存后缀按提示填入 temp 即可。配置完成后界面如图 8-46 所示。

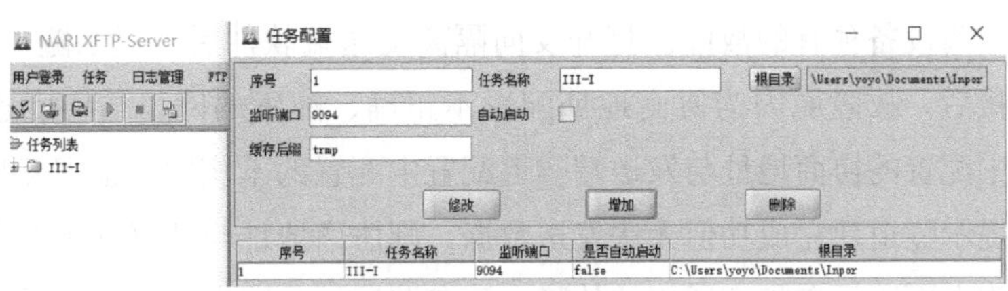

图 8-46　配置完成后

发送端与接收端都配置完成后分别在软件上点击开始发送文件，图标为 ▶，即可以正常从内网将文件发送到外网。

8.4　常见故障分析处理

8.4.1　故障总述

（1）正向隔离与反向隔离通用故障，见表 8-3。

表 8-3　　正向隔离与反向隔离通用故障

故障现象	原因	解决方法
设备配置程序无法登录	多为连接故障，如串口线与装置连接问题或串口号及波特率选择错误	（1）串口的 COM 端口选择不正确。查看串口配置线与计算机的哪一个串口连接。一般来说计算机自带的串口 A 为 COM1，串口 B 为 COM2。如果是使用串口卡或 USB 转串口线额外增加的串口，需要打开“设备管理器”，在端口选项下具体查看串口使用的 COM 端口，确认 COM 端口选择正确。 （2）隔离装置配置串口故障。将超级终端的速率设置为“115200”，数据流控制设置为“无”。重新启动隔离装置，在超级终端窗口观察隔离装置的启动信息。如果能够观察到启动信息并且没有反复重启现象，说明配置计算机串口与隔离装置串口连接正确；如果内外网有一个不能观察到启动信息，说明此配置串口故障；如果内外网都不能观察到启动信息，请确定计算机串口能够正常使用

续表

故障现象	原因	解决方法
物理故障	设备死机、连接不通等	在网络连接线正确连接后，观察隔离装置后面板的网络接口指示灯是否点亮，如果网络指示灯点亮，表明网络连接正常，否则可能隔离装置网络接口故障
无法正常发送数据	配置有误	查看设备配置是否有误，IP 地址、MAC 地址及虚拟地址是否正确无误，选择的通信网口是否与实际连接一致，设备配置的接收端口号与发送端接收端软件配置的是否相同，三层网络结构的话，是否配置了路由到路由的规则，配置的 MAC 地址是否为隔离设备所连接的交换机端口所在的 VLAN 的 IP 地址，正反向隔离设备配置的虚拟地址是否有冲突等
打开内网监视平台，显示设备不在线	此类故障表示内网监视平台到隔离装置间网络不通或隔离装置配置日志告警地址有误	点击“日志告警配置”查看地址配置是否正确、地址是否冲突等，如果确认隔离装置配置无误，再查看交换机路由器等配置，具体请参照其他章节

（2）反向隔离设备独有的故障。打开反向隔离发送端软件后，提示隧道建立不成功，在排除物理连接后，故障原因为协商地址配置不正确、配置的网口与实际连接的网口不符、设备配置中配置的协商地址与发送端隧道配置中配置的不相同、证书互导有误，可逐一检查。如果提示隧道建立成功但无法发送数据，则协商地址与证书均不会存在问题，可能存在的原因为上面正反向隔离通用的故障，请参照通用故障进行排查即可。

8.4.2 正向隔离故障查找

网络拓扑如图 8-47 所示，内网平台在正向隔离的内网虚拟地址为 10.42.1.101，PC3 在正向隔离的外网虚拟地址为 192.168.2.101，MAC1 为 5866-bac9-6b6b，MAC2 为 dcd2-fc00-d3b9。

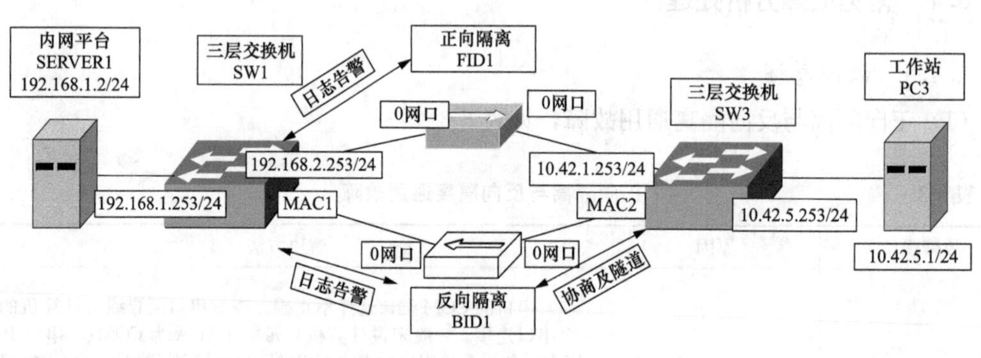

图 8-47　拓扑图

发送成功如图 8-48 所示。

若发送未成功，可能的原因如下：

（1）主机信息表中，内外网主机 IP 地址输入错误、虚拟地址输入错误，若为三层结构，MAC 地址应输入隔离装置直接连接的交换机接口所在 VLAN 地址的 MAC 地址，见图 8-49。

图 8-48　发送成功

（2）连接信息表中内外网地址对应关系输反，内外网口选择与实际不符，见图 8-50。

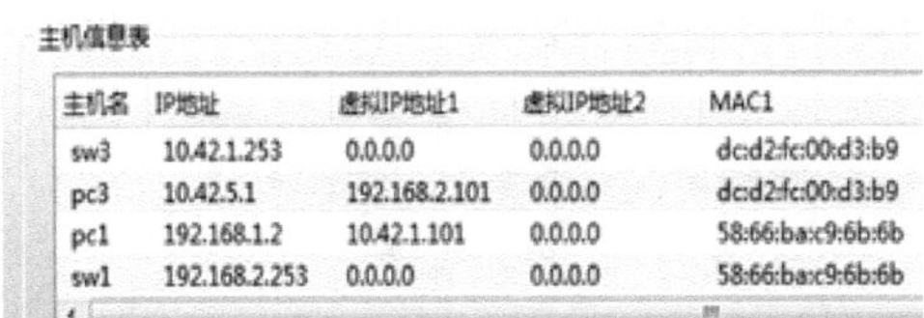

主机信息表

主机名	IP地址	虚拟IP地址1	虚拟IP地址2	MAC1
sw3	10.42.1.253	0.0.0.0	0.0.0.0	dc:d2:fc:00:d3:b9
pc3	10.42.5.1	192.168.2.101	0.0.0.0	dc:d2:fc:00:d3:b9
pc1	192.168.1.2	10.42.1.101	0.0.0.0	58:66:ba:c9:6b:6b
sw1	192.168.2.253	0.0.0.0	0.0.0.0	58:66:ba:c9:6b:6b

图 8-49　地址输入错误

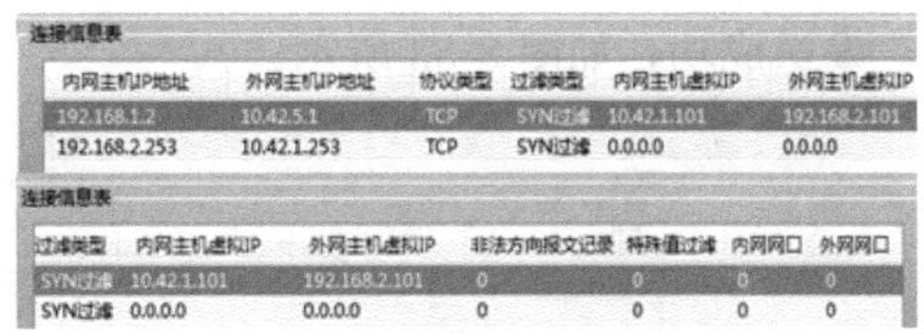

连接信息表

内网主机IP地址	外网主机IP地址	协议类型	过滤类型	内网主机虚拟IP	外网主机虚拟IP
192.168.1.2	10.42.5.1	TCP	SYN过滤	10.42.1.101	192.168.2.101
192.168.2.253	10.42.1.253	TCP	SYN过滤	0.0.0.0	0.0.0.0

连接信息表

过滤类型	内网主机虚拟IP	外网主机虚拟IP	非法方向报文记录	特殊值过滤	内网网口	外网网口
SYN过滤	10.42.1.101	192.168.2.101	0	0	0	0
SYN过滤	0.0.0.0	0.0.0.0	0	0	0	0

图 8-50　关系输反

（3）配置软件中端口号、接收端监听端口、发送端目的端口号配置不一致。发送端目的 IP 地址应为外网虚拟地址，见图 8-51。

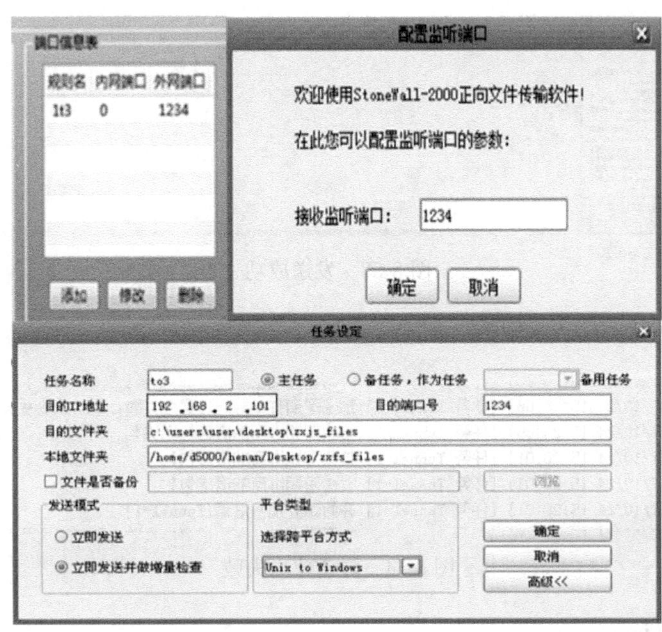

图 8-51　端口号配置不一致

8.4.3 反向隔离故障查找

网络拓扑如图 8-52 所示，内网平台在反向隔离的内网虚拟地址为 10.42.1.102，PC3 在反向隔离的外网虚拟地址为 192.168.2.102，MAC1 为 5866-bac9-6b6b，MAC2 为 dcd2-fc00-d3b9。

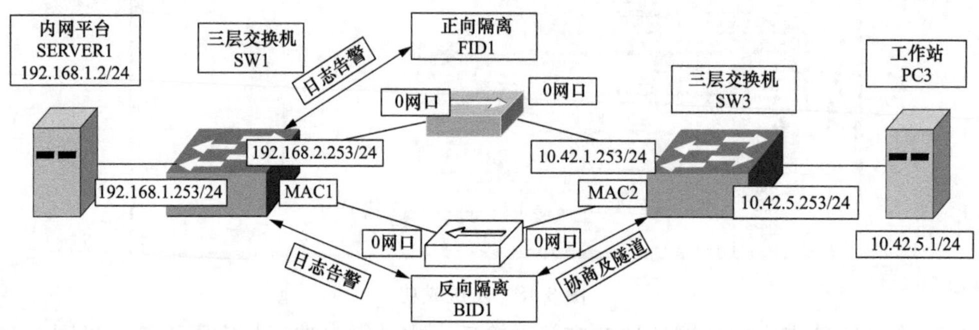

图 8-52 网络拓扑

发送成功，如图 8-53 所示。

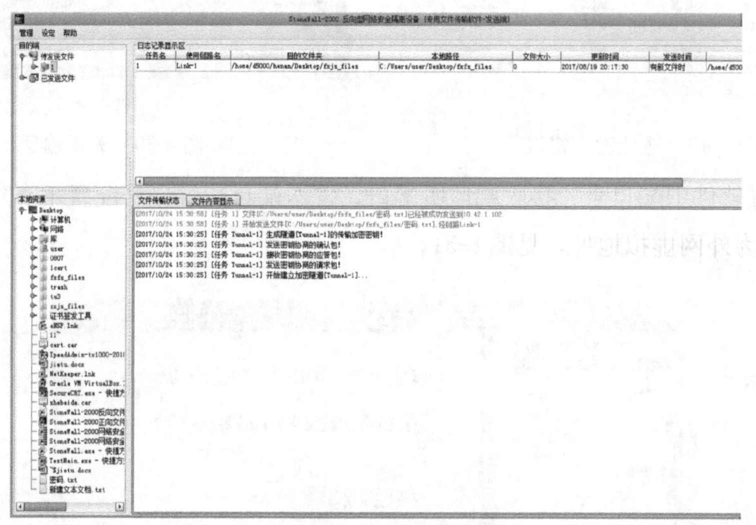

图 8-53 发送成功

隧道建立失败，如图 8-54 所示。

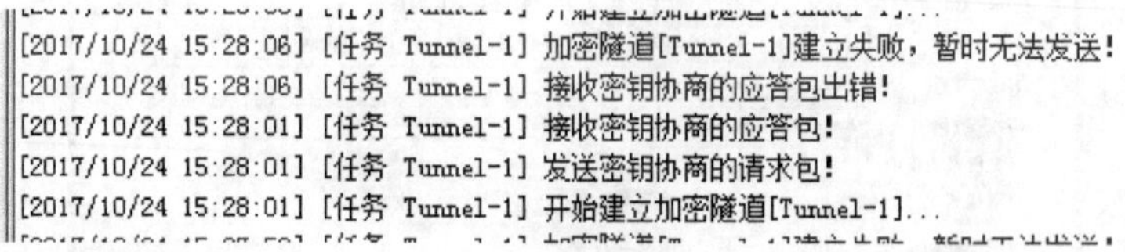

```
[2017/10/24 15:28:06] [任务 Tunnel-1] 加密隧道[Tunnel-1]建立失败，暂时无法发送!
[2017/10/24 15:28:06] [任务 Tunnel-1] 接收密钥协商的应答包出错!
[2017/10/24 15:28:01] [任务 Tunnel-1] 接收密钥协商的应答包!
[2017/10/24 15:28:01] [任务 Tunnel-1] 发送密钥协商的请求包!
[2017/10/24 15:28:01] [任务 Tunnel-1] 开始建立加密隧道[Tunnel-1]...
```

图 8-54 隧道建立失败

此原因可能为：

(1) 配置软件中配置的协商地址网口与实际连接网口不符或与其他 IP 地址冲突，配置软件中配置的协商地址与发送端软件加密隧道配置中的协商地址不一样，见图 8-55。

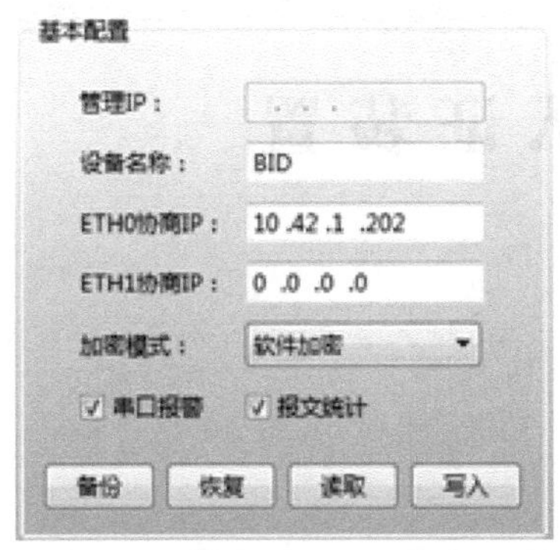

图 8-55　协商地址不一样

（2）配置软件中输入的发送端 IP 地址输入错误，应为外网主机 IP 地址；导入的证书有误，应为发送端软件导出的证书；发送端软件导入证书有误，应为配置软件导出的证书，见图 8-56。

图 8-56　输入错误

（3）上述故障排除后，如果隧道仍不能建立，或隧道建立成功但是无法传送文件，需检查配置软件中内外网主机信息输入是否有误。具体请参照正向隔离故障处理。

第9章 纵向加密认证装置

9.1 纵向加密装置操作流程

9.1.1 配置思路及步骤

纵向加密认证装置作为电力系统安全防护体系的重要组成部分，由于需要加密和解密过程，所以在实际应用中总是成对出现的。在使用中，欲使网络畅通，则必须对主站侧和厂站侧纵向加密认证设备进行配置，即应进行网络配置，而网络配置则需要用通信双方的IP地址，所以第一步应当配置纵向设备自身的地址，即VLAN配置（科东设备）或者网络配置（南瑞设备）；第二步，根据需要通信的地址，配置对端的网段地址及下一跳地址，即路由配置；第三步，因为使用纵向设备是为了保证通信的保密性，故需建立一条通信隧道以供安全通信使用，即隧道配置；第四步，成功建立隧道后，应在该隧道下建立相应的策略，使需要的业务类型和业务地址可以通过该隧道传输，即策略配置；第五步，证书导入，为了验证通信双方的身份，需要互相导入通信双方的公钥证书；第六步，为接收纵向设备发出的各种告警信息，设置一个告警接收地址，通常为内网监视平台采集服务器地址，即告警配置；第七步，纵向加密认证装置可以实现远程管理，以便在主站远程查询管理各个纵向设备，故设置一个管理中心地址，通常为内网监视平台地址，即管理中心配置；第八步，南瑞设备为简化路由配置过程，设立了桥接配置选项，使设备自身成为一个通信两侧的桥接工具。配置思路及步骤见表9-1。

表9-1 配置思路及步骤

序号	项目	内容	方法
1	VLAN配置（科东）网络配置（南瑞）	配置纵向加密认证设备自身的IP地址及子网掩码	根据连接情况在VLAN配置或网络配置相应端口下输入IP地址及子网掩码
2	路由配置	配置纵向加密认证设备需要通信的网段地址	根据需要通信的地址，在不同端口侧输入需要通信的对端网段地址、子网掩码及下一跳地址；一般需要配置对端纵向加密网段地址及告警输出内网监视平台所在网段地址，在三层网络结构下，还应配置需要通信的主机所在网段地址
3	告警配置	配置告警输出地址（一般为内网监视平台采集服务器地址）	根据内网监视平台的连接位置，在告警配置下输入内网监视平台采集工作站地址，告警输出端口为UDP 514
4	隧道配置	配置两端纵向加密认证装置通信地址	在隧道配置下，输入通信两端纵向设备地址，建立一条安全的通信隧道

续表

序号	项目	内容	方法
5	策略配置	配置安全策略，允许需要的业务地址及业务类型通过	在刚建立的隧道下输入需要通信的起始地址和终止地址范围以及通信端口范围
6	管理中心配置	配置纵向加密认证装置的管理中心地址（一般为内网监视平台地址）	在管理中心配置选项下，输入内网监视平台地址
7	证书导入	导入对端纵向设备证书及管理中心证书以完成安全认证	导入对端纵向加密认证装置证书及管理中心证书以完成安全验证
8	桥接配置（南瑞）	配置桥接，使设备自身成为一个通信两侧的桥接工具	在桥接配置下选择所连接的口进行配置

9.1.2 纵向加密配置操作流程

1. 科东纵向加密配置

假设科东设备 IP 地址为 10.40.1.2/24，网关地址为 10.40.1.254，对端设备 IP 地址为 10.40.2.2/24，网关地址为 10.40.2.254。两端设备直连。

（1）基本配置。如图 9-1 所示，如果设备所连接交换机端口类型为 access，则 VLAN 标记类型为无；若为 trunk，则 VLAN 标记类型为 802.1Q。由于现在的内网监视平台都位于主站，所以需要把“内网监视平台主战模式”勾选。

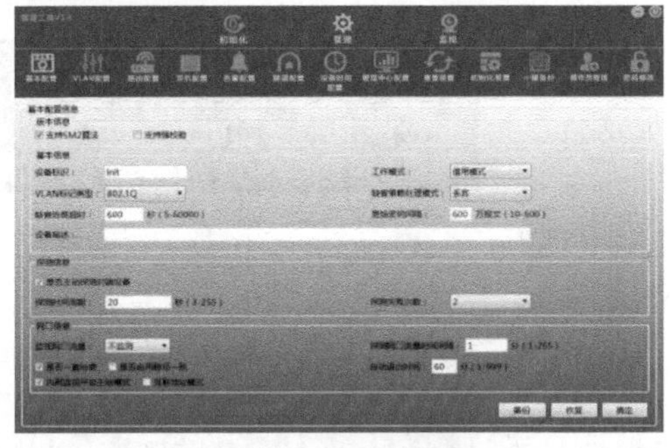

图 9-1 基本配置

（2）VLAN 配置。VLAN 配置实质上是为了配置纵向设备自身的地址，所以在设备实际所连接的接口下输入设备自身的 IP 地址及子网掩码，需要注意的是，如果连接的交换机接口为 trunk，则需在后面的 VLAN 下输入所属的实际 VLAN 号，若为 access，则 VLAN 下输入 0，见图 9-2。

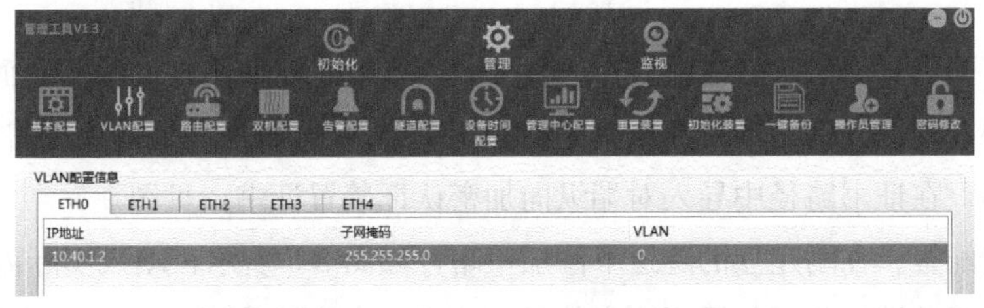

图 9-2 VLAN 配置

（3）路由配置。根据网络拓扑实际连接情况，在相应端口下输入需要通信的网段，这里展示的是 eth0 口连接对端纵向加密设备，而对端纵向加密设备地址为 10.40.2.2/24，网段地址为 10.40.2.0，网关处填入下一跳地址。如果其他端口还有其他连接情况，需要通信，则根据具体需要输入相应路由信息，见图 9-3。

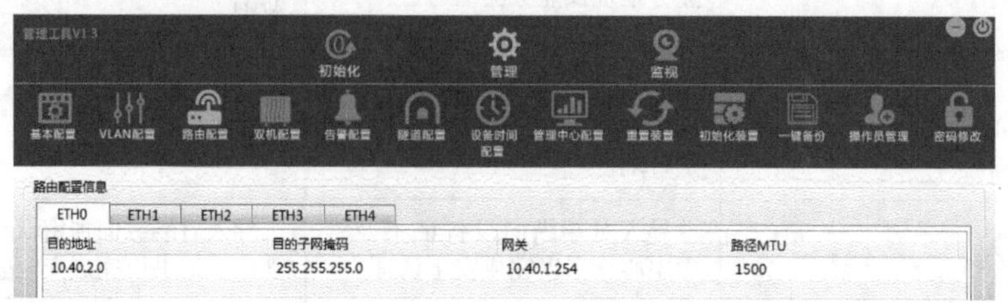

图 9-3 路由配置

(4) 告警配置。根据内网监视平台位于纵向加密装置的哪一侧选择输出网口，目的地址输入内网监视平台采集服务器地址，目的端口为告警上传端口，电力系统统一为 UDP 514。需要注意的是，一般情况下，内网监视平台采集服务器地址与纵向设备地址不在同一网段，需要配置相应的路由，见图 9-4。

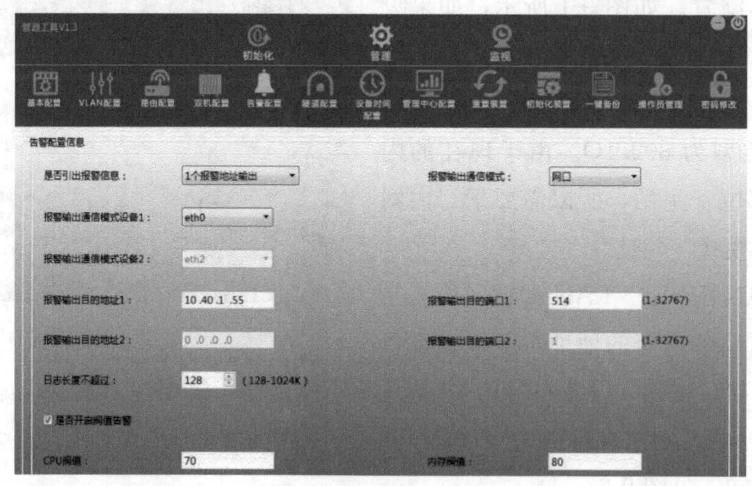

图 9-4 告警配置

(5) 隧道配置。点击“隧道配置”→“添加隧道”，出现如图 9-4 所示界面，本地协商地址和远程协商地址分别为本端纵向加密地址和对端纵向加密地址，由于需要安全验证，需要导入证书，在证书路径中导入对端纵向加密认证装置证书，见图 9-5。

(6) 策略配置。在刚建立的隧道下添加策略，如图 9-5 所示，填入实际需要通信的 IP 地址范围、协议及端口范围。需要注意的是，按照安全防护的要求，IP 地址范围、协议和端口范围在满足工作要求的前提下，范围应尽可能的小，一般只把需要通信的主机地址包含进去即可，见图 9-6。

图 9-5　隧道配置

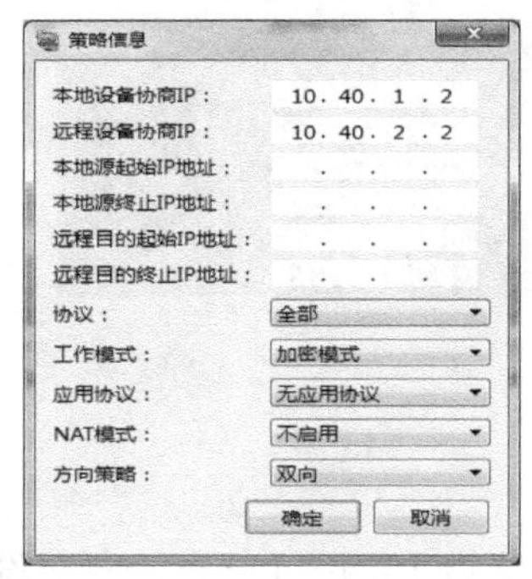

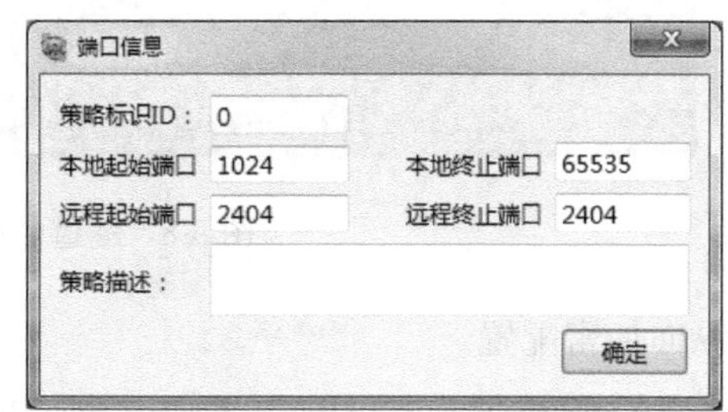

图 9-6　策略配置

(7) 管理中心配置。点击“管理中心配置”，添加信息如上图，填入管理中心地址，一般为内网监视平台地址，权限有两种，“查看”及“设置”，根据不同要求选择，而现实中，一般需要对其远程管控，通常选择“设置”，由于需要安全验证，在证书路径中导入内网监视平台的证书，见图 9-7。

图 9-7　管理中心配置

（8）隧道监视。点击“监视”→“隧道监视”，选择刚才建立的隧道，查看隧道是否建立成功，若隧道会话密钥协商状态为 opend，则隧道建立成功，否则未成功，见图 9-8。

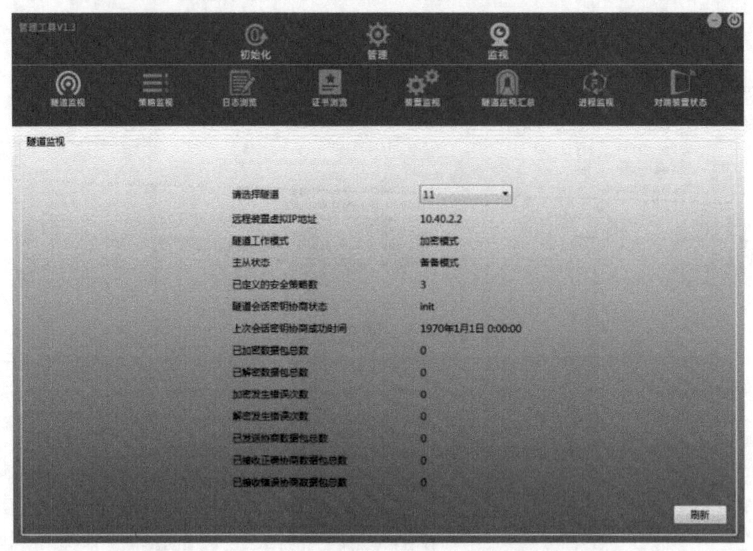

图 9-8　隧道监视

2. 南瑞纵向加密配置

假设对端设备 IP 地址为 10.40.1.2/24，网关地址为 10.40.1.254，南瑞设备 IP 地址为 10.40.2.2/24，网关地址为 10.40.2.254。两端设备直连。

（1）证书导入。打开“初始化管理”→“证书管理”，点击“初始化管理”→“证书导入”，如图 9-9 所示，导入主操作员证书、对端纵向加密设备证书和装置管理中心证书。

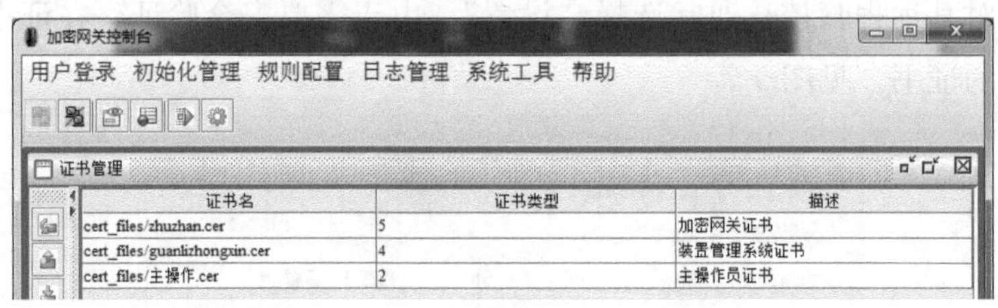

图 9-9　证书导入

（2）远程配置。点击“规则配置”→“远程配置”。如图 9-10 所示，点击“远程配置”，添加两条信息，加密网关地址输入本端纵向加密认证装置地址，远程地址输入管理中心地址，一般为内网监视平台地址，系统类型分别选择“装置管理”和“日志审计”，证书选择刚才导入的管理中心证书。配置完每一步后必须点击左边操作框中第一个图标“上传”（下同）。

（3）网络配置。点击“规则配置”→“网络配置”，如图 9-11 所示，添加三条信息，第一二条为实际连接的网口，地址输入如上，第三条是做一个桥接，IP 地址输入本端纵向加

密认证装置地址，需要注意的是，如果连接的交换机接口为 trunk，则需在后面的 VLAN ID 下输入所属的实际 VLAN 号，若为 access，则 VLAN ID 下输入 0。

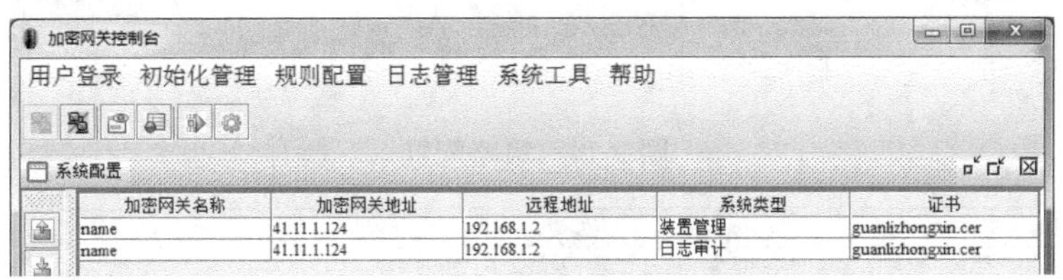

图 9-10 远程配置

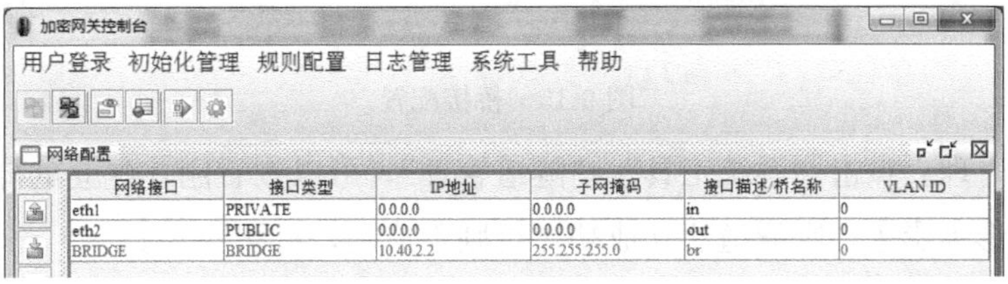

加密网关控制台

用户登录 初始化管理 规则配置 日志管理 系统工具 帮助

网络配置

网络接口	接口类型	IP地址	子网掩码	接口描述/桥名称	VLAN ID
eth1	PRIVATE	0.0.0.0	0.0.0.0	in	0
eth2	PUBLIC	0.0.0.0	0.0.0.0	out	0
BRIDGE	BRIDGE	10.40.2.2	255.255.255.0	br	0

图 9-11 网络配置

（4）路由配置。点击“规则配置”→“路由配置”，在接口选择“br”，即刚才建立的桥接，路由配置与科东一样，需要注意的是，如果连接的交换机接口为 trunk，则需在后面的 VLAN ID 下输入所属的实际 VLAN 号，若为 access，则 VLAN ID 下输入 0，见图 9-12。

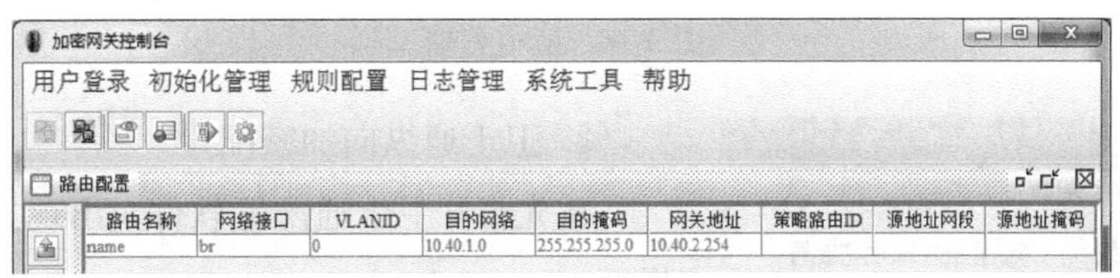

图 9-12 路由配置

（5）隧道配置。点击“规则配置”→“隧道配置”。界面如图 9-13 所示，具体配置与科东一样。

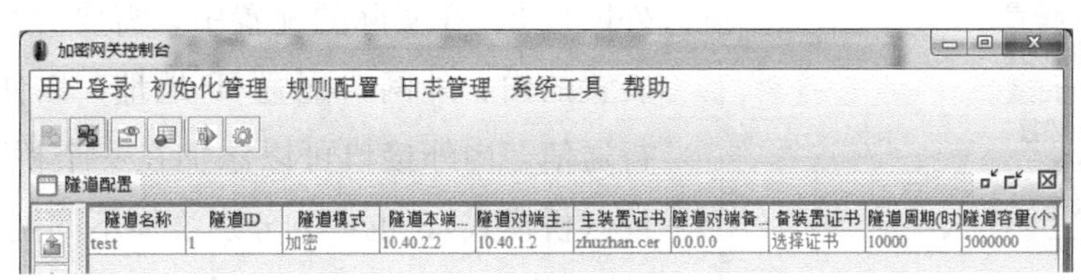

图 9-13 隧道配置

（6）策略配置。点击“规则配置”→“策略配置”。界面如图 9-14 所示，配置与科东一样。

（7）桥接配置。点击“规则配置”→“桥接配置”，添加一条信息，用实际连接的网口组成一个桥接，作为通信的“桥”，如图 9-15 所示。

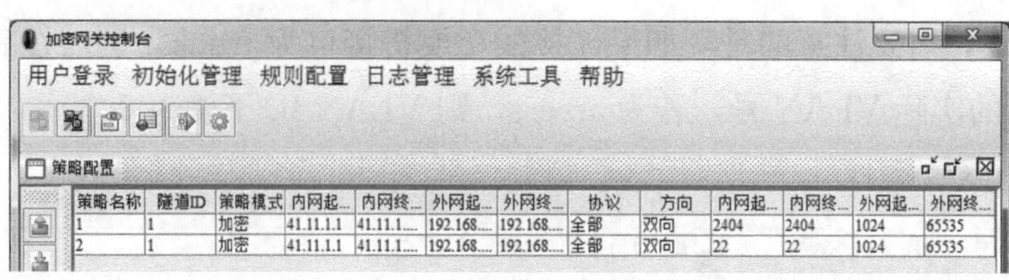

图 9-14 策略配置

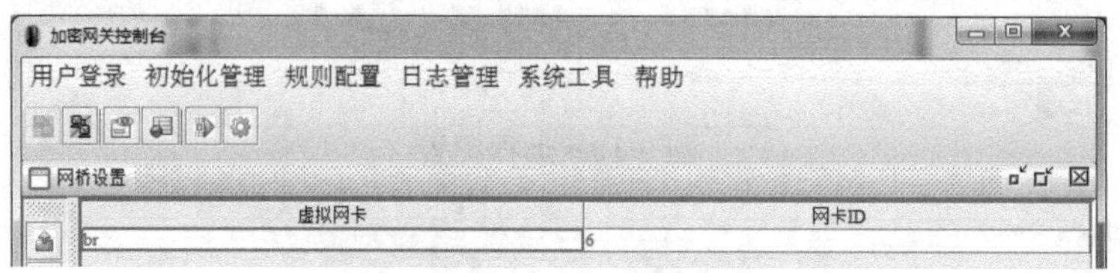

图 9-15 桥接配置

（8）隧道管理。点击“系统工具”➛“隧道管理”，可以查看刚才建立的隧道是否成功，如果热备的图形为彩色，则隧道建立成功，否则不成功，见图 9-16。

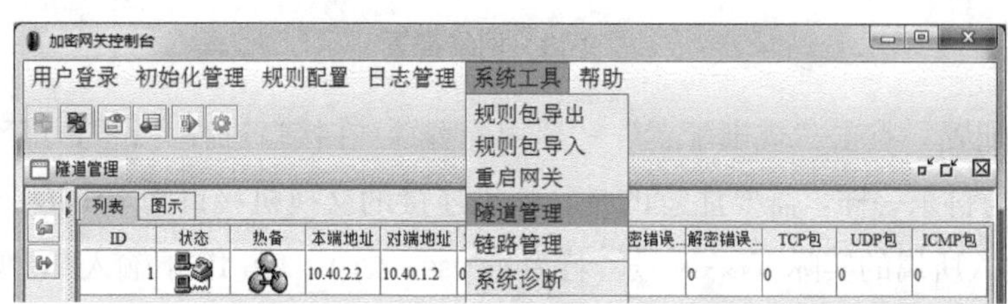

图 9-16 隧道管理

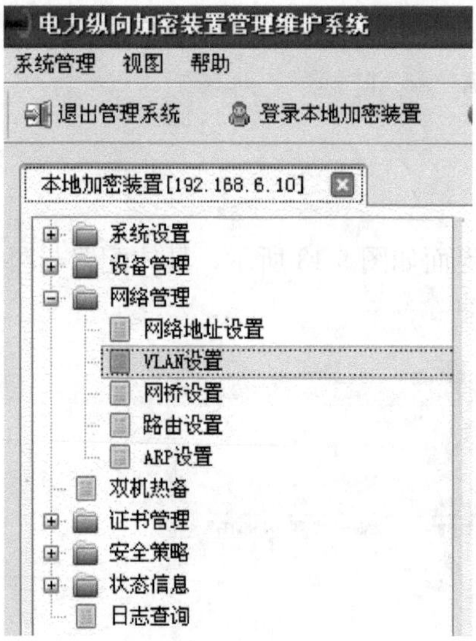

图 9-17 卫士通配置界面

3. 卫士通纵向加密配置

首先打开卫士通配置软件，出现如图 9-17 所示界面。

（1）网络地址设置。千兆、百兆及低端纵向加密认证装置共有 6 个以太网接口，分别为控制口、配置口、心跳口、内网口 1、外网口 1、内网口 2、外网口 2。在实际的配置中，需要对纵向加密认证装置的内、外网口配置 IP 地址，以便和内外网进行通信，内外接口可以添加在一个桥下配置 IP 地址（桥模式），也可以分别添加不同网段的 IP 地址（路由模式），根据用户具体需要进行配置。在网络地址设置界面，用户可以进行添加、删除、修改操作，具体操作界面如图 9-18 所示。

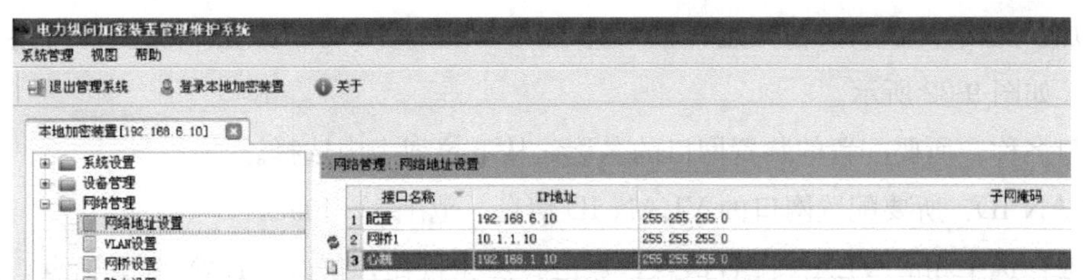

图 9-18　卫士通网络地址设置操作界面

添加：点击添加按钮，可以为接口添加网络地址，添加界面如图 9-19 所示。

接口名称：所要配置的网口名称，从下拉列表中选择（如果需要配置的为桥接口，需要先添加桥接口）。

IP 地址：所要配置网口的 IP 地址。

子网掩码：所要配置网口的掩码。

修改：选中相应网络配置信息，点击编辑按钮修改网络配置信息，修改项包括接口名称、IP 地址、子网掩码，如图 9-20 所示。

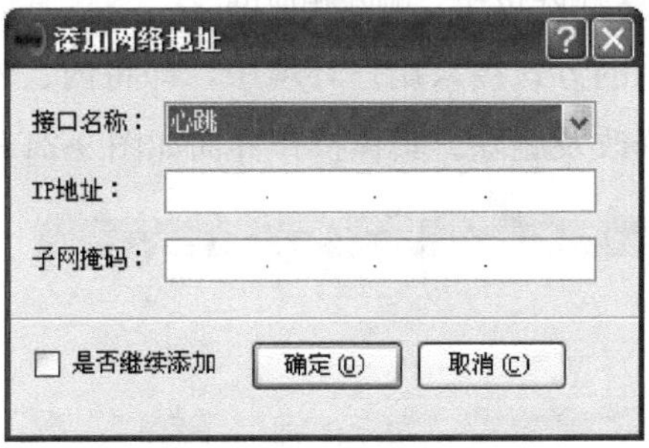

图 9-19　添加界面

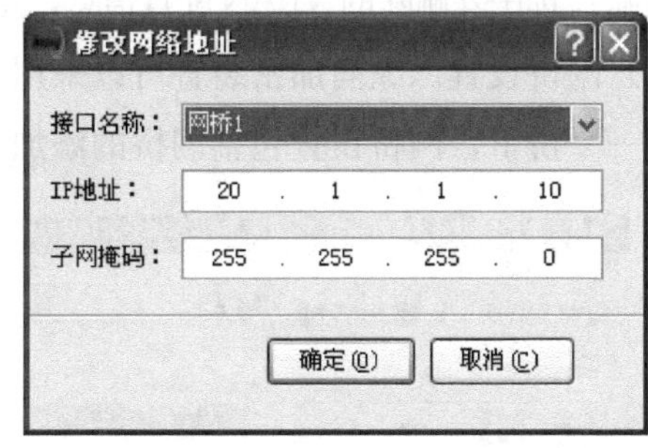

图 9-20　修改界面

删除：选取要删除的网络地址，点击删除按钮，删除相应的配置信息。注：配置口配置信息不能进行修改和删除操作。

（2）VLAN 设置。根据用户实际使用的网络结构，可能需要对纵向加密认证装置配置 VLAN。加密装置的 VLAN 设置包括 VLAN 的添加、修改及删除，具体操作界面如图 9-21 所示。

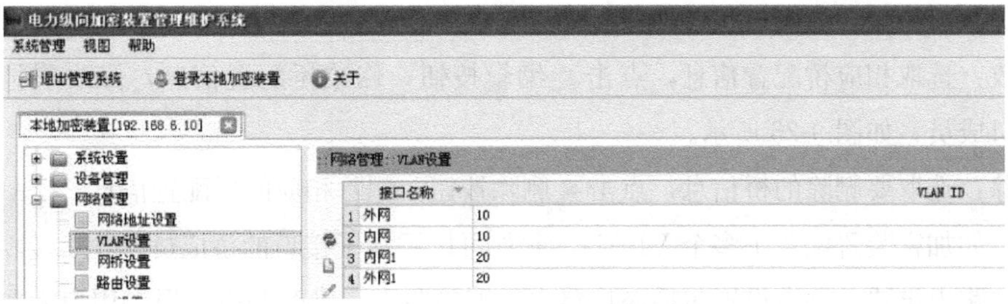

图 9-21　VLAN 设置操作界面

添加：点击添加按钮，选择接口并输入 VLAN ID 号，点击“确认”为接口添加 VLAN，如图 9-22 所示。

接口名称：所要配置的装置网口的名称，从下拉列表中选择。

VLAN ID：所要配置网口的 VLAN ID 信息，范围 1～4094。

修改：选中相应 VLAN 配置信息，点击编辑按钮，修改 VLAN 配置信息，修改项包括接口名称、VLAN ID，如图 9-23 所示。

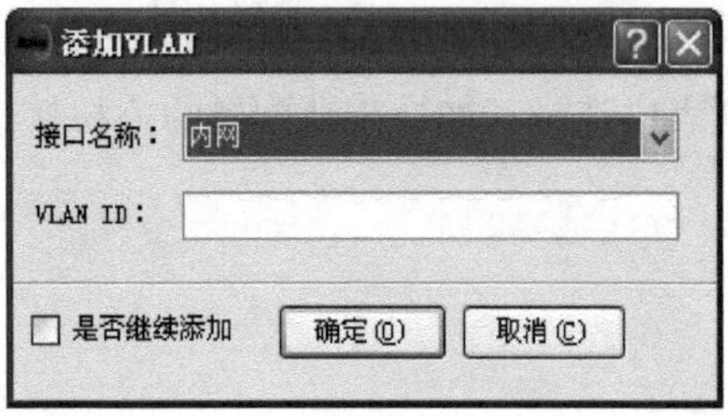

图 9-22 添加界面

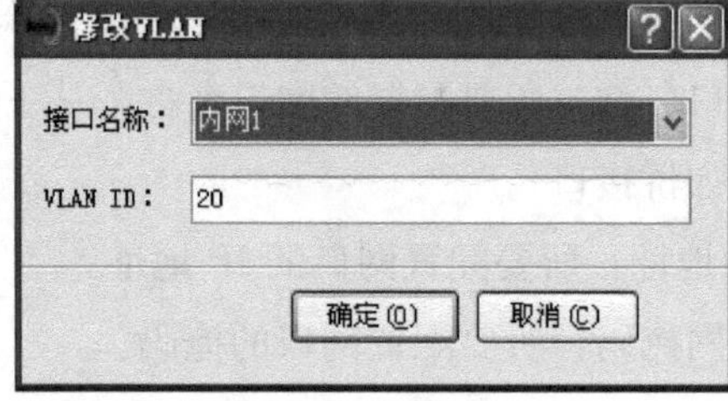

图 9-23 修改界面

删除：选中要删除的 VLAN 配置信息，点击删除按钮，删除相应的 VLAN 配置信息。

（3）网桥设置。纵向加密装置可以采用透明的方式接入用户环境中，即将内、外网口划在同一个桥下，网桥设置包括网桥的添加、修改及删除。具体操作界面如图 9-24 所示。

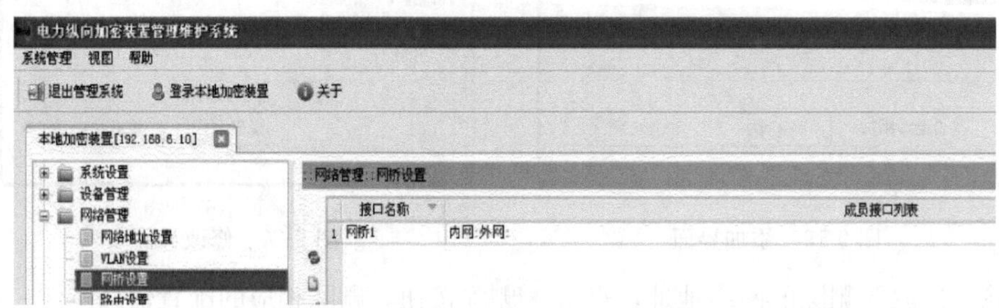

图 9-24 网桥设置界面

添加：点击添加按钮，添加网桥编号并选取桥成员，点击“确认”，为桥添加成员，如图 9-25 所示。

网桥编号：配置网桥 ID，桥 ID 范围 1～1024。

成员接口：包含内网口、外网口。

修改：选取相应桥配置信息，点击编辑按钮，修改桥配置信息，修改项包括桥编号、接口成员，如图 9-26 所示。

删除：选取要删除的桥信息，点击删除按钮，删除相应的桥配置信息。

注：如加密装置配置了多个 VLAN，此处可以添加子接口的桥成员。

（4）路由设置。路由设置包括添加路由、删除路由、修改路由，根据用户需要可以选择路由类型进行添加。具体操作界面如图 9-27 所示。

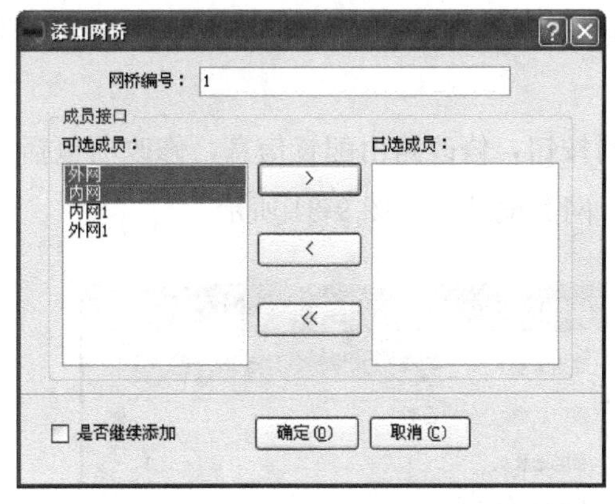

图 9-25　添加界面

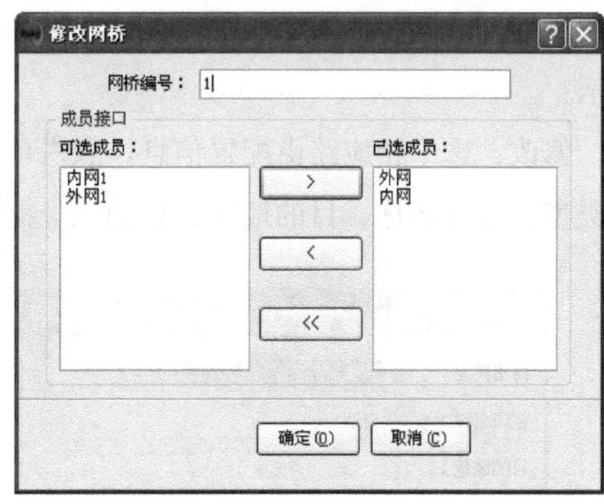

图 9-26　添加界面

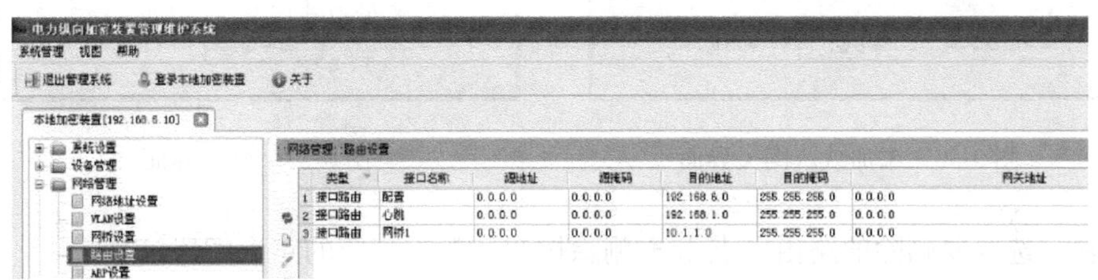

图 9-27　路由设置界面

添加子网路由：根据用户具体网络环境，需要添加子网路由时，点击添加按钮，类型选择子网路由，如图 9-28 所示。

路由类型：路由信息的名称描述，包括子网路由、主机路由、默认网关。

接口名称：为所要配置网口的名称。

目的地址：所要到达网段的 IP 地址。

目的地址掩码：为所要配置目的地址的掩码。

网关地址：配置为外网口的通信地址。

添加主机路由：根据用户具体网络环境，需要添加主机路由时，点击添加按钮，类型选择主机路由。如图 9-29 所示。

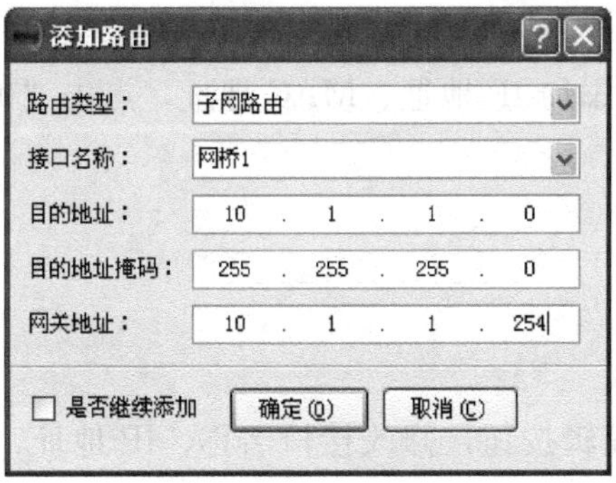

图 9-28　添加子网路由界面

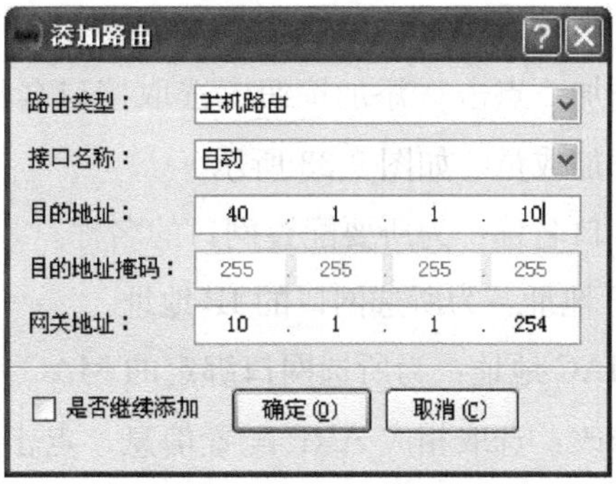

图 9-29　添加主机路由界面

添加默认网关：需要添加默认网关时，点击添加按钮，类型选择默认网关。如图 9-30 所示。

修改：选中相应路由配置信息，点击编辑按钮，修改路由配置信息，修改项包括路由类型、接口名称、目的地址、目的地址掩码、网关地址。如图 9-31 所示。

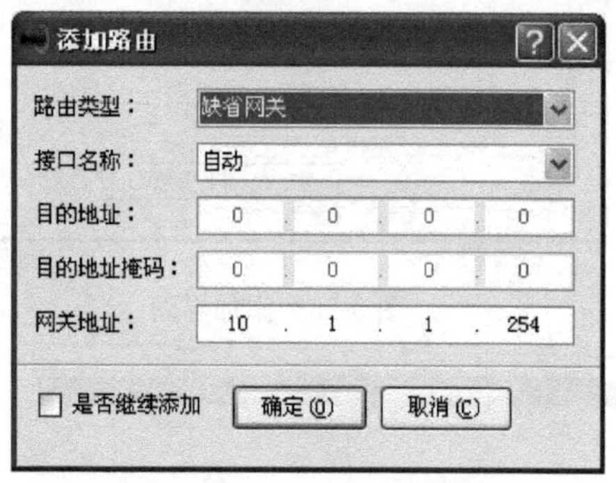

图 9-30 添加默认网关界面

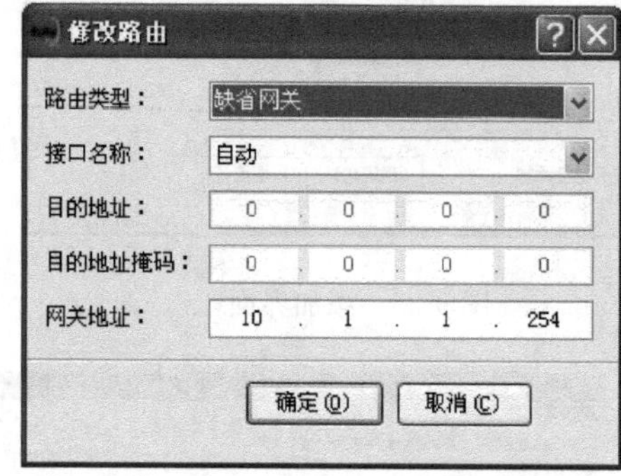

图 9-31 修改界面

删除：选取要删除的路由，点击删除按钮，删除相应的路由配置信息。

注：接口设置 IP 地址后，自动生成对应的接口路由。当接口 IP 地址修改或删除时、与该接口相关的路由信息自动删除。

（5）ARP 设置。用于设置加密装置的 APR 信息，将 IP 地址与 MAC 地址绑定，包括为接口添加、修改、删除 MAC 地址。具体操作界面见图 9-32。

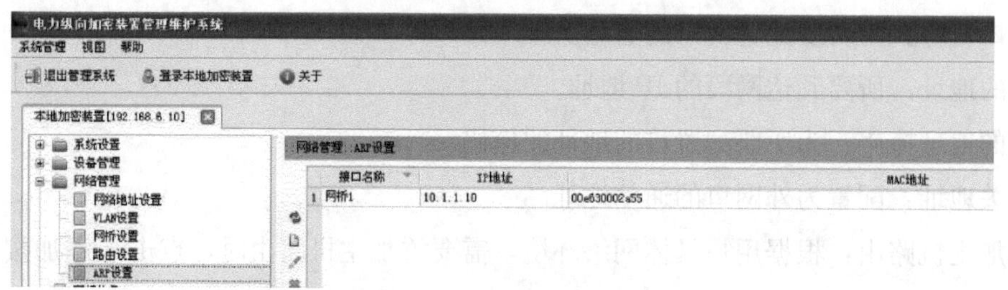

图 9-32 ARP 设置界面

添加：点击添加按钮，选取接口名称并添加 IP 地址、MAC 地址，点击“确认”，为桥添加成员。如图 9-33 所示。

接口名称：为所要配置网口的名称。

IP 地址：为所选网口的 IP 地址。

MAC 地址：为所选网口绑定的 MAC 地址。

修改：选取相应 ARP 配置信息，点击编辑按钮，修改接口名称、IP 地址、MAC 地址。如图 9-34 所示。

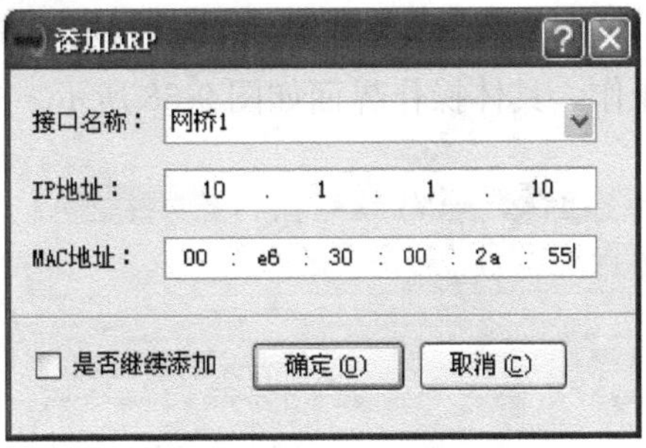

图 9-33　添加 ARP 界面

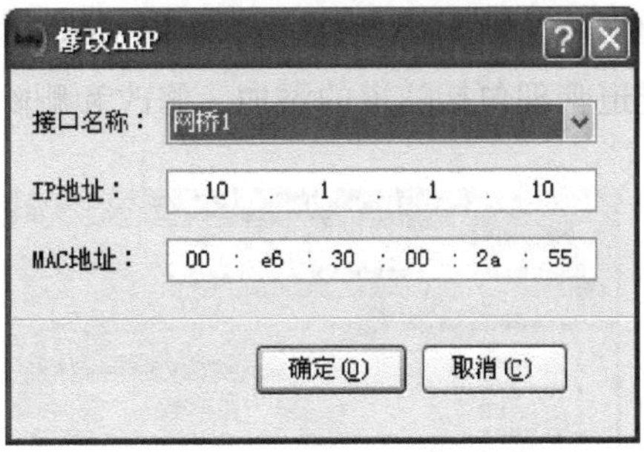

图 9-34　修改 ARP 界面

删除：选取要删除的 ARP 信息，点击删除按钮，删除相应的 ARP 配置信息。

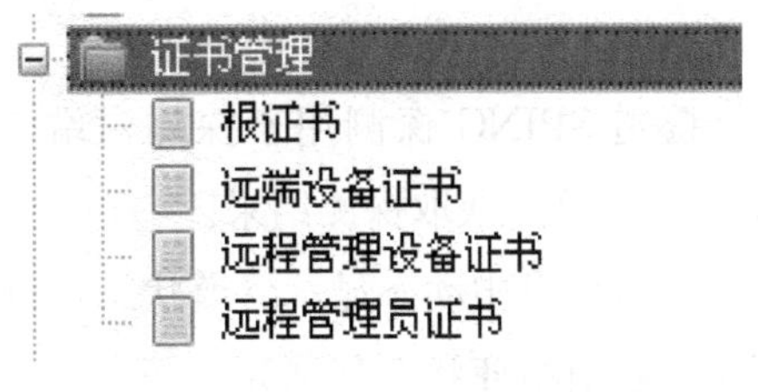

图 9-35　证书管理界面

（6）证书管理。证书管理用于对证书的配置与管理，包含子模块如图 9-35 所示。

“根证书”用于对纵向加密认证装置中根证书的添加、删除管理，具体操作界面如图 9-36 所示。

用于导出证书于本地管理 PC，选取要导出的根证书点击“保存”按钮，弹出保存界面，选取保存路径，点击“确认”，导出该根证书。

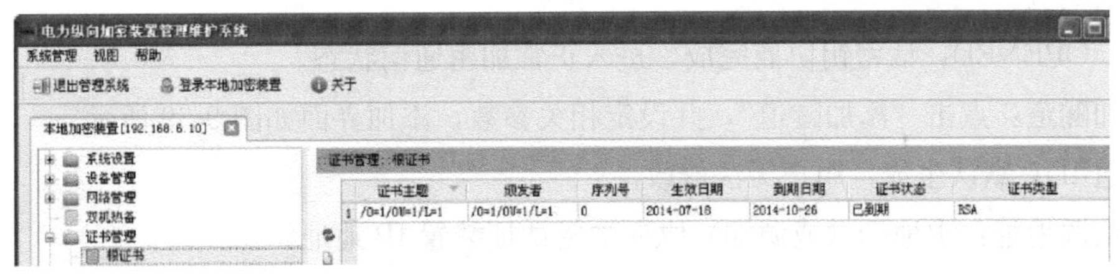

图 9-36　根证书操作界面

添加：点击“添加”按钮，选择正确的根证书路径，点击“确认”。

删除：选中相应根证书，点击“删除”按钮，删除相应的根证书。

“远程设备证书”为对端通信设备的证书，本地加密认证装置需要导入远端设备产生的证书（包含远端设备的公钥），用于装置通信时证书的认证。

管理中心集中管理时，本地认证装置需要导入远程管理中心的设备证书，用于远程管理通信时的认证。

图 9-37　安全策略管理界面

（7）安全策略管理。安全策略管理用于对隧道、策略和防火墙策略的配置与管理，包含子模块如图 9-37 所示。

隧道为纵向加密认证装置之间安全传输数

据的通道，其设置项包括：隧道名、源地址、目的地址、备用目的地址及隧道通信模式等。隧道管理包括隧道的添加、修改和删除等操作，具体操作界面如图 9-38 所示。

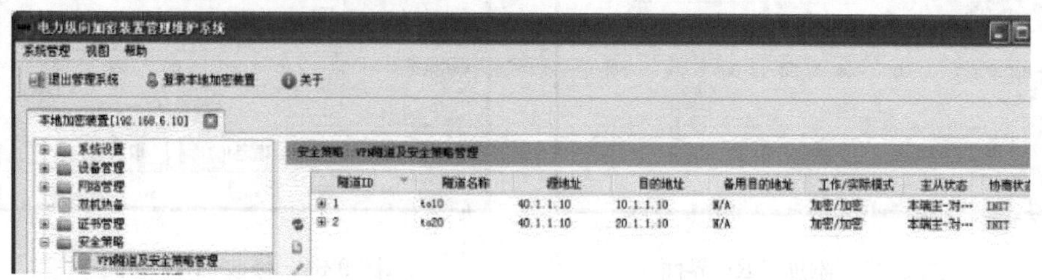

图 9-38 隧道管理界面

隧道 SPING 探测用于探测对端设备状态，选取相应隧道点击“探测”按钮，进行 SPING 探测并获取探测结果。

隧道信息中动态显示隧道状态，用户可以通过观察隧道协商状态来判断隧道工作是否正常。隧道协商状态分别为 4 种：

(1) INIT：初始状态。纵向加密认证装置刚启动时，处于该状态。

(2) REQU_SENT：已发出协商请求状态。该状态表示装置已经向对方发出协商请求包。

(3) RESP_SENT：发出响应包状态。该状态表示装置已经收到对方的请求包，并已向其发出响应。

(4) OPENED：话密钥协商完成，进入正常加密通信状态。

添加隧道：点击“添加隧道”，并设定相关参数，添加界面如图 9-39 所示。

隧道 ID：默认生成，用户无法修改。

隧道源地址：本地端（或源端）纵向加密认证装置 IP 地址。

隧道目的地址：对端（或目的端）纵向加密认证装置 IP 地址。

备用目的地址：用于配置备用隧道目的 IP 地址，当对端隧道存在主备情况时使用。

通信模式：包括加密、明文、可选，默认为加密。

建议：隧道对端旁路自适应检测默认开启，建议开启此功能，用于对端设备旁路后，本地设备探测及时切换通信状态。

修改隧道：只能修改隧道通信模式、隧道名称以及是否开启旁路自适应检测。选中需要修改的隧道，点击“修改”按钮，具体操作界面如图 9-40 所示。

删除隧道：选中相应隧道信息点击删除按钮，删除相应的隧道以及隧道内的策略信息。

隧道信息导出：点击“保存”将隧道信息导出为 csv 文件，可在 excel 中查看隧道的信息。

隧道中界面切换：点击隧道前面的符号展开隧道，默认显示内容为策略信息，点击“切换”按钮可以切换显示内容，便于查看隧道信息，如图 9-41 所示。

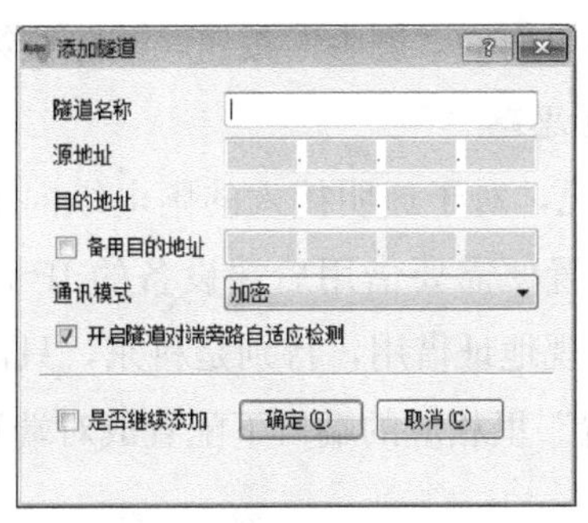

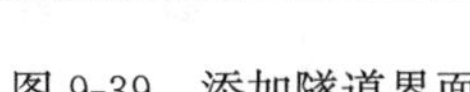
图 9-39　添加隧道界面

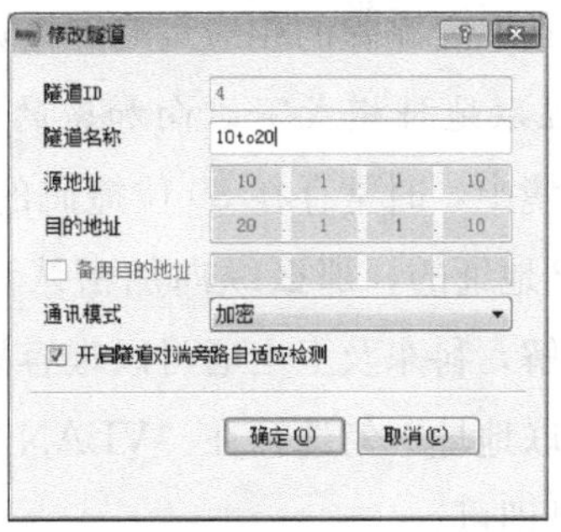

图 9-40　修改隧道界面

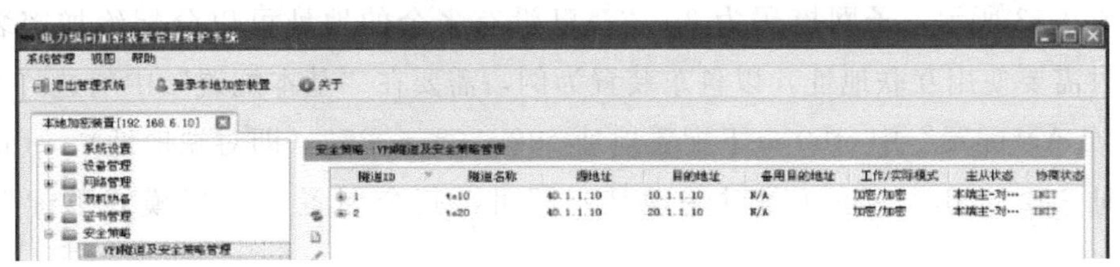

图 9-41　查看隧道信息界面

隧道中添加策略：加密通信策略用于实现具体通信策略和加密隧道的关联以及数据报文的综合过滤，加密认证装置具有报文过滤功能，过滤策略支持：源 IP 地址（范围）控制；目的 IP 地址（范围）控制；源 IP（范围）＋目的 IP 地址（范围）控制；协议控制；TCP、UDP 协议＋端口（范围）控制；源 IP 地址（范围）＋TCP、UDP 协议＋端口（范围）控制；目标 IP 地址（范围）＋TCP、UDP 协议＋端口（范围）控制。

点击隧道前面的⊞符号展开隧道，点击策略界面的“添加”按钮，为隧道添加相应策略。

源地址范围：本地通信 IP 受保护地址范围。

目的地址范围：对端通信 IP 受保护地址范围。

协议：用于配置策略过滤协议，包括 ALL/ICMP/TCP/UDP。

源端口：用于配置源端口范围。

目的端口：用于配置目的端口范围。

处理方式：用于设置策略通信方式，包括允许、丢弃。

描述：策略的描述信息。

隧道中修改策略：点击隧道前面的⊞符号展开隧道，选取相应策略，点击策略界面的“修改”按钮为隧道修改相应策略，具体操作界面如图 9-42 所示。

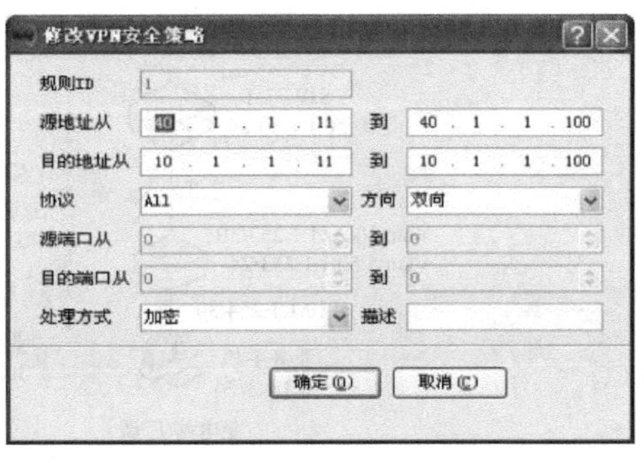

图 9-42　隧道中修改策略

隧道中删除策略：点击隧道前面的⊞符

号展开隧道，选取要删除的相应策略点击策略界面的“删除”按钮，删除该策略。

9.1.3 互联地址模式下纵向加密的配置思路

在网络环境中，时常存在30位掩码的情况，对于透明接入的国电纵向加密认证装置是无法分配IP地址的，那么纵向加密认证装置便需要借用后端设备的IP地址来建立隧道。据编者了解，科东及卫士通可以很容易实现地址借用，特别是科东，只需在“基本配置”里将“互联地址”勾选，在“VLAN配置”里相应的端口下配置成对端端口相连接的设备的IP地址即可。

9.1.4 科东纵向加密互联地址模式配置

如图9-43所示，子网掩码为30位，已没有多余的地址可以分配给加密装置使用，此时需要使用互联地址，以科东装置为例，需要在“基本配置”中勾选“互联模式”，“VLAN配置”中eth0口下配置地址192.168.6.253（即对端地址），eth1口下配置地址192.168.6.254（即对端地址）即可，其余配置与三层模式下配置基本相同。

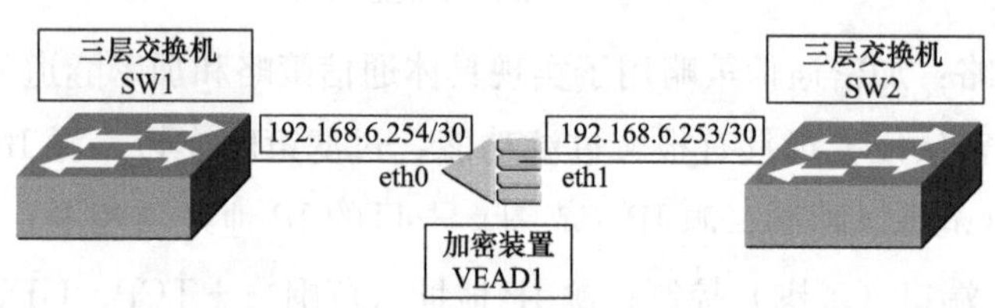

图9-43 科东纵向加密互联地址模式

9.1.5 卫士通纵向加密互联地址模式配置

卫士通纵向加密互联地址模式配置网络拓扑图如图9-44所示。

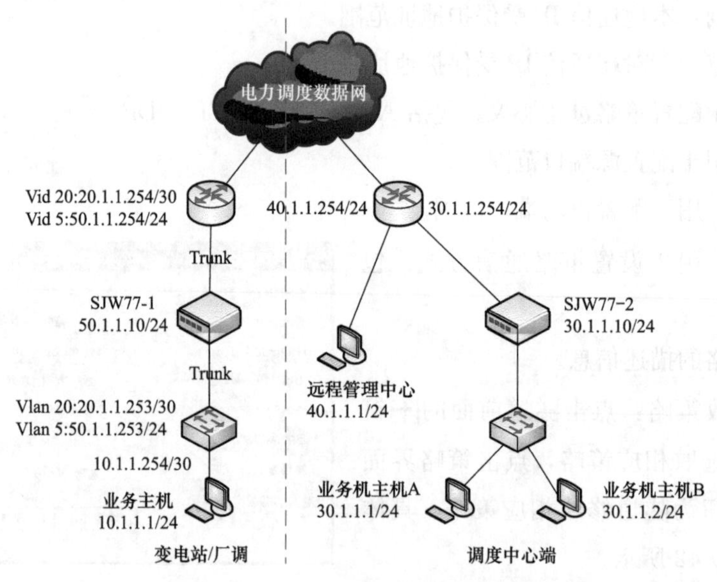

图9-44 互联地址模式配置网络拓扑图

1. SJW77-1 配置信息

（1）VLAN 设置，见图 9-45。

::网络管理::VLAN设置

	接口名称	VLAN ID
1	内网	5
2	外网	5
3	内网	20
4	外网	20

图 9-45　VLAN 设置

（2）网桥设置，见图 9-46。

::网络管理::网桥设置

	接口名称	成员接口列表
1	网桥5	内网.5:外网.5:
2	网桥20	内网.20:外网.20:

图 9-46　网桥设置

（3）网络地址设置，见图 9-47。

::网络管理::网络地址设置

	接口名称	IP地址	子网掩码
1	配置	192.168.6.10	255.255.255.0
2	网桥5	50.1.1.10	255.255.255.0
3	网桥20	1.1.1.1	255.255.255.0

图 9-47　网络地址设置

（4）路由设置，见图 9-48。

::网络管理::路由设置

	类型	接口名称	源地址	源掩码	目的地址	目的掩码	网关地址
1	接口路由	配置	0.0.0.0	0.0.0.0	192.168.6.0	255.255.255.0	0.0.0.0
2	接口路由	网桥5	0.0.0.0	0.0.0.0	50.1.1.0	255.255.255.0	0.0.0.0
3	接口路由	网桥20	0.0.0.0	0.0.0.0	1.1.1.0	255.255.255.0	0.0.0.0
4	主机路由	网桥20	0.0.0.0	0.0.0.0	20.1.1.253	255.255.255.255	0.0.0.0
5	主机路由	网桥20	0.0.0.0	0.0.0.0	20.1.1.254	255.255.255.255	0.0.0.0
6	子网路由	网桥20	0.0.0.0	0.0.0.0	10.1.1.0	255.255.255.0	20.1.1.253
7	缺省网关	网桥20	0.0.0.0	0.0.0.0	0.0.0.0	0.0.0.0	20.1.1.254
8	子网路由	网桥5	0.0.0.0	0.0.0.0	40.1.1.0	255.255.255.0	50.1.1.254

图 9-48　路由设置

（5）ARP 绑定，见图 9-49。

（6）绑定远端设备证书，见图 9-50。

（7）添加隧道，见图 9-51。

::网络管理::ARP设置

	接口名称	IP地址	MAC地址
1	网桥5	20.1.1.253	0025469d40c3
2	网桥5	20.1.1.254	002498add8c1

图 9-49 ARP 绑定

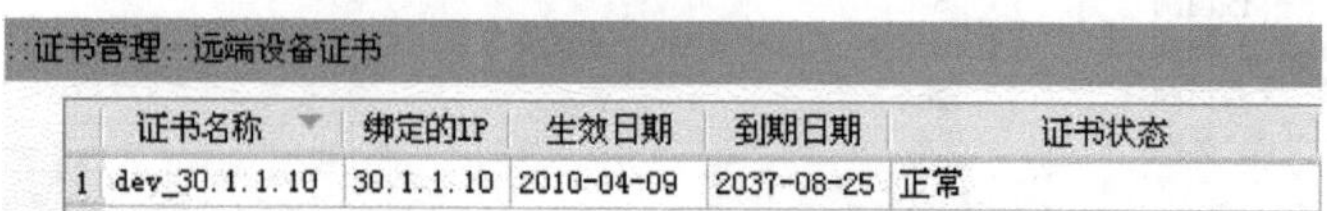
::证书管理::远端设备证书

	证书名称	绑定的IP	生效日期	到期日期	证书状态
1	dev_30.1.1.10	30.1.1.10	2010-04-09	2037-08-25	正常

图 9-50 绑定远端设备证书

(8) 添加规则，见图 9-52。

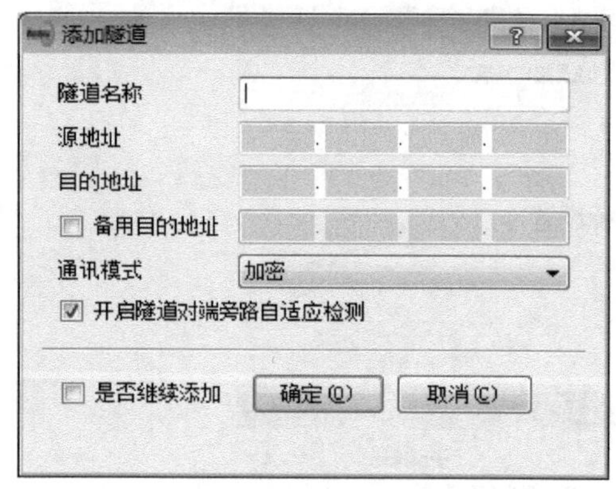

图 9-51 添加隧道

添加VPN安全策略
规则ID
源地址从 10.1.1.1 到 10.1.1.10
目的地址从 30.1.1.1 到 30.1.1.10
协议 All 方向 双向
源端口从 0 到 0
目的端口从 0 到 0
处理方式 加密 描述 protect_10_to_30
是否继续添加 确定(O) 取消(C)

图 9-52 添加规则

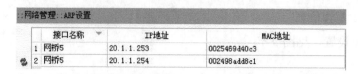

(9) 添加 IP 报文过滤策略。因默认报文处理策略为丢弃，设备要将协商包、探测包放行才能正常协商通信，须在地址借用备机上配置一条借用地址 IP 到对端纵向加密认证装置（或对端纵向加密认证装置虚 IP 或对端借用地址 IP）、协议为 ALL 的双向转发策略。本例中 IP 报文过滤策略设置为源地址：20.1.1.253～20.1.1.253，目的地址：30.1.1.10～30.1.1.10，协议：ALL，方向：双向，处理方式：转发。

2. SJW77-2 配置信息

(1) 网络地址设置，见图 9-53。

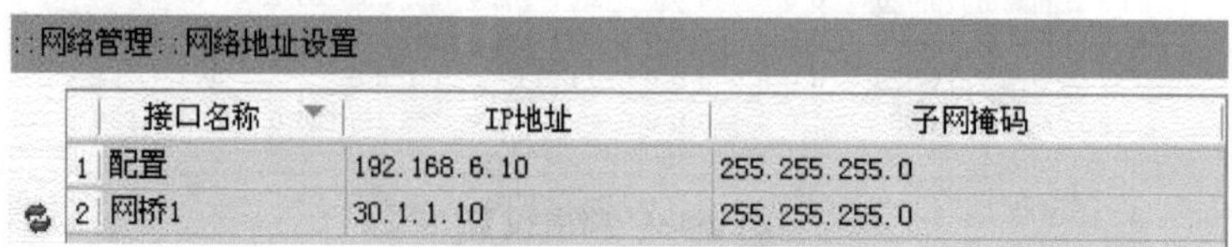
::网络管理::网络地址设置

	接口名称	IP地址	子网掩码
1	配置	192.168.6.10	255.255.255.0
2	网桥1	30.1.1.10	255.255.255.0

图 9-53 网络地址设置

(2) 路由设置，见图 9-54。

(3) 绑定远端设备证书，见图 9-55。

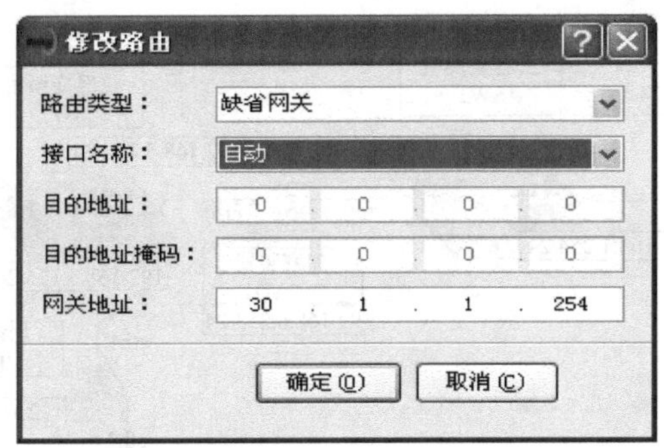

图 9-54　路由设置

::证书管理::远端设备证书

	证书名称	绑定的IP	生效日期	到期日期	证书状态
1	dev_20.1.1.10	20.1.1.253	2010-04-09	2037-08-25	正常

图 9-55　绑定远端设备证书

(4) 添加隧道，见图 9-56。

(5) 添加规则，见图 9-57。

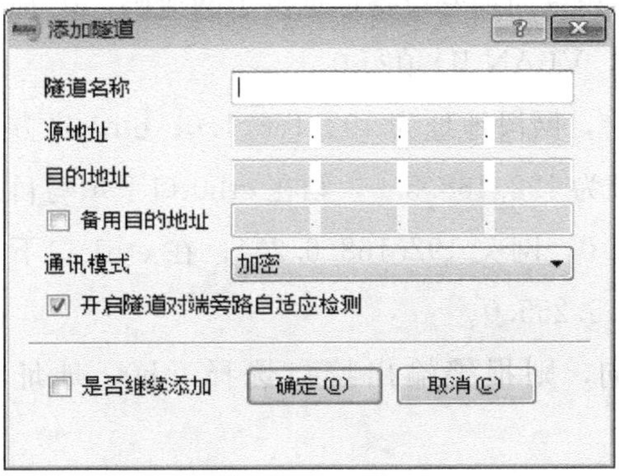

图 9-56　添加隧道

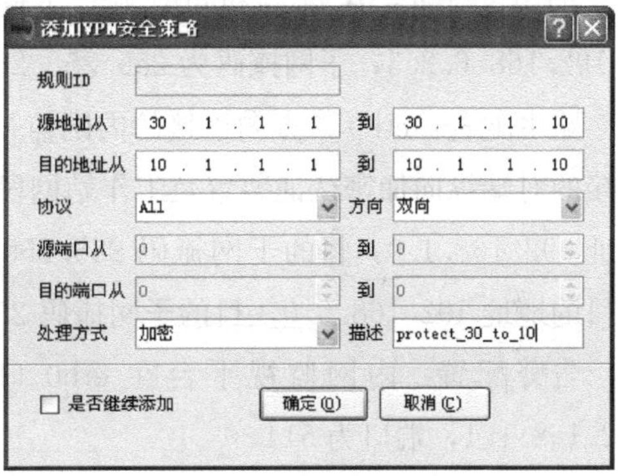

图 9-57　添加规则

注意事项：SJW77-1 解密后经三层路由转发，所以需要设置相应的子网路由。因为 SJW77-1 采用地址借用模式，所以隧道源地址为 20.1.1.253。SJW77-2 导入 SJW77-1 的证书，绑定的地址需要设置为借用的地址，即 20.1.1.253，隧道的目的地址同样为该地址。在 IP 报文过滤页面，SJW77-1 上必须配置一条 20.1.1.253～30.1.1.10 的双向转发策略，协议为 ALL。

9.2　三层网络结构下纵向加密认证装置的配置

网络拓扑如图 9-58 所示，加密装置 VEAD1 为科东装置，加密装置 VEAD2 为南瑞装置，连接的交换机接口均为 access。

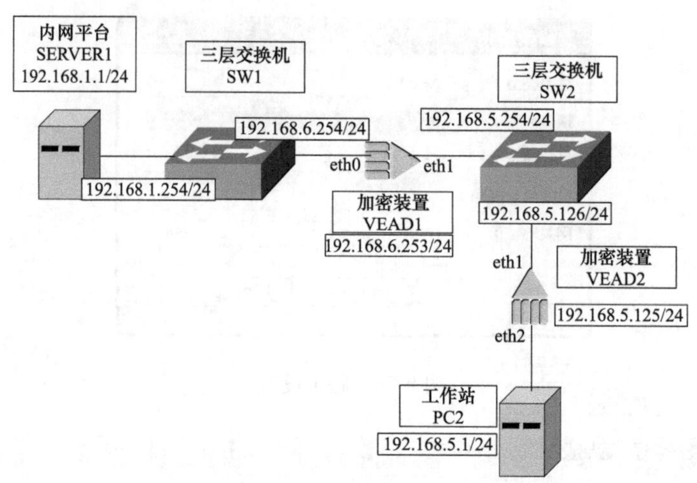

图 9-58 网络拓扑图

(1) 思路分析：由网络拓扑可知，网络结构为三层结构，内网平台、科东加密装置、南端加密装置均不在同一网段，所以需要在路由配置中添加相应的路由信息。

(2) 科东配置如下：

基本配置：VLAN 标记选择“无”，勾选“内网监视平台主站模式”即可。

VLAN 配置：在 eth0 和 eth1 端口下输入科东纵向加密设备地址及子网掩码，IP 地址为 192.168.6.253，子网掩码为 255.255.255.0，VLAN ID 填写 0。

路由配置：eth0 口方向连接的内网监视平台，网段地址为 192.168.1.0；eth1 口方向连接的对端纵向加密认证装置及工作站网段地址为 192.168.5.0，则在 eth0 口下填写目的地址 192.168.1.0，目的子网掩码 255.255.255.0，网关 192.168.6.254；在 eth1 口下填写目的地址 192.168.5.0，目的子网掩码 255.255.255.0。

告警配置：内网监视平台在 eth0 口方向，则报警输出接口选择 eth0，地址为 192.168.1.1，端口为 514。

隧道配置：本端协商地址填写本端纵向加密认证装置地址，即 192.168.6.253；远端协商地址填写对端纵向加密认证装置地址，即 192.168.5.125，远端子网掩码为 255.255.255.0，证书导入对端南端设备的证书。

策略配置：根据实际需要填写相应策略。

管理中心配置：填写管理中心地址，即内网监视平台地址 192.168.1.1，导入内网监视平台证书。

(3) 南端配置如下：

证书导入：导入对端科东装置证书，管理中心证书。

远程配置：添加两条信息，加密网关地址均填写本端南端设备地址 192.168.5.125，远程地址均填写内网监视平台地址 192.168.1.1，系统类型分别填写“装置管理”和“日志审计”，证书均选择管理中心证书。

网络配置：添加三条信息，前两条与第一节中网络配置相同，第三条桥接 IP 地址填写本端南瑞设备地址 192.168.5.125，子网掩码 255.255.255.0，VLAN ID 为 0 即可。

路由配置：由网络拓扑可知需要两条路由，即分别去往对端科东设备及内网监视平台的路由，参照第一节网络配置，添加两条信息，VLAN ID 均填写 0，去往对端科东设备的路由目的网络为 192.168.6.0，子网掩码 255.255.255.0，网关地址 192.168.5.126；去往内网监视平台的路由目的网络为 192.168.1.0，子网掩码 255.255.255.0，网关地址 192.168.5.126。

隧道配置：隧道本端地址为南瑞设备地址 192.168.5.125，隧道对端地址为科东设备地址 192.168.6.253，证书选择对端科东设备证书。

策略配置：按照具体需要配置。

桥接配置：由拓扑图可知，用到了南瑞设备 eth1 和 eth2，则桥接选择这两个网口即可。

9.3　策略配置

网络拓扑如图 9-59 所示。

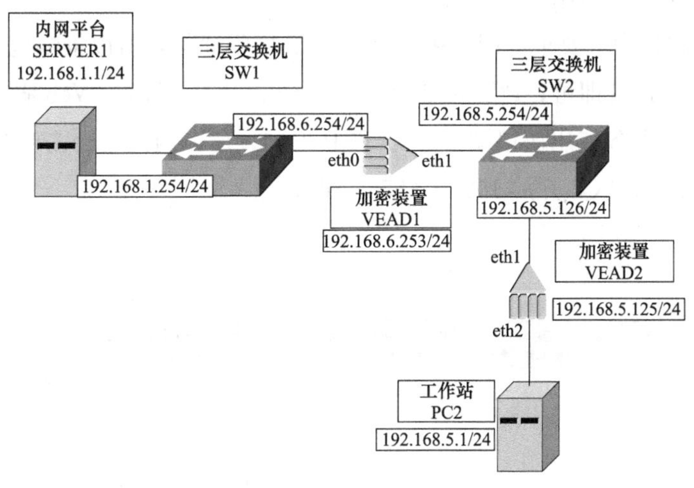

图 9-59　网络拓扑图

【策略配置练习 1】

(1) 按以下要求进行策略配置：

VEAD1：业务需求为内网监视平台可以利用 FTP 服务下载工作站 PC2 的文件。

VEAD2：业务需求为内网监视平台可以利用 FTP 服务下载工作站 PC2 的文件。

(2) 分析：题目中只要求内网监视平台和 PC2 之间通信，所以策略地址中仅开放内网监视平台和 PC2 的地址即可。内网平台通过 FTP 下载 PC2 的文件，由于 FTP 服务所使用的端口号为 21，所以 PC2 只开放 21 号端口即可，而内网平台端口则不限制，但是实际工作中 0～1024 端口已经作出了规定，所以使用 1025～65535 端口范围。

(3) 答案：

1) VEAD1：

源起始地址：192.168.1.1；源终止地址：192.168.1.1；目的起始地址：192.168.5.1；目的终止地址：192.168.5.1；源端口范围：1025～65535；目的端口范围：21～21；协议类型为 TCP；加密方式为密通。

2) VEAD2：

源起始地址：192.168.5.1；源终止地址：192.168.5.1；目的起始地址：192.168.1.1；目的终止地址：192.168.1.1；源端口范围：21～21；目的端口范围：1025～65535；协议类型为 TCP；加密方式为密通。

【策略配置练习 2】

(1) 按以下要求进行策略配置：

VEAD1：业务需求为 PC2 可以登录内网平台的 Web 界面，并将 PC2 工作站的 104 业务端口（tcp2404）开放给内网平台。

VEAD2：业务需求为 PC2 可以登录内网平台的 Web 界面，并将 PC2 的工作站的 104 业务端口（tcp2404）开放给内网平台。

(2) 分析：题目中只要求内网监视平台和 PC2 之间通信，所以策略地址中仅开放内网监视平台和 PC2 的地址即可；PC2 可登录内网平台的 Web 界面，Web 服务使用协议端口号为 TCP 80；104 业务使用协议端口号为 TCP 2404，所以内网平台需要向 PC2 分别开放 80 端口和 2404 端口，PC2 开放 1025～65535 即可。

(3) 答案：

VEAD1：

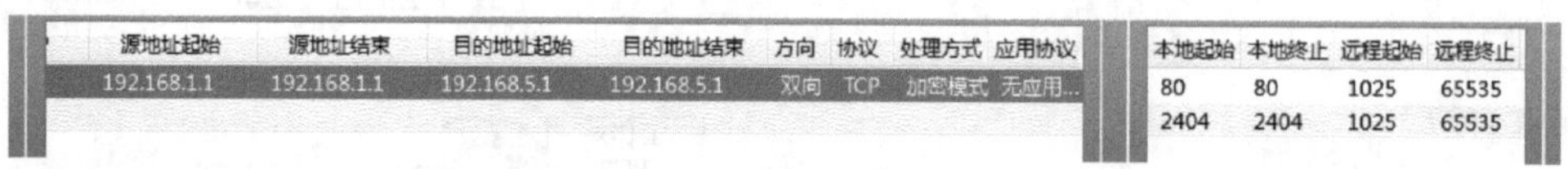

源地址起始	源地址结束	目的地址起始	目的地址结束	方向	协议	处理方式	应用协议
192.168.1.1	192.168.1.1	192.168.5.1	192.168.5.1	双向	TCP	加密模式	无应用...

本地起始	本地终止	远程起始	远程终止
80	80	1025	65535
2404	2404	1025	65535

VEAD2：

策略信息

源地址起始	源地址结束	目的地址起始	目的地址结束	方向	协议	处理方式	应用协议
192.168.5.1	192.168.5.1	192.168.1.1	192.168.1.1	双向	TCP	加密模式	无应用...

端口信息

本地起始	本地终止	远程起始	远程终止
1025	65535	80	80
1025	65535	2404	2404

【策略配置练习 3】

(1) 按以下要求进行策略配置：

VEAD1：业务需求为主站内网监视平台与厂站 PC2 之间的 SSH 互相访问。

VEAD2：业务需求为主站内网监视平台与厂站 PC2 之间的 SSH 互相访问。

(2) 分析：题目中只要求内网监视平台和 PC2 之间通信，所以策略地址中仅开放内网监视平台和 PC2 的地址即可；题目要求互相 SSH 通信，SSH 服务使用协议端口号为 TCP 22，所以互相开放 22 端口即可。

（3）答案：

VEAD1：

策略信息

源地址起始	源地址结束	目的地址起始	目的地址结束	方向	协议	处理方式	应用协议
192.168.1.1	192.168.1.1	192.168.5.1	192.168.5.1	双向	TCP	加密模式	无应用...

端口信息

本地起始	本地终止	远程起始	远程终止
22	22	1025	65535
1025	65535	22	22

VEAD2：

策略信息

源地址起始	源地址结束	目的地址起始	目的地址结束	方向	协议	处理方式	应用协议
192.168.5.1	192.168.5.1	192.168.1.1	192.168.1.1	双向	TCP	加密模式	无应用...

端口信息

本地起始	本地终止	远程起始	远程终止
22	22	1025	65535
1025	65535	22	22

9.4　常见故障分析处理

9.4.1　故障总述

故障总述见表9-2。

表9-2　　故障总述

故障现象	原因	解决方法
点击“监视”→“隧道监视”选择隧道，隧道工作模式显示“协商初始”	此类故障为隧道未完成协商，原因为网络不通，发送的协商包没有成功发送到对端加密装置	需要检查网络方面的配置，首先检查物理连接是否正常；第二步，检查VLAN配置（科东）网络配置（南瑞）是否错误，子网掩码是否输入错误；第三步，检查路由配置，网段地址、子网掩码及下一跳地址是否输入错误，查看所连接的交换机端口的工作方式为access还是trunk，若为access，则后面所属VLAN选项应输入为0，若为trunk，则后面所属VLAN选项需输入实际的VLAN号；第四步，检查隧道配置，隧道协商地址是否输入错误
点击“监视”→“隧道监视”选择隧道，隧道工作模式显示“协商请求”	此类故障表示协商包已正常发送到对端加密装置，但是对端加密装置未通过身份验证，没有做出回应	点击“证书导入”（南瑞）或“隧道配置”（科东）查看证书导入是否有误
点击“监视”→“隧道监视”选择隧道，隧道工作模式显示“协商成功”，但是加密解密包为0	此类故障表示两端加密装置隧道协商成功，但并没有加密包通过隧道传输，多为策略配置有误	点击“策略配置”查看所配置策略是否为“密通”，业务类型及业务地址是否符合要求
打开内网监视平台，纵向管控中加密装置显示“无法连接装置”	此类故障表示内网监视平台到加密装置间网络不通或加密装置配置管理中心地址有误	点击“管理中心配置”查看地址配置是否正确，如果确认加密装置配置无误，再查看交换机路由器等配置
打开内网监视平台，纵向管控中加密装置显示在线但无法远程管控	此类故障表示内网监视平台与加密装置间互相身份验证未通过	查看证书互相导入是否有误

9.4.2　纵向加密隧道故障查找

网络拓扑图如图9-60所示，两台加密装置所连接交换机接口均为access。

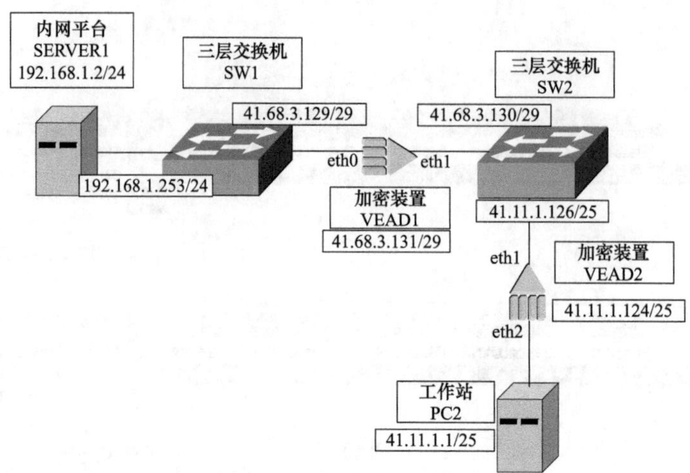

图 9-60 网络拓扑图

VEAD1 为科东加密，VEAD2 为南瑞加密。已知两台加密装置已配置，但是隧道建立不成功，其配置详情为：VEAD1 基本配置如图 9-61 所示，VLAN 配置如图 9-62 所示，路由配置如图 9-63 所示，VEAD2 网络配置如图 9-64 所示，路由配置如图 9-65 所示。

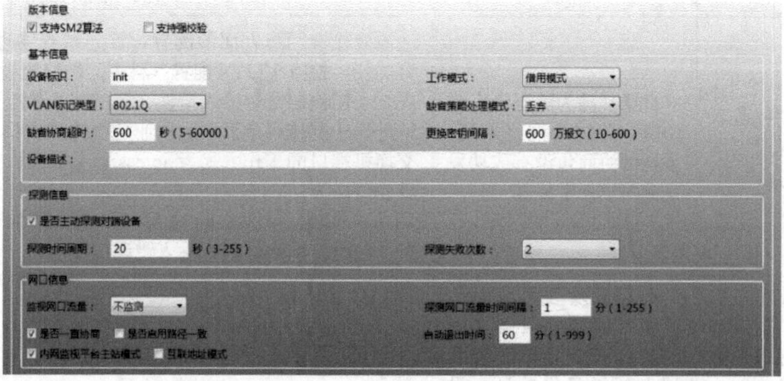

版本信息
☑ 支持SM2算法 ☐ 支持强校验
基本信息
设备标识：init 工作模式：借用模式
VLAN标记类型：802.1Q 缺省策略处理模式：丢弃
缺省协商超时：600 秒（5-60000） 更换密钥间隔：600 万报文（10-600）
设备描述：
探测信息
☑ 是否主动探测对端设备
探测时间周期：20 秒（3-255） 探测失败次数：2
网口信息
监视网口流量：不监测 探测网口流量时间间隔：1 分（1-255）
☑ 是否一直协商 ☐ 是否启用路径一致 自动退出时间：60 分（1-999）
☑ 内网监视平台主站模式 ☐ 互联地址模式

图 9-61 VEAD1 基本配置

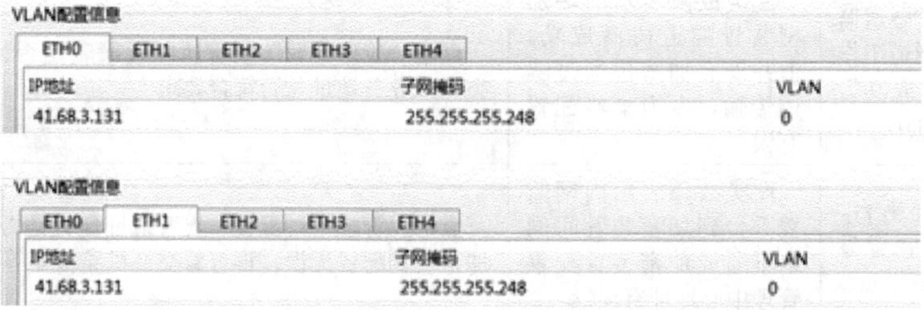

VLAN配置信息

ETH0 | ETH1 | ETH2 | ETH3 | ETH4

IP地址	子网掩码	VLAN
41.68.3.131	255.255.255.248	0

VLAN配置信息

ETH0 | ETH1 | ETH2 | ETH3 | ETH4

IP地址	子网掩码	VLAN
41.68.3.131	255.255.255.248	0

图 9-62 VLAN 配置

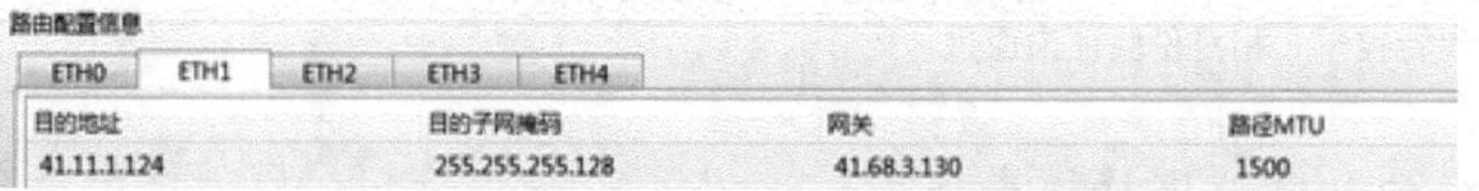
路由配置信息

ETH0 | ETH1 | ETH2 | ETH3 | ETH4

目的地址	目的子网掩码	网关	路径MTU
41.11.1.124	255.255.255.128	41.68.3.130	1500

图 9-63 路由配置

网络配置

网络接口	接口类型	IP地址	子网掩码	接口描述/桥名称	VLAN ID
eth1	PRIVATE	0.0.0.0	0.0.0.0	in	302
eth2	PUBLIC	0.0.0.0	0.0.0.0	out	302
BRIDGE	BRIDGE	41.11.1.124	255.255.255.128	br	302

图 9-64　VEAD2 网络配置

路由配置

路由名称	网络接口	VLANID	目的网络	目的掩码	网关地址	策略路由ID	源地
zz	br	0	192.168.1.0	255.255.255.0	41.11.1.126		
rt	br	0	41.68.3.0	255.255.255.248	41.11.1.126		

图 9-65　VEAD2 路由配置

由网络可知，交换机接口为 access，从交换机出来的数据均不带 VLAN 封装，所以在配置中的 VLAN ID 需要选择 0，科东的基本配置中 VLAN 类型应选择无，南瑞装置网络配置中 VLAN ID 应填入 0，而路由配置应填入需要通信的对端网段，科东装置配置中，对端地址为 41.11.1.124/25，子网掩码为 25 位，所以其网段为 41.11.1.0，而配置中却填入了 41.11.1.124；南瑞装置配置中，对端地址为 41.68.3.131/29，子网掩码为 29 位，通过计算可得其网段地址为 41.68.3.128，而配置却填入了 41.68.3.0，原因为对端网络的子网掩码为 29 位的计算错误。

9.4.3　纵向加密策略错误查找

隧道成功建立，协商成功，但是加解密包为 0，其配置如下。

VEAD1 隧道配置见图 9-66。

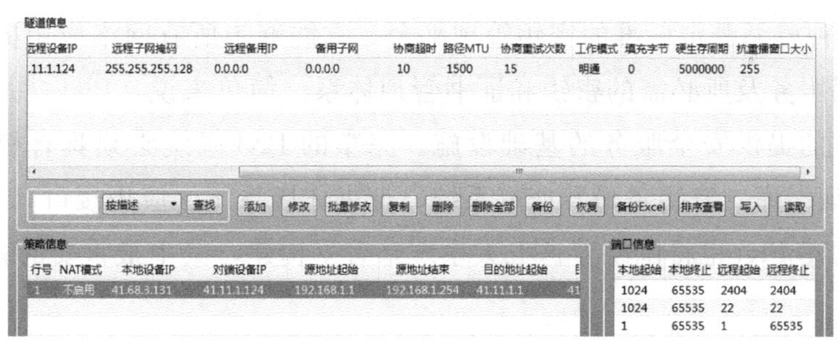

隧道信息

远程设备IP	远程子网掩码	远程备用IP	备用子网	协商超时	路径MTU	协商重试次数	工作模式	填充字节	硬生存周期	抗重播窗口大小
.11.1.124	255.255.255.128	0.0.0.0	0.0.0.0	10	1500	15	明通	0	5000000	255

按描述　查找　添加　修改　批量修改　复制　删除　删除全部　备份　恢复　备份Excel　排序查看　写入　读取

策略信息

行号	NAT模式	本地设备IP	对端设备IP	源地址起始	源地址结束	目的地址起始	目
1	不启用	41.68.3.131	41.11.1.124	192.168.1.1	192.168.1.254	41.11.1.1	41

端口信息

本地起始	本地终止	远程起始	远程终止
1024	65535	2404	2404
1024	65535	22	22
1	65535	1	65535

图 9-66　VEAD1 隧道配置

VEAD2 隧道配置见图 9-67。

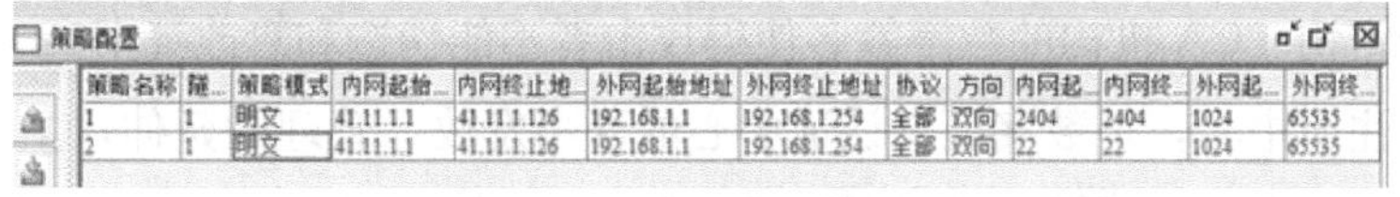

策略配置

策略名称	隧...	策略模式	内网起始...	内网终止地...	外网起始地址	外网终止地址	协议	方向	内网起...	内网终...	外网起...	外网终...
1	1	明文	41.11.1.1	41.11.1.126	192.168.1.1	192.168.1.254	全部	双向	2404	2404	1024	65535
2	1	明文	41.11.1.1	41.11.1.126	192.168.1.1	192.168.1.254	全部	双向	22	22	1024	65535

图 9-67　VEAD2 隧道配置

由以上配置可以看到，已配置的策略模式全是明文，数据经过隧道时并未进行加密，所以加密解密包均为 0，应该按照实际情况将策略模式置为密文，建立加密隧道。

第10章 电力调度数字证书系统

10.1 关键技术

10.1.1 证书服务系统

电力调度证书服务系统，是中国电力科学研究院根据我国电力网络的需要设计的一套分布式数字证书认证中心系统。它不是基于PKI（public key infrastructure，公钥基础设施）技术的传统证书颁发机构（certificate authority，CA），传统CA的建设适合用户众多的公用系统，涉及内容众多，需要部署CA服务器、注册机构（registration authority，RA）服务器、证书发布服务器等，并且对于系统建设要求极为严格，系统管理十分复杂。与半军事化管理的电力五级调度体制和有限的用户数量相比，传统CA的建设过于复杂，投资较大。因此，电力调度证书服务系统突破了传统CA的建设模式，将CA需要的功能完全集成在一台设备中，采用单级、离线工作方式，既实现了认证中心的所有功能，又简单易用、易于部署。

10.1.2 PKI技术

PKI是一种遵循既定标准的密钥管理平台，它能够为所有网络应用提供加密和数字签名等密码服务及所必需的密钥和证书管理体系。简单来说，PKI就是利用公钥理论和技术建立的提供安全服务的基础设施。完整的PKI系统必须具有权威认证机构（CA）、数字证书库、密钥备份及恢复系统、证书作废系统、应用接口（API）等基本构成部分，构建PKI也将围绕着这五大系统来着手构建，其中最重要的就是CA认证机构。

10.1.3 CA/RA

CA中心又称CA机构，即证书授权中心，或称证书授权机构。CA中心为每个使用公开密钥的用户发放一个数字证书，数字证书的作用是证明证书中列出的用户合法拥有证书中列出的公开密钥。CA机构的数字签名使得攻击者不能伪造和篡改证书。

数字证书注册中心，是数字证书认证中心的证书发放、管理的延伸，主要负责证书申请者的信息录入、审核以及证书发放等工作，同时，对发放的证书完成相应的管理功能。发放的数字证书可以存放于IC卡、硬盘或软盘等介质中。RA系统是整个CA中心得以正常运行不可缺少的一部分。

10.2　主要功能

10.2.1　电力调度数字证书的功能特点

（1）电力调度数字证书系统是基于公钥技术的分布式的数字证书系统，主要用于生产控制大区，为电力监控系统及电力调度数据网上的关键应用、关键用户和关键设备提供数字证书服务，实现高响度的身份认证、安全的数据传输以及可靠的行为审计。

（2）电力调度证书服务系统采用单机方案，使用 Windows 作为系统的管理平台，用户界面友好，而且内含 PKI 技术所需的主要功能，用户只需对设备进行简单的配置即可使其工作，并且支持基于向导的证书签发，支持多样化的证书，支持多种的证书介质。

（3）电力调度证书服务系统不只是简单的签发证书，签发证书撤销列顺（certificate revocation list，CRL），而且提供证书查询、证书更新、证书撤销等操作，满足证书生命周期的管理。

10.2.2　人员角色

（1）系统证书管理员：是系统管理和系统维护的高级别用户，需要完成电力调度证书服务系统的初始化工作，签发并管理系统管理员证书。

（2）系统管理员：是系统管理的高级别用户，负责签发和管理录入操作员、审核操作员和签发操作员的证书，以及维护系统日志。

（3）录入操作员：是系统的操作员之一，负责录入证书申请的基本信息，导入证书请求，提出证书作废申请，查询浏览证书申请信息以及审核状态。

（4）审核操作员：是系统的操作员之一，负责审核各种证书申请的基本信息及对应的证书请求，对不符合要求的证书请求，给出审核不通过的理由、审核证书作废申请、查询证书申请的签发状态。

（5）签发操作员：是系统的操作员之一，负责签发审核通过的各种证书申请、导出签发后的各种证书，作废已审核通过的证书，作废申请指定的证书，导出证书作废列表，发布证书作废列表。

10.2.3　证书类型

（1）系统证书：证书系统本身也是证书应用，可为下级调度证书服务系统签发系统证书。

（2）人员证书：关键应用的用户、系统管理人员以及必要的应用维护与开发人员，在访问系统、进行操作时需要持有的证书。

（3）程序证书：某些关键应用的模块、进程、服务器程序运行时需要持有的证书。

（4）设备证书：网络设备、服务器主机，在接入本地网络系统与其他实体通信过程中需要持有的证书。

10.3　典型应用——设备录入

以科东平台为例，在桌面点击图标“电力调度证书系统 V3.0”，如图 10-1 所示，弹出对话框，如图 10-2 所示。

图 10-1　桌面

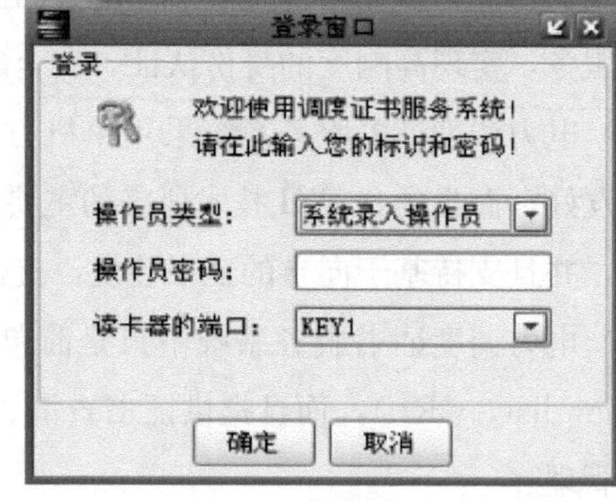

图 10-2　登录窗口

将标有“系统录入员”的 U-Key 插入数字证书系统服务器的 USB 接口，操作员类型选择“系统录入操作员”，操作员密码为 111111，点击“确定”，弹出对话框如图 10-3 所示。

图 10-3　系统录入员界面

点击“设备申请”，弹出对话框，见图 10-4。

将要签发的证书请求所属设备名称和编号分别填入设备基本信息中，其他未标“*”的选项为选填，点击“下一步”，出现对话框，见图 10-5。

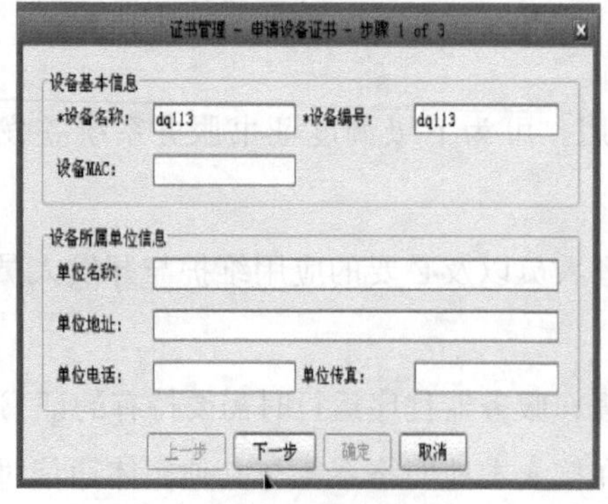

图 10-4　设备申请 1

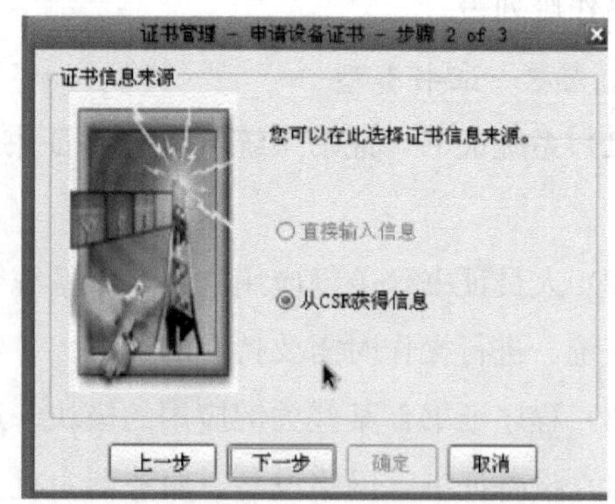

图 10-5　设备申请 2

默认“从 CSR 获得信息”，点击“下一步”，见图 10-6。

选择证书请求的所属路径，见图 10-7。

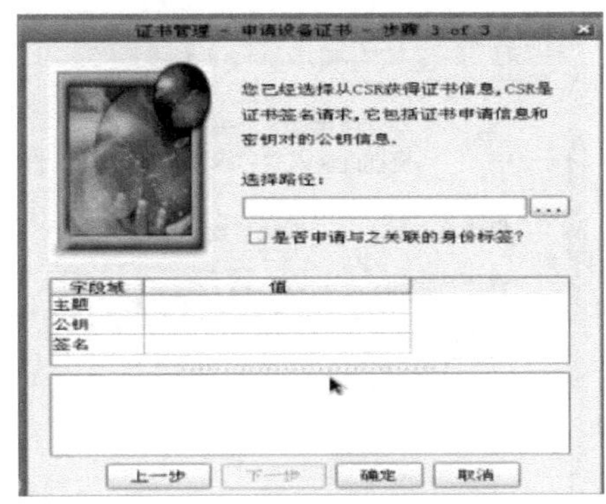

图 10-6　设备申请 3

图 10-7　设备申请 4

操作成功后，点击“确定”，注销系统录入员，见图 10-8。拔出“系统录入员”U-Key，插入“系统审核员”U-Key，并在登录对话框操作员类型选“系统审核操作员”，密码为 111111，点击“确定”，见图 10-9。

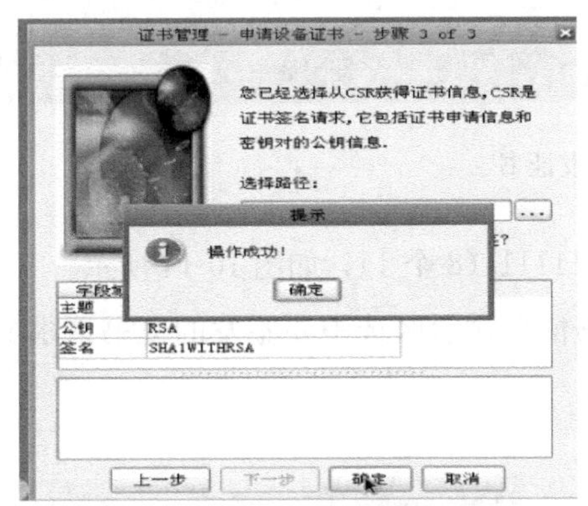

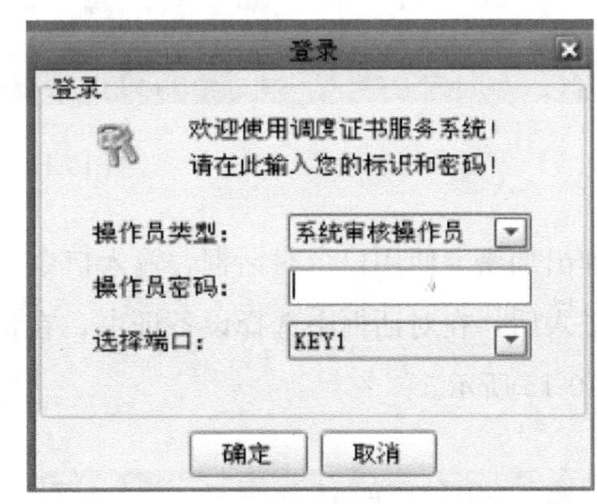

图 10-8　设备申请 5

图 10-9　系统审核员登录界面

登录后，点击“审核证书申请”，如图 10-10 所示。

图 10-10　审核证书申请

点击“设备证书”，在证书信息显示区选择要审核的证书请求文件，点击“确定”后，注销系统审核员，见图 10-11。

拔出“系统审核员”U-Key，插入“系统签发员”U-Key，操作员类型选择“系统签发操作员”，密码为111111，点击“确定”，见图10-12。

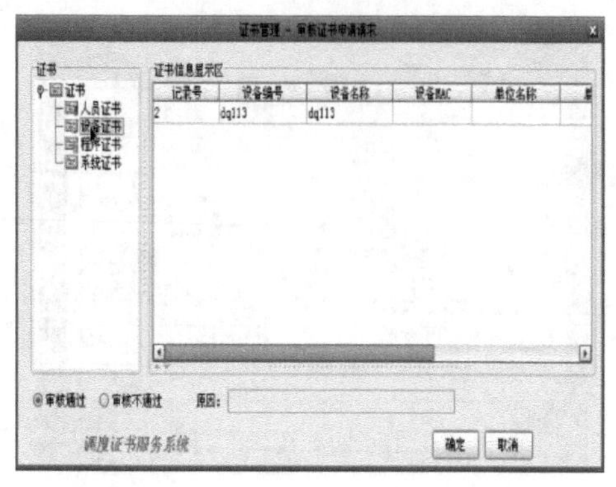

图10-11 注销系统审核员

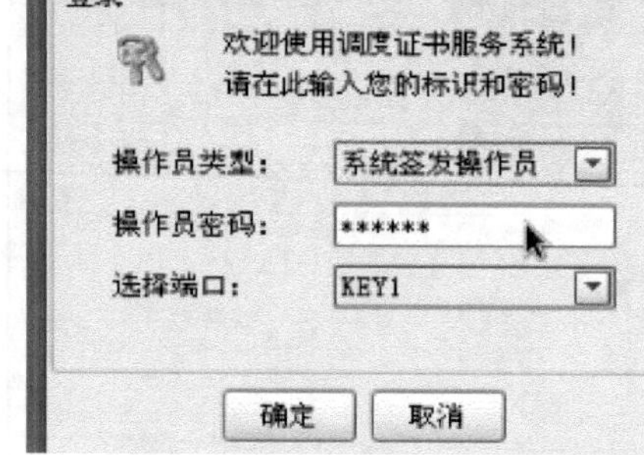

图10-12 系统签发员登录界面

在系统签发员界面，点击“签发证书”，如图10-13所示。

图10-13 签发证书

弹出加密卡使用口令对话框，输入口令11111111（8个1），如图10-14所示。

进入后，在对话框中选择设备证书，在证书信息显示区选中要签发的证书请求文件，如图10-15所示。

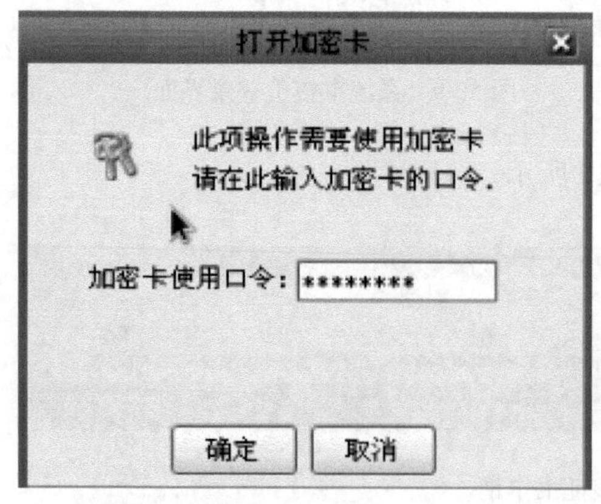

图10-14 加密卡使用口令对话框

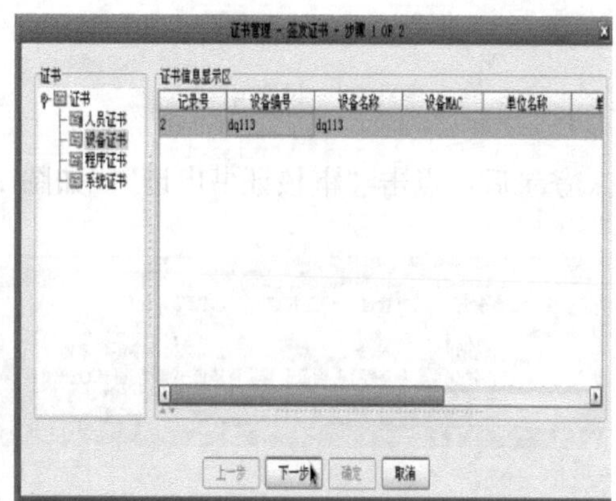

图10-15 签发证书请求文件1

点击“下一步”（必须选中后再点击下一步），如图10-16所示。

“证书有效期”可以修改也可以不修改（视情况而定），其他的保持默认就可以了。在“证书写入文件、选择格式、路径”这个复选框打上对勾，“选择格式”默认即可，“路径”选择要保存证书的本地路径，如图 10-17 所示。

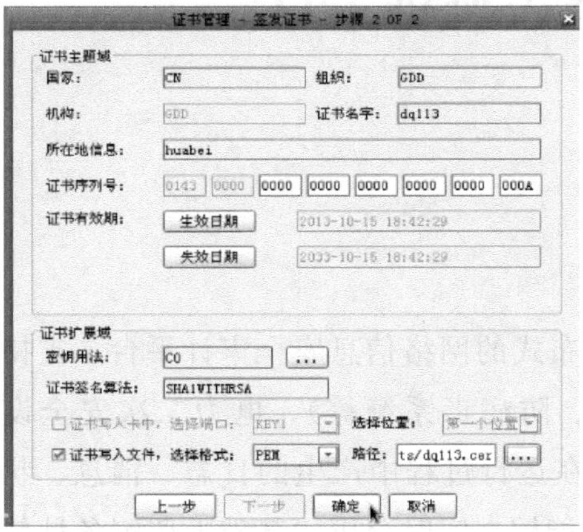

图 10-16　签发证书请求文件 2

图 10-17　选择证书路径

点击“保存”→“确定”，如图 10-18 所示。

图 10-18　签发证书完成

正常完成这五步“配置信息”后，说明证书已正常签发完成（可以到之前证书要保存的文件夹下查看）。

第 11 章　内网安全监视平台

11.1　平台简介

11.1.1　平台功能

电力二次系统内网安全监视平台是一套分布式的网络信息安全审计平台，支持对常见网络安全设备（防火墙、入侵检测系统、防病毒系统等）、电力二次安全设备（横向物理隔离设备、纵向加密认证装置等）在运行过程中产生的日志、消息、状态等信息的实时采集。同时，内网安全监视平台能够在实时分析的基础上监测各种软硬件系统的运行状态，发现各种异常事件并发出实时告警，提供对存储的历史日志数据进行数据挖掘和关联分析，通过可视化的界面和报表向管理人员提供准确、详尽的统计分析数据和异常分析报告，协助管理人员及时发现安全漏洞，采取有效措施，提高安全等级。

11.1.2　平台作用

(1) 通过内网安全监视的安全监视功能，基本能够及时发现当前电力监控系统中存在的安全隐患。

(2) 通过内网安全监视的资产管控功能，规范二次系统安全设备的接入方式，从整体上实现对安防装置的资产管理。

(3) 通过内网安全监视的统计分析功能，对当前运行的安全防护装置进行监控，协助安防专责及时发现运行异常及隐患。

(4) 通过内网安全监视的级联管理功能，实现对下级单位安全防护工作的监管，同时实现跨区域安全事件的源端定位。

11.2　设备资产新增配置

11.2.1　易错点及故障现象

设备资产新增配置的易错点及故障现象见表 11-1。

表 11-1　易错点及故障现象

错误点	错误描述	错误现象	错误产生原因
厂站区域分级错误	厂站与所属区域平级	厂站名称与所属区域名称同在上级区域名称下	增加新区域时，未选中左侧所属区域

续表

错误点	错误描述	错误现象	错误产生原因
资产区域错误	资产添加到其他区域	资产在其他区域找到或只能在根区域找到	增加新资产时，选错区域或未选区域
资产属性错误	资产添加编辑页填写错误	(1) 设备分类到其他类别； (2) 设备不在线； (3) 设备描述不正确； (4) 设备在其他平面或安全区才能找到	(1) 添加设备前，资产分类未选或选错； (2) 设备 IP 地址填错； (3) 设备厂家、型号、电压等级等填错； (4) 设备所属平面安全区填错

11.2.2　平台添加资产实例

1. 科东平台添加资产

(1) 启动平台客户端。打开终端，输入 cd bin，回车；继续输入 PSGSM，回车，见图 11-1。

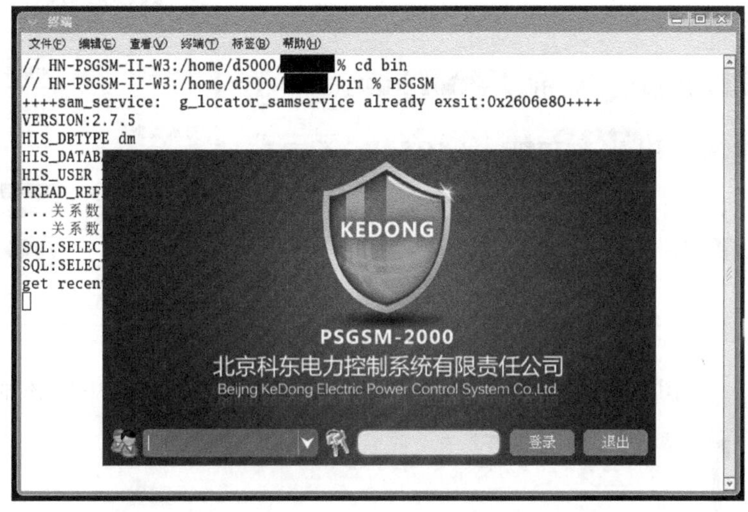

图 11-1　启动平台客户端

(2) 登录。在图 11-1 对应位置输入相应的用户名、密码就可登录，用户名为 d5000、密码为 d5000.2017。登录后界面如图 11-2 所示。

(3) 添加新区域。如图 11-3 所示，点击 “系统管理”→“区域管理”→“添加区域”，弹出图 11-4 所示对话框，点击 “确定” 即可添加区域。

(4) 添加资产。如图 11-5 所示，点击 “资产管理”→“××站”→“纵向加密”→“添加设备”，弹出对话框，见图 11-6，根据实际情况填写 IP 地址、选择安全区域等（*为必填项），填完点击 “确定” 即可。

2. 南瑞平台添加资产

(1) 登录系统。双击 AlarmClient（快捷方式 NWMT)，打开系统客户端。跳转到系统登录界面如图 11-7 所示。

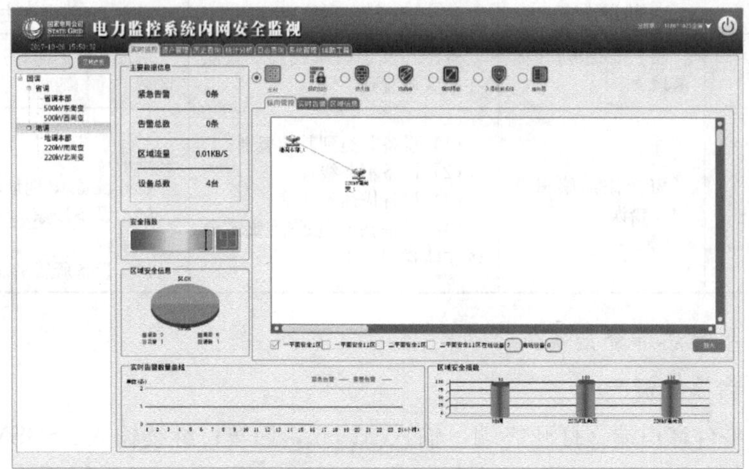

图 11-2 内网安全监视平台主页

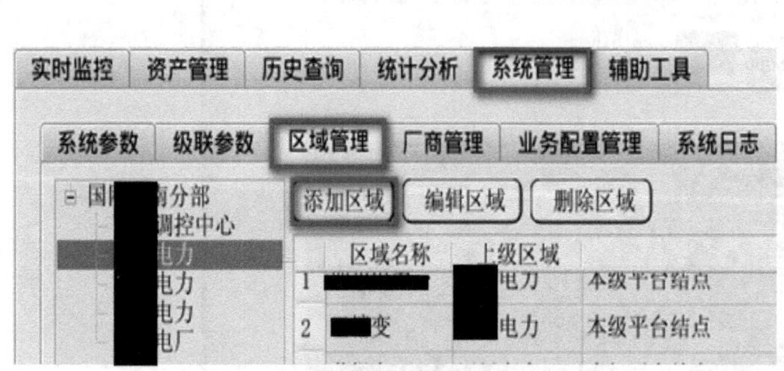

图 11-3 添加区域 1

图 11-4 添加区域 2

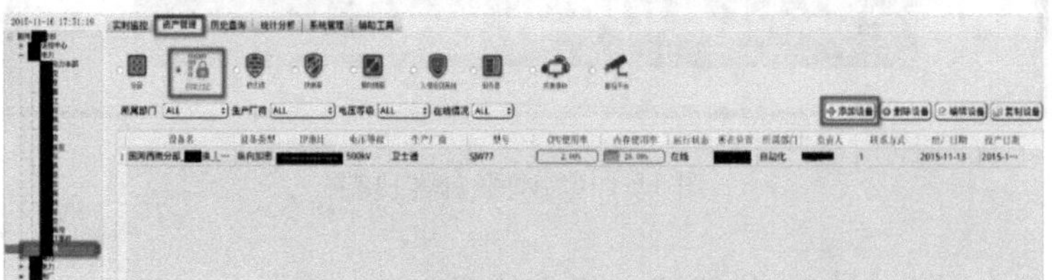

图 11-5 添加资产 1

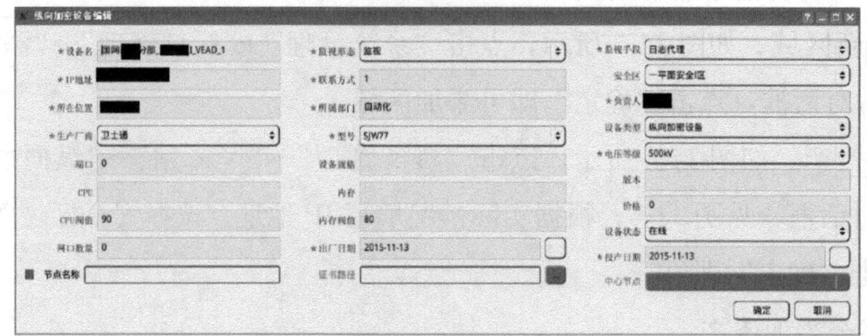

图 11-6 添加资产 2

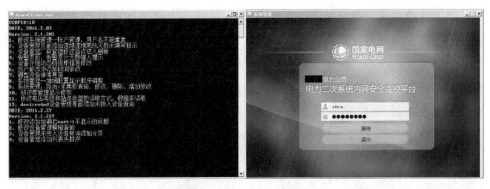

图 11-7　系统登录界面

输入用户名和密码后，回车或点击“登录”，进入地域选择界面，见图 11-8。

图 11-8　地域选择界面

选择相应地域后点击“登录”，登录成功后进入系统首页，该页面对系统的一些重要的告警信息进行实时展示，见图 11-9。

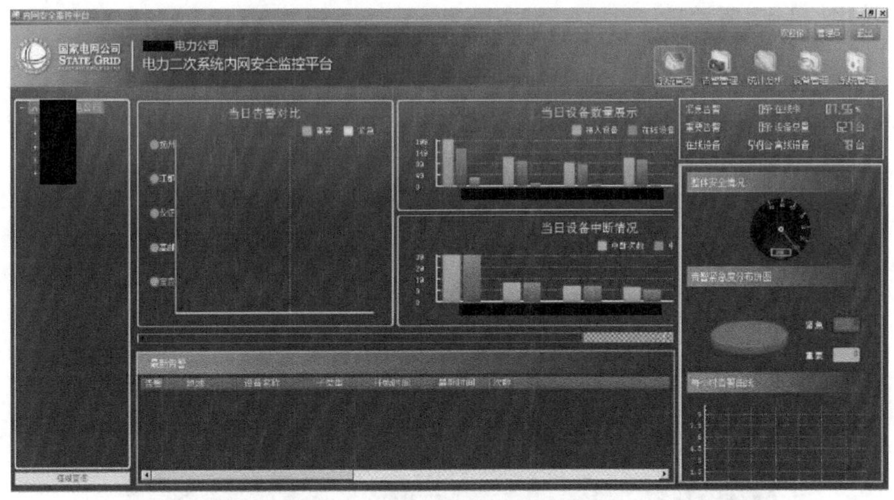

图 11-9　系统首页

（2）添加修改地调、变电站或电厂。在窗口左侧选中要添加或修改变电站信息的节点，右侧的地调会出现相应数据，点击地调、变电站或电厂后面的添加按钮，在弹出的窗口中填写相应信息，点击“保存”，变电站添加完成。

在窗口右侧选中相应变电站、电厂，点击修改按钮时，在弹出的窗口中可以修改变电站、电厂数据，如图 11-10 所示。

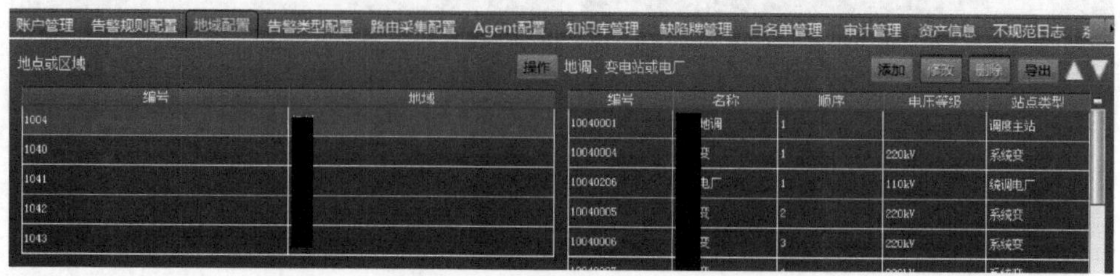

图 11-10 修改变电站、电厂

点击添加按钮，弹出对话框，点击“确定”，弹出如图 11-11 所示界面。

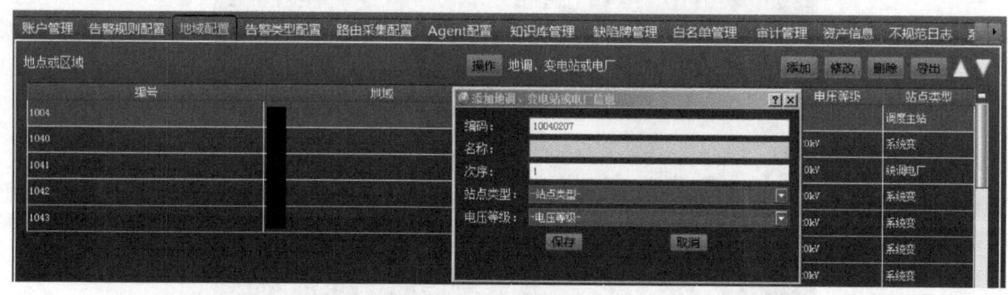

图 11-11 添加变电站、电厂

编码格式是 8 位的数字，前 4 位是地市的编码，后 4 位对应电厂编码。名称栏输入地调、变电站的名称。次序栏为该变电站在所有变电站中的排序。

（3）设备添加、修改和删除。点击设备管理页面左上角的添加按钮，进入到添加页面，界面如图 11-12 所示。

资产添加

常规

IP地址：		地市：	
所属分区：	I区	地域：	泰州地调自动化主站
名称：		动态链接库：	VEAD(数计所（兴唐）)
内部名称：		采集机IP：	
责任人：		厂商：	南瑞
添加时间：	2016/1/26 10:43:22	型号：	
平台类型：	纵向加密认证装置	版本：	
备注：		电压等级：	null
平面：	I平面	站点类型：	调度主站
		设备状态：	已接入
平面地址：	http:// /dmsQHessianServer		

是否隐藏　提交　取消

图 11-12 资产添加界面

添加资产的具体操作方法如下：

1）一般 IP 地址和内部名称填写一致，然后选择资产所属分区。

2）选择设备所属分区。

3）选择资产的采集机 IP 地址。

4）选择所添加设备的平台类型。

5）根据这个设备的类型来选择不同厂商的动态链接库，如图 11-13 所示。

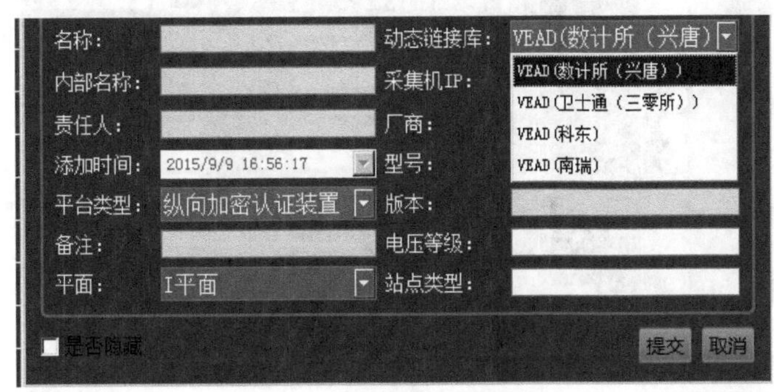

图 11-13　选择动态链接库

6）设置设备所属平面。

7）选择地市，选择添加资产所属的地市。

8）根据地市选择地域。

9）选择好上面信息之后，再填写厂商、型号、版本等，如图 11-14 所示。

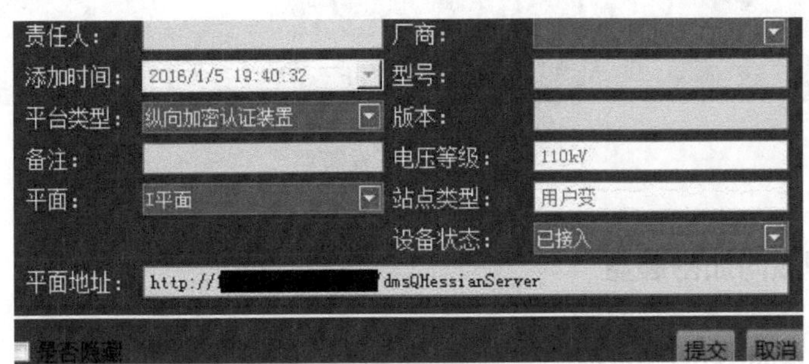

图 11-14　填写信息

10）填写好以上信息后，填写设备名称，注意检查名称是否符合名称显示规则，若符合规则，点击“提交”即可；若不符合，修改成规范显示名称后再提交。

11）修改设备，在资产列表页面点击左上角的修改按钮，跳转到设备修改页面，修改设备信息，见图 11-15。

需要注意的是：

① 修改了资产所属分区后，采集机 IP 地址需要重新修改。

② 修改了平台类型后，动态链接库需要重新修改。

③ 修改了地市信息后，地域信息需要重新修改。

④ 添加、修改设备之后，都需要下发策略重启地调的 SYSLOG 服务才能生效。具体操作如下：切换到系统管理→点击“地域配置”→选择设备所属地域→点击操作按钮→选择采集机 IP→点击“下发策略”，见图 11-16。

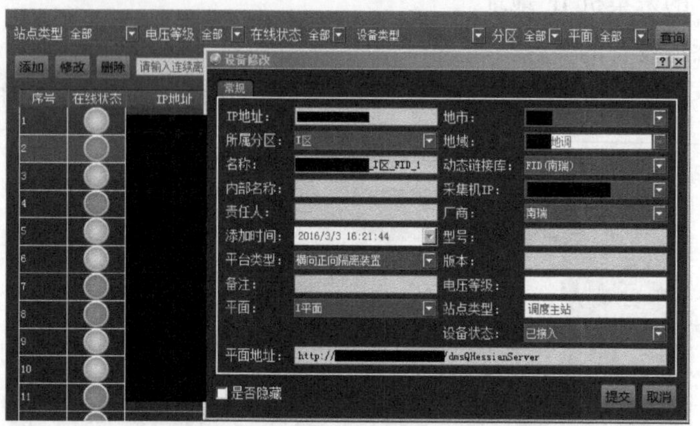

图 11-15 设备修改

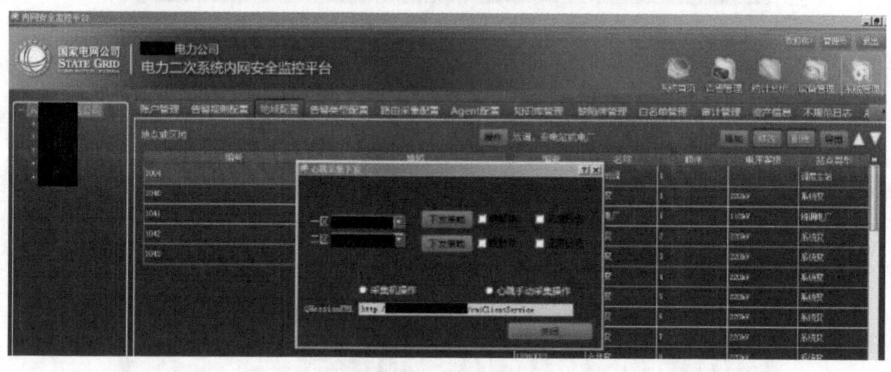

图 11-16 下发策略

11.3 管理纵向加密装置

11.3.1 易错点及故障现象

管理纵向加密装置的易错点及故障现象见表 11-2。

表 11-2 易错点及故障现象

错误点	错误现象	错误产生原因
纵向加密资产选错平面	添加节点时，在所在平面安全区没有可添加设备	添加纵向加密资产时选错平面或安全区
厂站节点平面安全区错误	厂站节点与同平面节点无法同时显示	添加纵向加密资产或节点时选错平面或安全区
证书错误	设备可连接，无法查询、添加、删除隧道、策略	(1) 在平台添加节点时，证书选择错误； (2) 厂站设备管理中心证书导入错误

11.3.2 科东平台添加纵向管控节点实例

点击“实时监控”→“纵向管控”，见图11-17。然后，选择平面和安全区，在空白处点右键，菜单见图11-18。

图11-17 添加纵向管控节点1

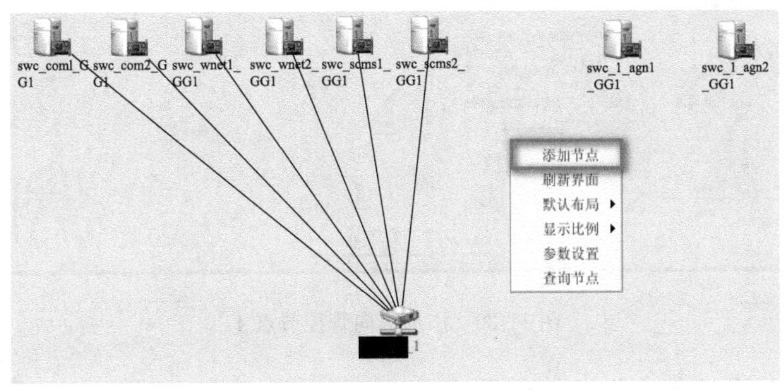

图11-18 添加纵向管控节点2

点击“添加节点”，弹出如图11-19所示对话框，点击选择资产管理里面添加的纵向资产信息，点击“确定”。点击“装置证书”选择对应的证书文件，例如/home/d5000/certs/×××.cer。

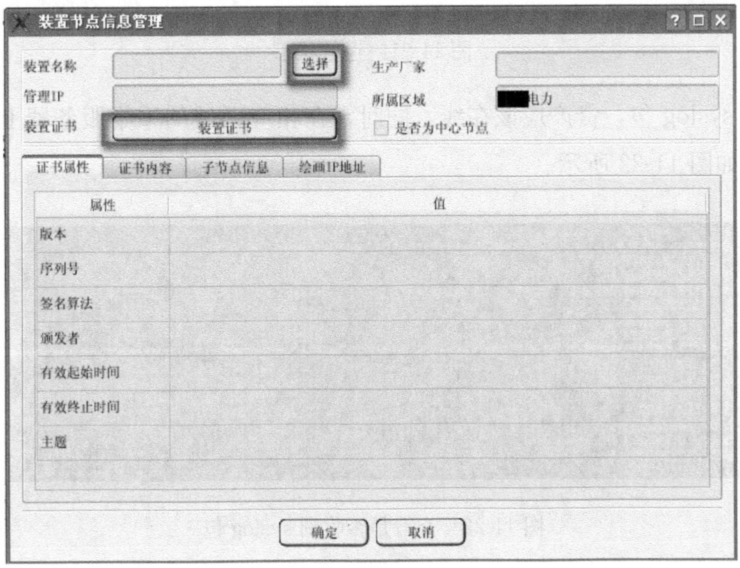

图11-19 添加纵向管控节点3

确定后节点当中会出现证书信息如下，见图 11-20。

装置节点信息管理

装置名称 ▇▇_I 选择 生产厂家 卫士通
管理IP ▇▇ 所属区域 ▇▇
装置证书 装置证书 是否为中心节点

证书属性 | 证书内容 | 子节点信息 | 绘画IP地址

属性	值
版本	3
序列号	▇▇
签名算法	sha1WithRSAEncryption
颁发者	/C=CN/O=ZD/OU=SC/CN=sc
有效起始时间	Oct 17 07:18:50 2013 GMT
有效终止时间	Oct 16 07:18:50 2023 GMT
主题	/C=CN/CN▇▇/L=sich/OU=SC/O=GDD

确定 取消

图 11-20　添加纵向管控节点 4

11.3.3　纵向设备的监视实例

（1）添加资产后大约 10min 会显示在线，如果之后收不到设备的 syslog 日志，运行状态一栏会显示离线，字体颜色变成红色。如果收到后会显示在线，字体颜色为黑色。如图 11-21 所示。

设备名	设备类型	IP地址	电压等级	生产厂商	型号	CPU使用率	内存使用率	运行状态	所在位置
国网▇▇I…	纵向加密	▇▇	500kV	卫士通	SJW77	0.00%	26.00%	在线	▇▇

图 11-21　运行状态

收到资产 syslog 包，资产应该在线。同时，在相应区域的采集服务器上抓 syslog 包，看是否收到，如图 11-22 所示。

```
tcpdump: verbose output suppressed, use -v or -vv for full protocol decode
listening on eth1, link-type EN10MB (Ethernet), capture size 96 bytes
15:07:17.342879 IP 4000 > .syslog: SYSLOG kernel.alert, length: 78
15:07:17.568519 IP .syslog > .syslog: SYSLOG lpr.error, length: 90
15:07:17.605499 IP .syslog > .syslog: SYSLOG lpr.error, length: 98
15:07:17.605992 IP .syslog > .syslog: SYSLOG lpr.error, length: 98
15:07:17.606450 IP .syslog > .syslog: SYSLOG lpr.error, length: 98
15:07:17.606963 IP .syslog > .syslog: SYSLOG lpr.error, length: 98
15:07:17.607470 IP .syslog > .syslog: SYSLOG lpr.error, length: 98
15:07:17.641595 IP .syslog > .syslog: SYSLOG lpr.error, length: 90
15:07:17.768126 IP .syslog > .syslog: SYSLOG lpr.error, length: 89
15:07:18.065109 IP 2298 > 10.5 log: SYSLOG kernel.alert, length: 90
15:07:18.148277 IP .syslog > .syslog: SYSLOG lpr.error, length: 90
15:07:18.221766 IP .syslog > .syslog: SYSLOG lpr.error, length: 90
15:07:18.287418 IP 2507 > log: SYSLOG kernel.alert, length: 89
15:07:18.294002 IP 2507 > log: SYSLOG kernel.alert, length: 90
15:07:18.300692 IP 2507 > log: SYSLOG kernel.alert, length: 89
```

图 11-22　查看是否收到 syslog 包

（2）点击“实时监控”→“纵向管控”→右键“节点”→“连接装置”，出现连接装置成功的提示信息，点击“OK”即可，见图 11-23。

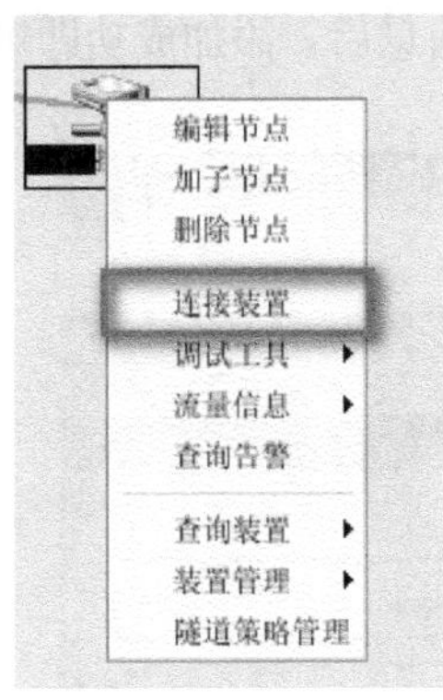

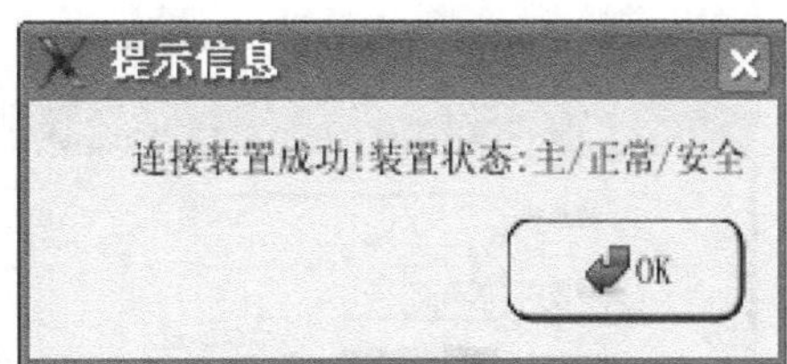

图 11-23　连接装置

（3）查看隧道及策略信息，并能操作所有的项目（一般查询全部即可），见图 11-24。隧道均协商成功（opened 状态），业务均加解密正常。opened 状态如图 11-25 所示。

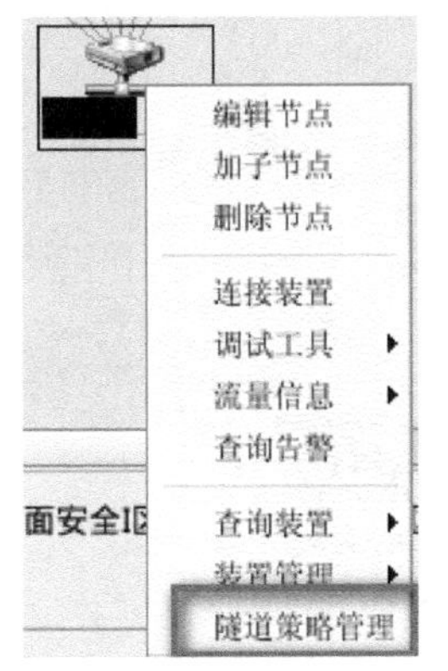

对端装置	对端IP	隧道模式	主从状态	己定义策略数	隧道协商状态
未知去向		密通模式	本地主装置-对端主装置	1	会话密钥协商完成状态(OPENED)
未知去向		密通模式	本地主装置-对端主装置	1	会话密钥协商完成状态(OPENED)
swc_com1_GG1		密通模式	本地主装置-对端主装置	1	会话密钥协商完成状态(OPENED)
swc_com2_GG1		密通模式	本地主装置-对端主装置	1	会话密钥协商完成状态(OPENED)
swc_wnet1_GG1		密通模式	本地主装置-对端主装置	1	会话密钥协商完成状态(OPENED)
swc_wnet2_GG1		密通模式	本地主装置-对端主装置	1	会话密钥协商完成状态(OPENED)
swc_scms1_G···		密通模式	本地主装置-对端主装置	1	会话密钥协商完成状态(OPENED)
swc_scms2_G···		密通模式	本地主装置-对端主装置	1	会话密钥协商完成状态(OPENED)

图 11-24　隧道策略管理

图 11-25　隧道协商成功

11.3.4　远程添加厂站新业务实例

（1）添加隧道，弹出下面对话框，见图 11-26。输入厂站纵向的 IP 地址，点击选择证书的按钮，弹出选择证书的对话框，选择厂站相应纵向加密的证书，确定即可，见图 11-27。

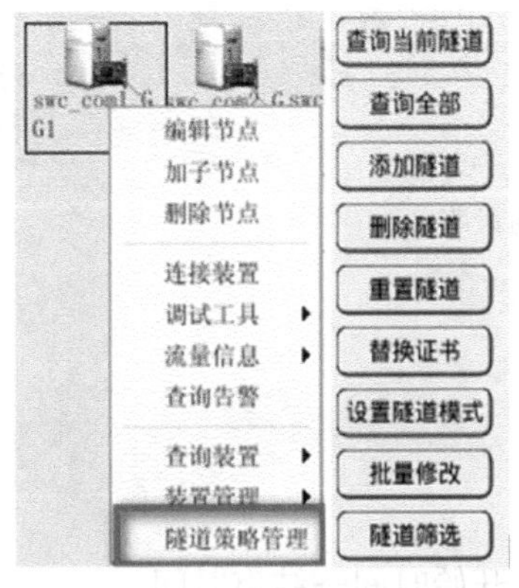

图 11-26　添加隧道 1

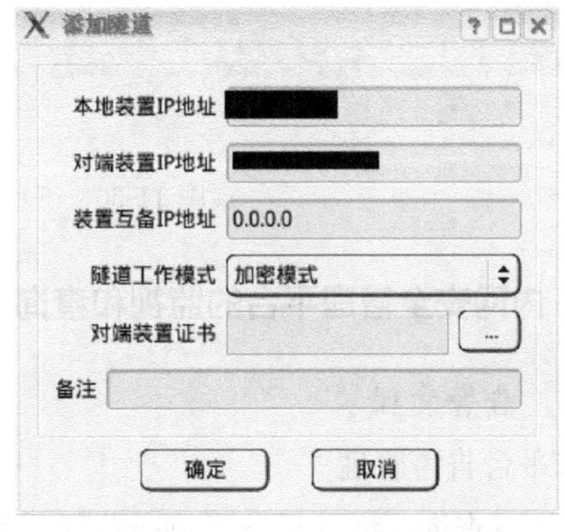

图 11-27　添加隧道 2

找到刚刚加完的隧道，选择添加策略，填写相应的信息后，添加成功即可，见图 11-28。

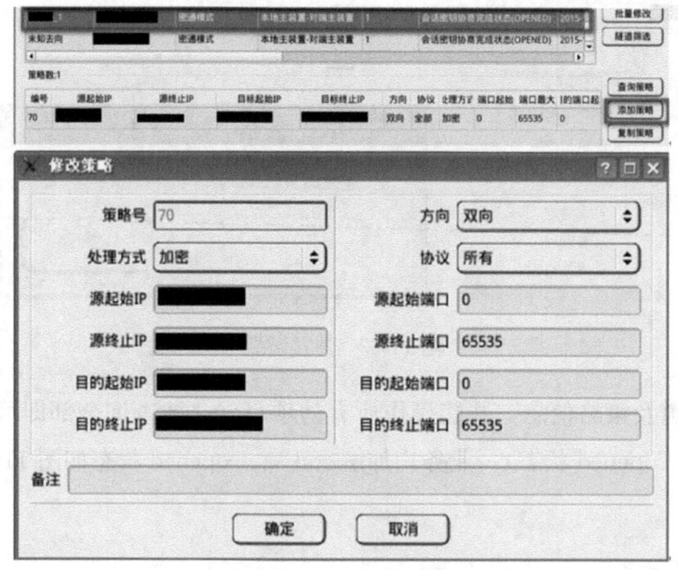

图 11-28 添加隧道 3

(2) 下移明通策略。找到一条到 1.1.1.1 的明通隧道，见图 11-29。

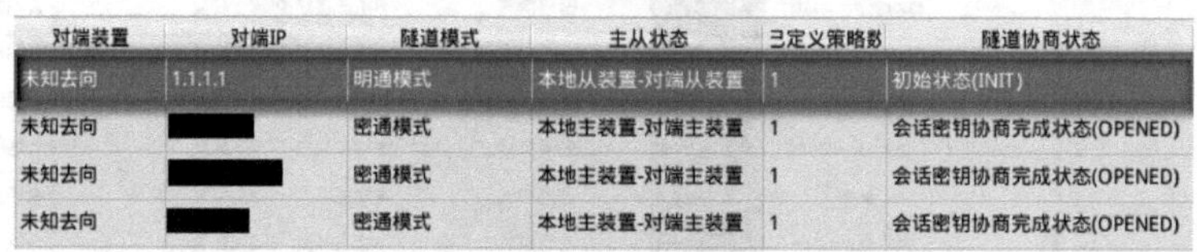

对端装置	对端IP	隧道模式	主从状态	已定义策略数	隧道协商状态
未知去向	1.1.1.1	明通模式	本地从装置-对端从装置	1	初始状态(INIT)
未知去向		密通模式	本地主装置-对端主装置	1	会话密钥协商完成状态(OPENED)
未知去向		密通模式	本地主装置-对端主装置	1	会话密钥协商完成状态(OPENED)
未知去向		密通模式	本地主装置-对端主装置	1	会话密钥协商完成状态(OPENED)

图 11-29 下移明通策略 1

查询一下隧道下的明通策略，如图 11-30，策略号为 72，先复制策略，会出现一条策略号为 74 的，然后删除之前的策略号为 72 的策略即可。注意：不可以把策略关闭再打开，否则会在平台产生告警。

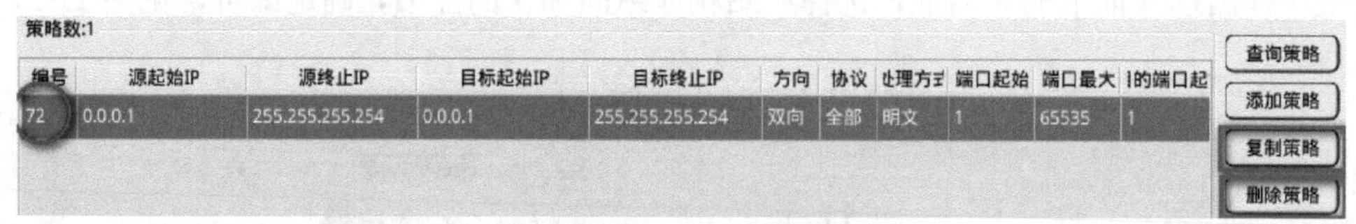

策略数:1

编号	源起始IP	源终止IP	目标起始IP	目标终止IP	方向	协议	处理方式	端口起始	端口最大	目的端口起
72	0.0.0.1	255.255.255.254	0.0.0.1	255.255.255.254	双向	全部	明文	1	65535	1

图 11-30 下移明通策略 2

11.4 内网安全管理平台的监视和查询

11.4.1 告警管理

1. 科东平台告警管理

历史查询→查询区域→设备类型→告警级别→开始时间→结束时间。

左侧选择要查询的区域或单独某站，可以选择某一种类型的设备，也可以选择全部，开始时间和结束时间的选择都是点击后面那个绿色空白按钮，见图 11-31。

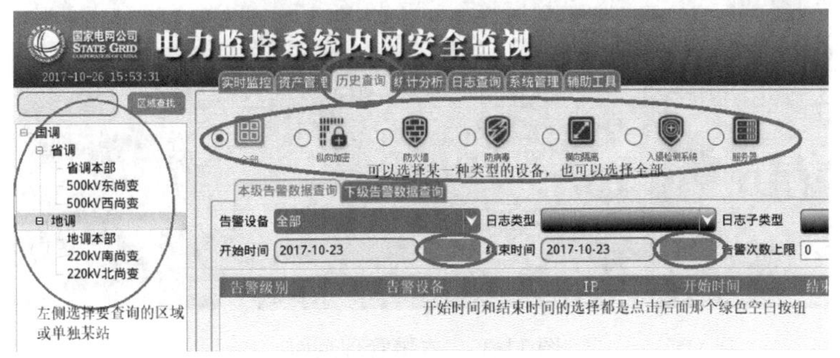

图 11-31　历史查询

告警级别可以选择某一级别，也可以选择全部，见图 11-32。

弹出的日期选择窗选择想要查询的开始和结束日期，见图 11-33。

图 11-32　告警级别选择

图 11-33　查询日期选择

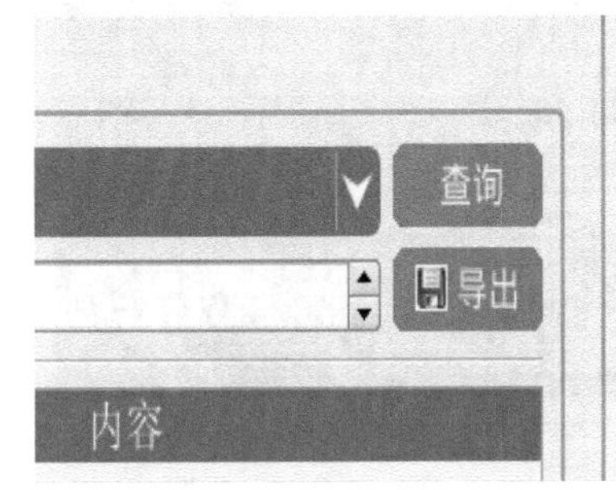

图 11-34　查询或保存

全部选好后可以点击查询按钮，等待片刻结果将显示，还可以点击导出按钮，将结果以文件方式保存在本地，见图 11-34。

2. 南瑞平台告警管理

告警管理页面是管理系统收到设备发上来的告警信息，有紧急和重要两种。可以对告警进行查询、查看详情、确认等，通过下拉菜单可以过滤搜索告警信息，如图 11-35 所示。

（1）告警查询。通过告警管理页面的最上面的下拉菜单，可以设置查询条件，查询告警可以根据告警级别、告警状态、归属区、设备类型、时间段进行查询，见图 11-36。

如图 11-36 所示，点击相应下拉菜单的三角形按钮选择相应选项，设置查询条件，条件选择后，点击查询按钮生效，点击导出按钮可以将告警导出生成 excel 文件。

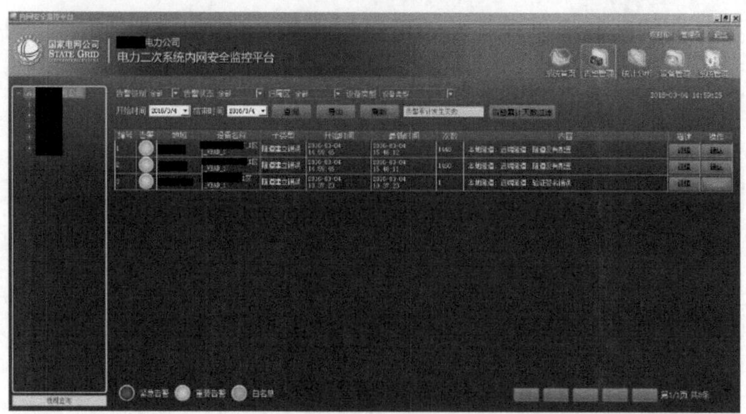

图 11-35 告警管理页面

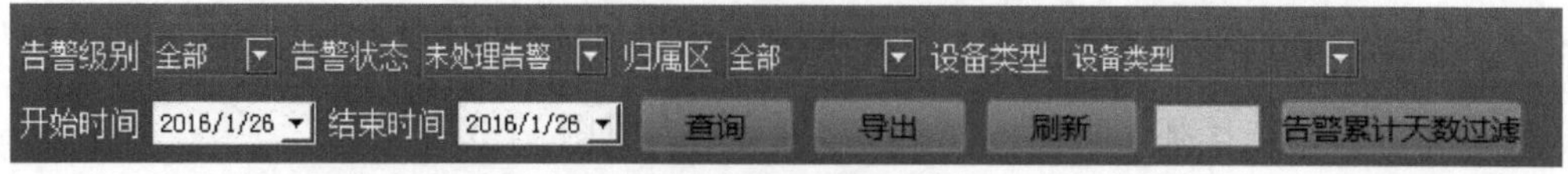

图 11-36 告警查询

（2）告警累计天数过滤。通过告警管理页面的最上面的告警累计天数过滤按键，可以查找同一条连续出现多天的告警，如图 11-37 所示。

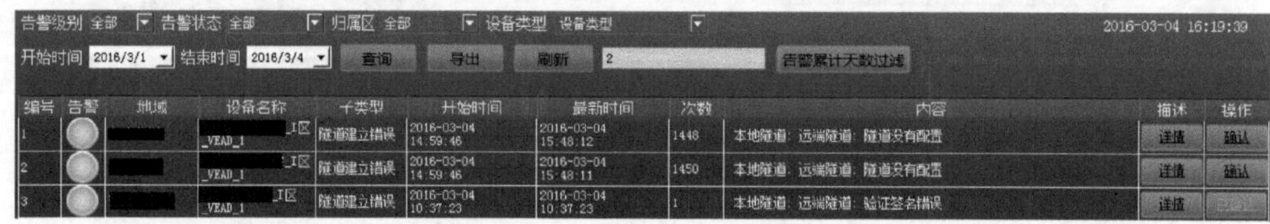

图 11-37 告警累计天数过滤

（3）告警列表展示，如图 11-38 所示。

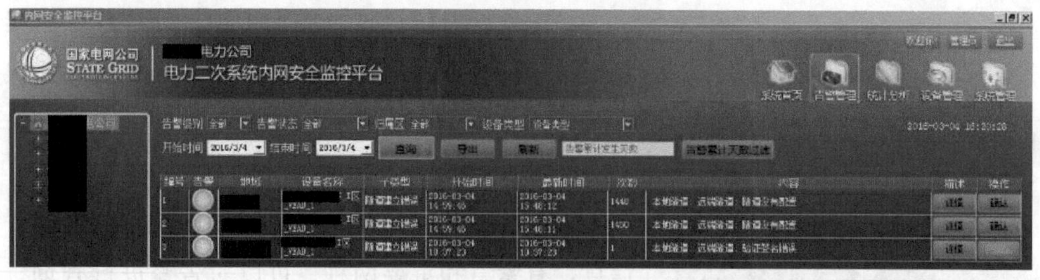

图 11-38 告警列表展示

选择相应时间点击查询之后，会出现告警列表，列表中的告警信息是根据告警发生的最新时间进行排序的。

列表中显示有告警设备的告警级别、所属地域、设备名称、子类型、开始时间、最新时间、重复次数、内容和操作。列表的右下角有分页控件，可以看到一共查询到多少条告警、共多少页，还有一些快捷查看按钮。

点击详情按钮可以查看该条告警的详细，确认没有问题之后，可以点击操作栏里面的

确认按钮，可以确认掉当前告警。

列表中告警用红色、黄色、灰色，分别代表紧急告警、重要告警、白名单。

（4）告警详情。如图 11-39 所示，在告警列表的操作栏中有详情按钮，点击详情，会弹出该条告警的详细信息界面，在该界面中可以查看该条告警的详细信息。

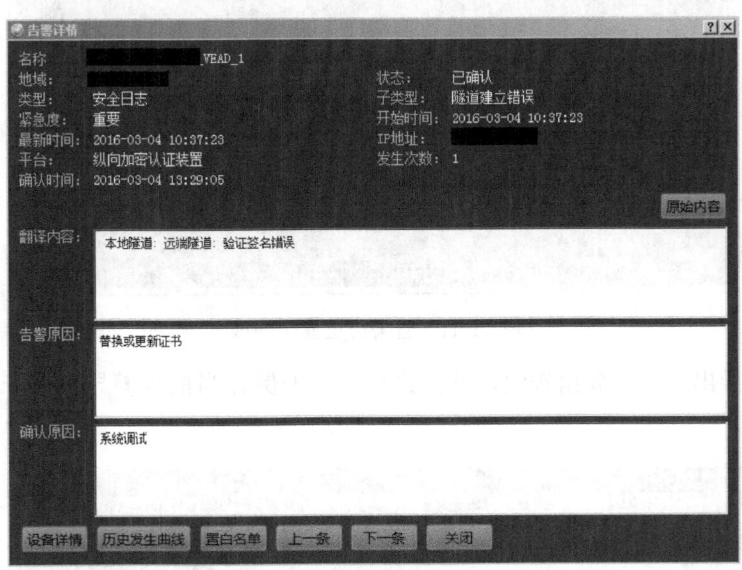

图 11-39　告警详情

可以查看该条告警的地区、类型、子类型、IP 地址、发生次数、原始内容、翻译内容、告警原因等。

点击设备详情按钮，可以查看发生该条告警的设备详细信息，如图 11-40 所示。

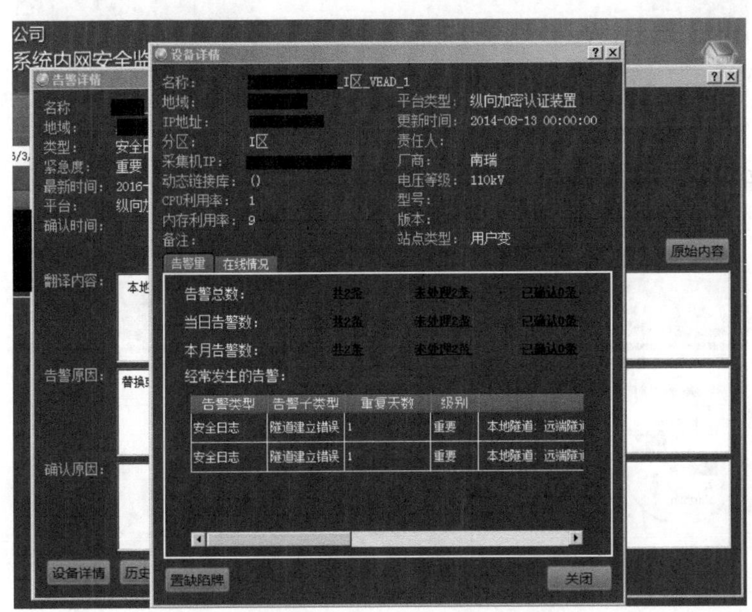

图 11-40　设备详情

（5）告警历史发生曲线。点击详情页面的历史发生曲线按钮，可以查看该条告警在之前时间段所发生的次数的曲线，见图 11-41。

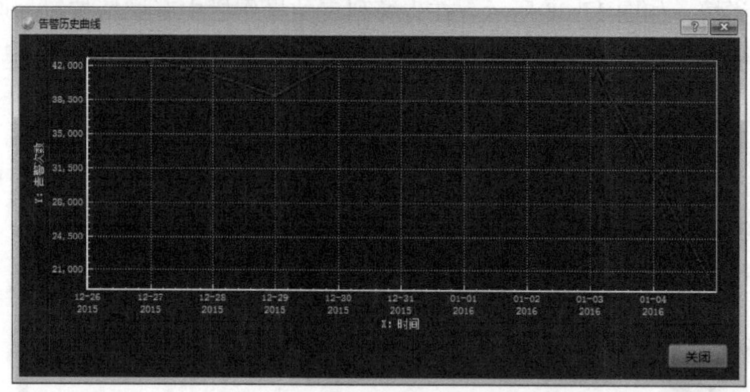

图 11-41　告警历史发生曲线

（6）告警导出。点击导出按钮，选择路径，点击保存当前告警导出成 excel 文件，见图 11-42。

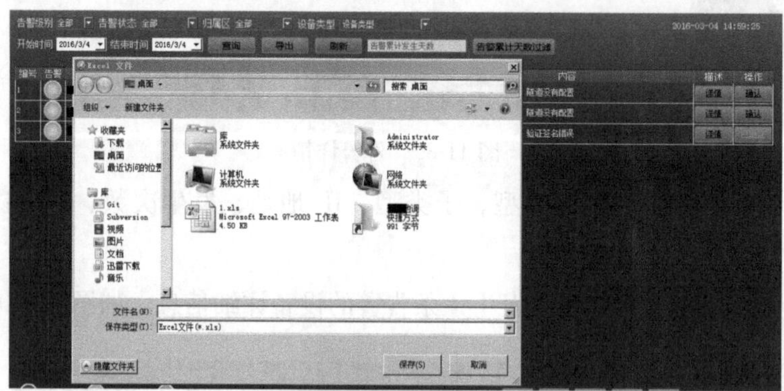

图 11-42　告警导出

11.4.2　统计分析及报表生成实例

1. 科东平台统计分析及报表生成

统计分析→选择区域或某站→选择日期（无字绿框），见图 11-43。

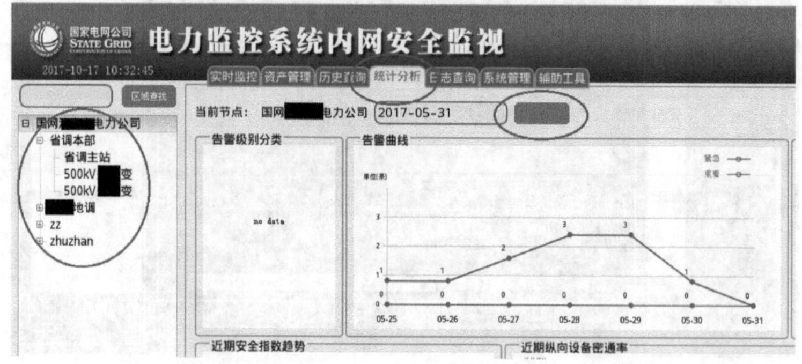

图 11-43　统计分析

如果要把统计分析保存成报表，需要在右上角选择报表类型→年、月→生成报表，见图 11-44。注意，这里的年、月和左边的不同，左边的是统计分析用的，现在选的是报表生成用的。

图 11-44　把统计分析保存成报表

在弹出窗选中“生成报表后将报表保存为 word 文档”，给要保存的文件选个位置，点击下一步，见图 11-45。弹出的报表窗口关闭即可。

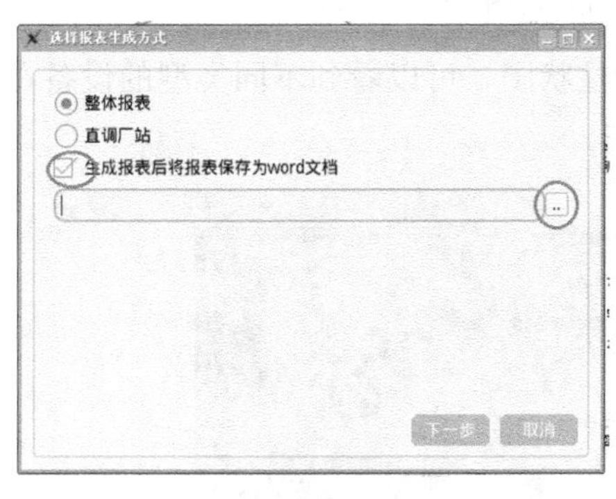

(a)

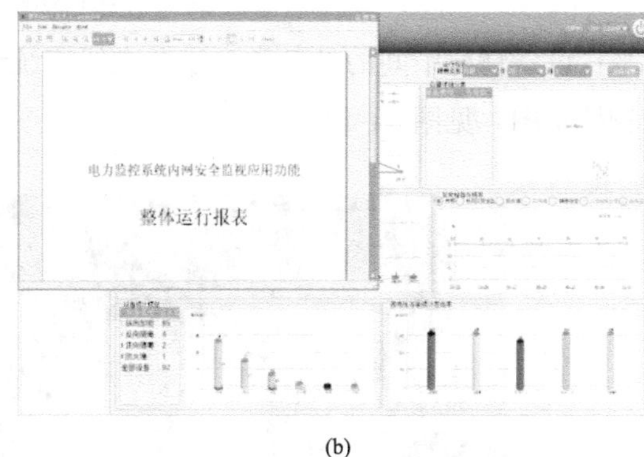

(b)

图 11-45　选择报表生成方式

2. 南瑞平台统计分析及报表生成

统计分析包括地市统计分析、网省统计分析。地市统计分析包含平台设备情况、运行指标、安全指标、报表管理等功能。在左上角可以选择查询日期查看，整体页面如下图 11-46 所示。

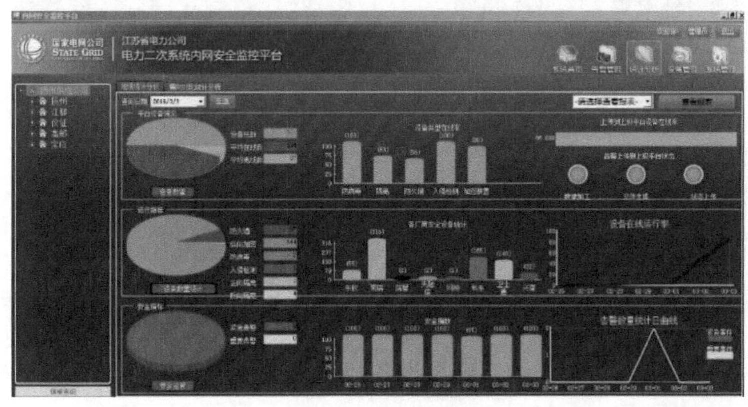

图 11-46　统计分析界面

(1) 平台设备情况。平台设备情况中左侧的是设备在离线统计饼图，可以查看设备的平均在离线数，见图 11-47。

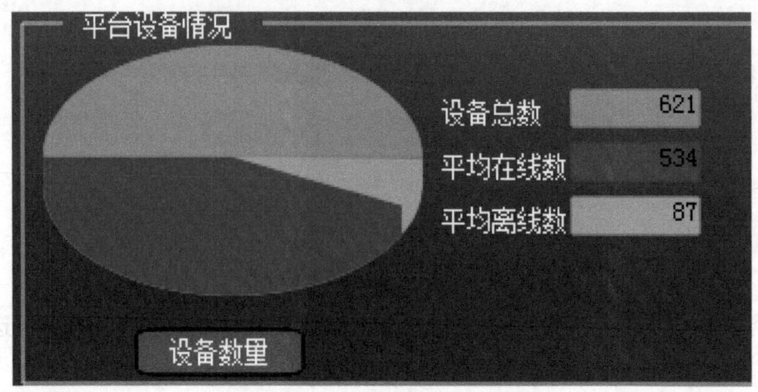

图 11-47　设备在离线统计饼图

平台设备情况中间的是各类型设备在线率统计柱状图，可以看到不同类型的设备在线率比较柱状图，见图 11-48。

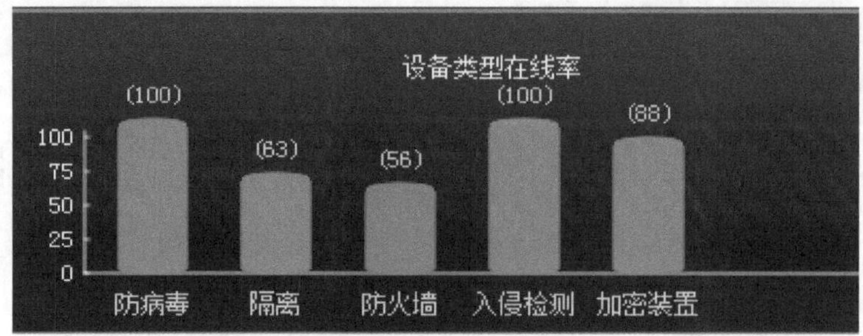

图 11-48　各类型设备在线率统计柱状图

平台设备情况右侧的是当前选择地域的设备在线率，见图 11-49。

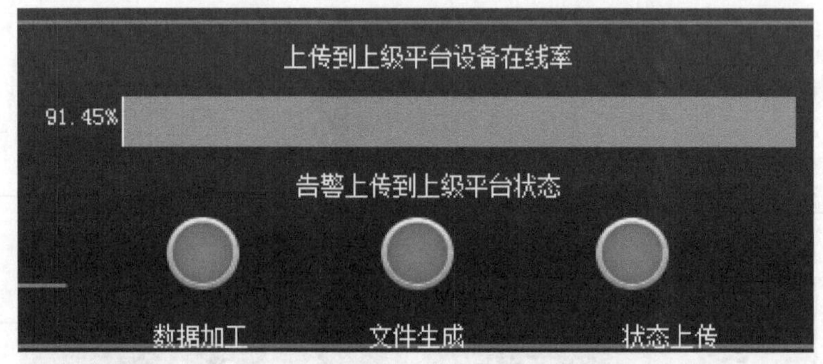

图 11-49　当前选择地域的设备在线率

(2) 运行指标。运行指标中的左侧是设备数量统计饼图，可以查看各个类型的设备数量所占的整体比例，见图 11-50。

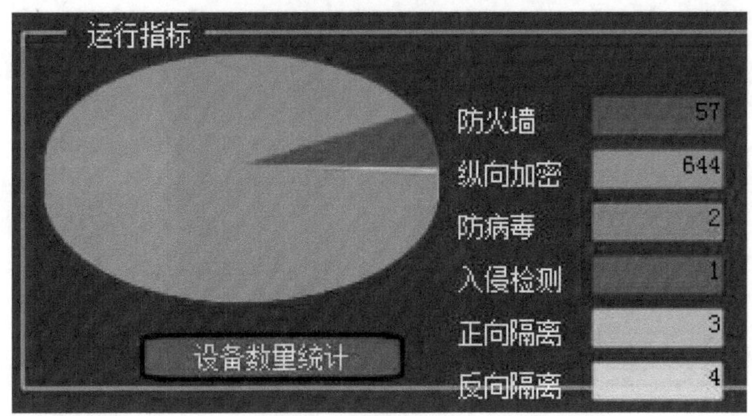

图 11-50　设备数量统计饼图

运行指标中的中间是各厂商安全设备数量统计柱状图，可以看到不同厂商的设备数量比较柱状图，见图 11-51。

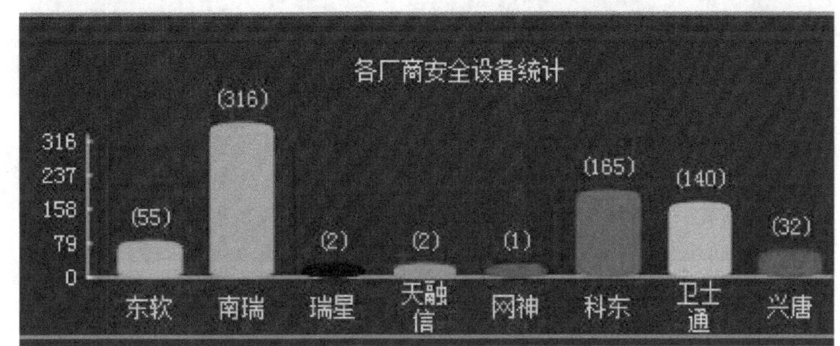

图 11-51　各厂商安全设备数量统计柱状图

运行指标右侧的是当前选择地域的整体系统一周的设备在线运行率曲线图，见图 11-52。

图 11-52　当前选择地域的整体系统一周的设备在线运行率曲线图

(3) 安全指标。安全指标中的左侧是安全监管的告警饼图，展示的是紧急，重要告警分布情况，见图 11-53。

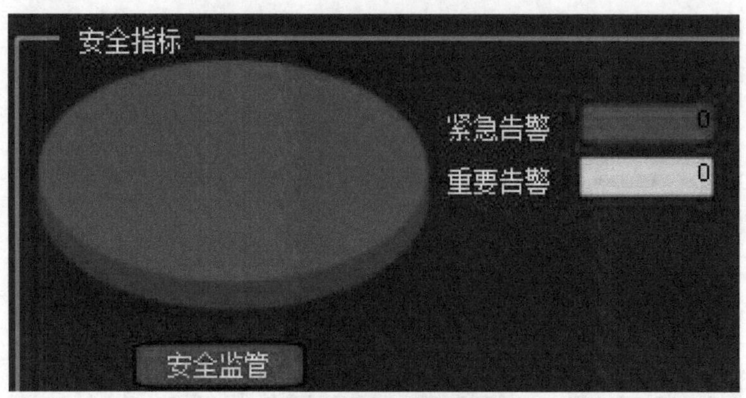

图 11-53 安全监管的告警饼图

安全指标中的中间是当前选择地域一周的系统安全指数柱状对比图，见图 11-54。

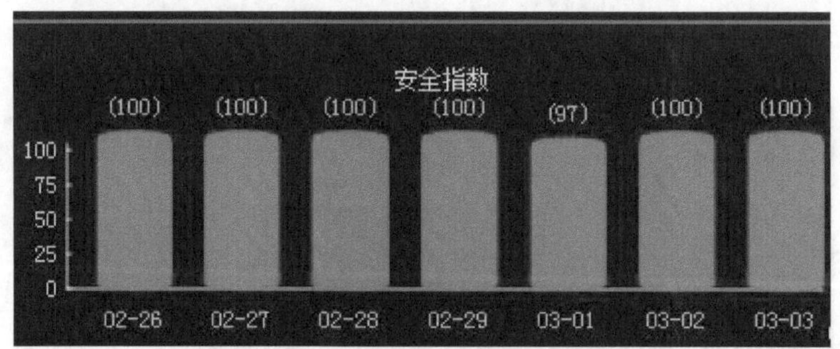

图 11-54 当前选择地域一周的系统安全指数柱状对比图

安全指标中的最右侧的是选择地域一周的紧急、重要告警数量统计曲线，可以看出选择地域的一周告警发生情况，如图 11-55 所示。

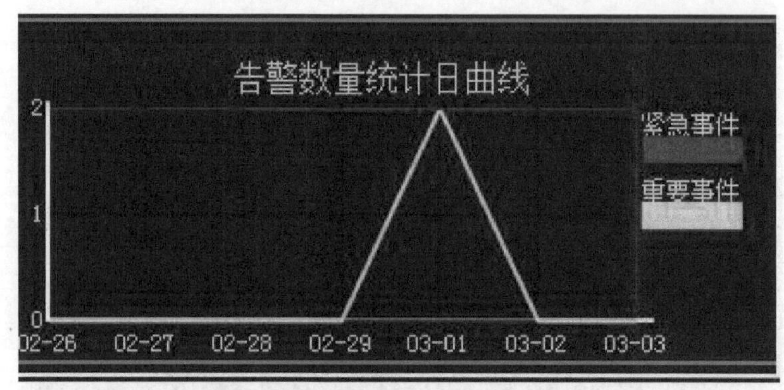

图 11-55 选择地域一周的紧急、重要告警数量统计曲线

（4）报表。报表包括整体报表、周报表、各类安全设备报表等。点击统计分析页面右上角查看报表左边的三角形按钮可以选择报表类型，选择好报表类型后点击查看报表生成相应报表，见图 11-56。

图 11-56　查看报表

报表数据来源覆盖到所有监视设备的运行状态和安全事件。提供报表打印和导出功能，可以将报表导出成 excel、word、PDF 文件。整体报表首页如图 11-57 所示。

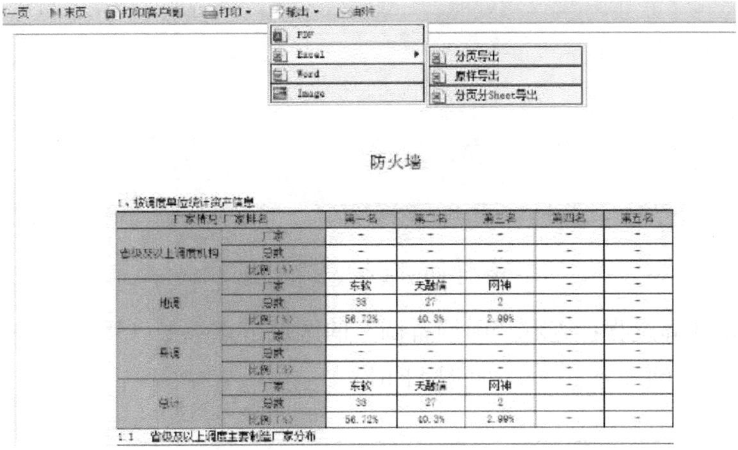

末页　打印　输出　PDF　Excel　分页导出　原样导出　分页分Sheet导出　Word　Image

防火墙

1、按调度单位统计资产信息

厂家情况/厂家排名		第一名	第二名	第三名	第四名	第五名
省级及以上调度机构	厂家	-	-	-	-	-
	总数	-	-	-	-	-
	比例（%）	-	-	-	-	-
地调	厂家	东软	天融信	网神	-	-
	总数	38	27	2	-	-
	比例（%）	56.72%	40.3%	2.98%	-	-
县调	厂家	-	-	-	-	-
	总数	-	-	-	-	-
	比例（%）	-	-	-	-	-
总计	厂家	东软	天融信	网神	-	-
	总数	38	27	2		
	比例（%）	56.72%	40.3%	2.98%	-	-

1.1　省级及以上调度主要制造厂家分布

图 11-57　整体报表首页

11.4.3　科东平台系统日志的查询和导出实例

日志查询→系统日志→选择开始和结束日期→操作类型→点击“选择”，纵向加密日志、系统错误日志、级联日志的操作方法与上面相同，见图 11-58。

图 11-58　日志查询

11.5　运行指标的监视和处理

11.5.1　在线率计算实例

界面查看资产管理中，“国调备调”下的资产离在线情况如下，其中，离线 4 台，在线 1 台，未投产 2 台（未投产设备不计算在线率），见图 11-59。

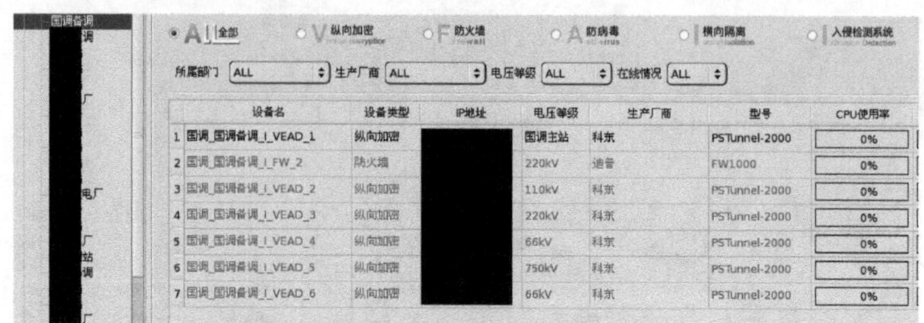

	设备名	设备类型	IP地址	电压等级	生产厂商	型号	CPU使用率
1	国调_国调备调_I_VEAD_1	纵向加密		国调主站	科东	PSTunnel-2000	0%
2	国调_国调备调_I_FW_2	防火墙		220kV	迪普	FW1000	0%
3	国调_国调备调_I_VEAD_2	纵向加密		110kV	科东	PSTunnel-2000	0%
4	国调_国调备调_I_VEAD_3	纵向加密		220kV	科东	PSTunnel-2000	0%
5	国调_国调备调_I_VEAD_4	纵向加密		66kV	科东	PSTunnel-2000	0%
6	国调_国调备调_I_VEAD_5	纵向加密		750kV	科东	PSTunnel-2000	0%
7	国调_国调备调_I_VEAD_6	纵向加密		66kV	科东	PSTunnel-2000	0%

图 11-59　国调备调的资产离在线

统计分析中该区域的在线率，见图 11-60。

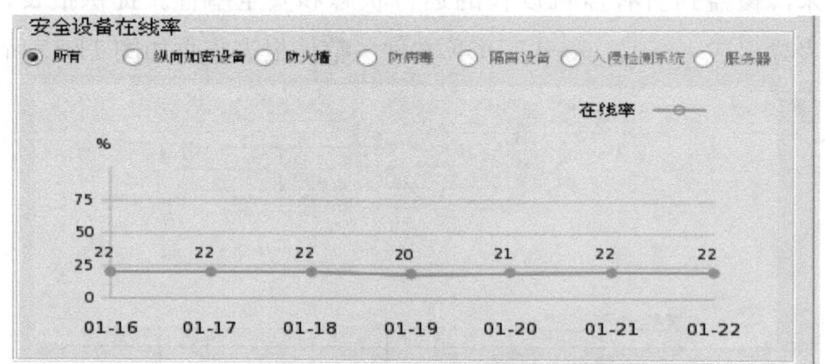

图 11-60　安全设备在线率

（1）在线率计算过程：查看“国调备调”的区域节点编号（JSQY 表中 REGIOANL 字段），本例中节点编号为 10000，见图 11-61。

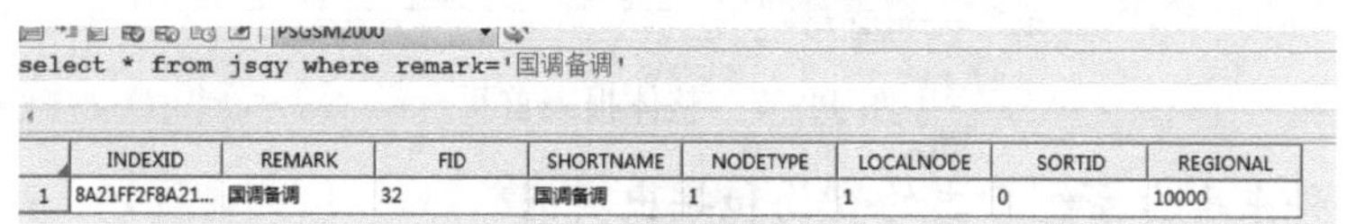

```
select * from jsqy where remark='国调备调'
```

	INDEXID	REMARK	FID	SHORTNAME	NODETYPE	LOCALNODE	SORTID	REGIONAL
1	8A21FF2F8A21...	国调备调	32	国调备调	1	1	0	10000

图 11-61　查看节点编号

查看该区域下设备的离在线状态变化信息，见图 11-62。

PSGSM2000

```
select * from qtdeviceonline
where warningtime >= '2015-01-22 00:00:00'
and devicename in (select name from monitorobject where regional=10000)
order by devicename, warningtime
```

	DEVICENAME	DEIVCETYPE	WARNINGTIME	ONLINE	REGIONAL
1	国调_国调备调_I_FW_2	0	2015-01-22 02:42:16.0	1	10000
2	国调_国调备调_I_FW_2	0	2015-01-22 03:17:34.0	0	10000
3	国调_国调备调_I_FW_2	0	2015-01-22 07:19:25.0	1	10000
4	国调_国调备调_I_FW_2	0	2015-01-22 07:59:44.0	0	10000
5	国调_国调备调_I_FW_2	0	2015-01-22 11:56:35.0	1	10000
6	国调_国调备调_I_FW_2	0	2015-01-22 12:36:53.0	0	10000
7	国调_国调备调_I_FW_2	0	2015-01-22 16:33:50.0	1	10000
8	国调_国调备调_I_FW_2	0	2015-01-22 17:14:10.0	0	10000
9	国调_国调备调_I_FW_2	0	2015-01-22 21:11:02.0	1	10000
10	国调_国调备调_I_FW_2	0	2015-01-22 21:51:22.0	0	10000

图 11-62　查看设备离在线状态

由设备离线状态信息表中看到，在2015年1月22日，设备“国调_国调备调_I_FW_2”的离线状态存在变化。表中ONLINE字段为0代表设备由在线变为离线，即该时间节点之后设备状态为离线；1代表设备由离线变为在线，即改时间节点之后设备状态为在线。

（2）各设备离在线时间计算：

1）设备“国调_国调备调_I_VEAD_1”状态未发送改变，即全天在线，在线时间为24×60＝1440min。

2）设备“国调_国调备调_I_FW_2”，1月22日的在线时长需分段计算：

第一段为“2015-01-22 02：42：16”～“2015-01-22 03：17：34”在线时长为35min18s；

第二段为“2015-01-22 07：19：25”～“2015-01-22 07：59：44”在线时长为40min19s；

第三段为“2015-01-22 12：36：53”～“2015-01-22 11：56：35”在线时长为40min18s；

第四段为“2015-01-22 17：14：10”～“2015-01-22 16：33：50”在线时长为40min20s；

第五段为“2015-01-22 21：51：22”～“2015-01-22 21：11：02”在线时长为40min20s；

因此，设备“国调_国调备调_I_FW_2”，1月22日的在线时长196min35s。

（3）数据库记录的数据为按设备类型区分设备的离线总时长和设备应运行总时长：

纵向设备的离线总数长为（1440×4×60－1440×60）/60＝4320min（其中4为设备数）；

防火墙设备的离线总时长为［1440×1×60－（196×60＋35）］/60＝1243.41min（舍去小数部分为1243min，其中1为设备数）。

设备在线离线信息统计数据存储在数据库（UPREPORTDEVICEONLINESTATUS）表中，见图11-63。

```
select * from UPREPORTDEVICEONLINESTATUS
where regional  = 10000 and reporttime='2015-01-22 00:00:00'
```

	INDEXID	REGIONAL	REPORTTIME	DEVICETYPE	OUTLINECOUNT	OUTLINETIME	RUNNINGTIME	ID
1	E6FFEAC8E6FF...	10000	2015-01-22 00:00:00.0	0	5	1243	1440	REGIONAL00
2	CFA28AB6CFA...	10000	2015-01-22 00:00:00.0	6	0	4320	5760	REGIONAL00

图11-63　设备在线离线信息

DEVICETYPE字段为设备类型编号，其他设备类型编码如下，见图11-64。

	ID	VALUE	REMARK
1	AGENT	20	日志代理
2	AV	8	防病毒
3	BID	5	反向隔离
4	FID	4	正向隔离
5	FW	0	防火墙
6	IDS	1	入侵监测
7	MP	19	监视平台
8	OTHER	-1	其他
9	SVR	7	服务器
10	VEAD	6	纵向加密
11	ALL	13	全部设备类型
12	CERTS	21	证书系统
13	<NOT NULL>	<NULL>	<NULL>

图11-64　其他设备类型编码

区域在线率计算公式为（设备运行总时长－设备离线总时长）/设备运行总时长×100。

本例中设备运行总时长＝1440＋5760＝7200；

本例中设备离线总时长＝1243＋4320＝5563；

区域在线率＝（7200-5563）/7200×100＝22.736（舍去小数部分即为该区域的设备在线率）。

注：以上计算过程为V2.6.2版本计算方法，数据库操作方法请参考本书数据库部分。

计算过程汇总表，见表11-3。

表 11-3　　　　　　　　　　计算过程汇总表

步骤	过程	方法	使用到的命令
查询区域设备总数	选定要查询的区域	记录全部离线设备名称	
查询区域节点编号	打开数据库，在表 jsqy 中搜索区域名称	记录区域节点编号	select * from jsqy where remark= '国调备调'
查询设备离线信息	在表 qtdeviceonline 中按区域编号中的设备名搜索	记录状态变化的设备数量以及设备状态变化的时间和过程	select * from qtdeviceonline where warningtime>= '2015-01-22 00：00：00' and devicename in select name from monitorobject where regional=10000 order by devicename，warningtime
计算设备离线总时长	分别计算全天离线和不定时离线设备的时长	第一步查出的离线名称未在上一步查出的设备名称出现的，即为全天离线设备	
验证离线总时长	在表 upreportdeviceonlinestatus 中按照区域和时间查询	按照设备类型记录离线时长和总时长，并对照上一步得出计算	select * from upreportdeviceonlinestatus where regional=10000 and reporttime= '2015-01-22 00：00：00'
计算区域在线率		总时长减去离线总时长的差除以总时长	

重点内容：在计算设备离线总时长过程中，可以得到某一具体设备的离线时长，便于查出影响区域在线率的具体设备，有针对性地提高区域设备在线率。

11.5.2　密通率计算实例

1. 实例 1：密通率手动计算流程

1 表 VEADDATAFLOWSYSLOG 记录设备发出的明密文流量，见图 11-65。

	INDEXID	ID	WARNINGLEVEL	WARNINGTIME	DEVICENAME	PLATFORMTYPE	CONTENT	REGIONAL	DECNAMEZH	LOGTYPE
1	6A3EA9896A3...	VEAD000083	3	2015-02-02 11:29:48.0	国调_[illegible]电厂_...	6	纵向加密[illegible] 日志类...	10016	<NULL>	1
2	1375F8C41375...	VEAD000069	3	2015-02-02 11:29:49.0	国调_[illegible]站_I_...	6	纵向加密[illegible] 日志类...	10010	<NULL>	1
3	B6F24D5DB6F...	VEAD000038	1	2015-02-02 11:29:49.0	国调_[illegible]站_I_...	6	纵向加密[illegible] 日志类...	77	<NULL>	1
4	362245483622...	VEAD000066	3	2015-02-02 11:29:51.0	国调_[illegible]站_I_...	6	纵向加密[illegible] 日志类...	10007	<NULL>	1

图 11-65　表 VEADDATAFLOWSYSLOG

2 表 REALTIMEVEADDATAFLOW 统计每 15min 的明密文流量，见图 11-66。

	ID	STIME	DECRYPTFLOW	ENCRYPTFLOW
1	VEAD000058	0	86635873	0
2	VEAD000032	0	71048545	35968981
3	VEAD000001	0	23491822	24411391
4	VEAD000038	0	12033592	7173641
5	VEAD000039	0	17612	0
6	VEAD000059	0	86561000	46237860
7	VEAD000083	0	5212	0
8	VEAD000025	0	31248000	17364257
9	VEAD000020	0	877889	0

图 11-66　表 REALTIMEVEADDATAFLOW

3 表 HISVEADDATAFLOW 统计某一设备一天的明密文流量，见图 11-67。

836	VEAD000018	2015-02-01 00:00:00.0	111876219.47	111850370.31
837	VEAD000072	2015-02-01 00:00:00.0	111928784.97	112343775.67
838	VEAD000044	2015-02-01 00:00:00.0	224654003.00	224637381.33
839	VEAD000026	2015-02-01 00:00:00.0	228976524.02	223701306.58
840	VEAD000030	2015-02-01 00:00:00.0	332889250.90	345775855.58
841	VEAD000028	2015-02-01 00:00:00.0	340469650.56	180277900.17
842	VEAD000034	2015-02-01 00:00:00.0	203272581.35	405806351.63
843	VEAD000024	2015-02-01 00:00:00.0	225923918.05	111877770.42
844	VEAD000029	2015-02-01 00:00:00.0	223697367.03	0.00
845	VEAD000043	2015-02-01 00:00:00.0	375495888.33	384285038.06
846	VEAD000042	2015-02-01 00:00:00.0	251750765.17	112307327.50
847	VEAD000022	2015-02-01 00:00:00.0	391280686.95	402525345.17
848	VEAD000023	2015-02-01 00:00:00.0	370223713.32	179363810.75

图 11-67　表 HISVEADDATAFLOW

4 表 UPREPORTTUNNELRUNNINGSTATUS 统计区域下纵向设备的明密文流量，见图 11-68。

概要信息　表 - UPREPORTTUNNELRUNNINGSTATUS

	INDEXID	REGIONAL	REPORTTIME	DEVICETYPE	OUTLINECOUN	OUTLINETIME	RUNNINGTIME
25	CEF2F98CCEF2...	44	2016-04-20 00:00:00.0	6	0	33520456	87650283
26	E0ACCE92473...	64	2016-04-20 00:00:00.0	6	0	0	0
27	7FA4B6AD7FA...	52	2016-04-20 00:00:00.0	6	0	28649703	77517568
28	3830F3A03830...	46	2016-04-20 00:00:00.0	6	0	28367347	92999822
29	307C7A56307...	58	2016-04-20 00:00:00.0	6	0	40291227	125844392
30	F5B472CCF5B...	10001	2016-04-20 00:00:00.0	6	0	100513572	166942704

图 11-68　表 UPREPORTTUNNELRUNNINGSTATUS

根据上图总结密通率计算设计思路：1 表是最原始的明密文数据，2 表是在 1 表的基础上统计 15min 的数据，3 表是在 2 表的基础上统计一天某一设备的数据，4 表是在 3 表的基础上统计的区域下所有设备一天的数据。

注：表中 DECRYPTFLOW（outlinetime）列为某设备（某区域）明通流量，ENCRYPTFLOW 列为某设备密文流量，runningtime 列为区域总流量。

公式：某设备密通率＝密通数据流量/(明通数据流量＋密通数据流量)；

某区域密通率＝密通数据流量/总流量。

2. 实例 2：计算 2017 年 5 月 12 日××省调区域密通率

省调区域号为 3，纵向加密的 ID 有 VEAD000002 和 VEAD000005，见图 11-69。

	ID	WARNINGTIME	DEVICENAME	REGIONAL
55	VEAD000004	2017-05-11 09:51:35.0	电力_变电站_II_VE 8	
56	VEAD000002	2017-05-12 19:44:32.0	电力_省调_I_VEAD 3	
57	VEAD000002	2017-05-12 09:48:49.0	电力_省调_I_VEAD 3	
58	VEAD000002	2017-05-12 16:34:05.0	电力_省调_I_VEAD 3	
74	VEAD000002	2017-05-12 19:59:30.0	电力_省调_I_VEAD 3	
75	VEAD000002	2017-05-12 19:44:58.0	电力_省调_I_VEAD 3	
76	VEAD000005	2017-05-12 16:09:22.0	电力_省调_II_VEAD 3	
77	VEAD000005	2017-05-12 16:10:48.0	电力_省调_II_VEAD 3	
78	VEAD000002	2017-05-12 20:04:20.0	电力_省调_I_VEAD 3	

图 11-69　××省调区域密通率 1

VEAD00002 和 VEAD00005 纵向加密设备 5 月 12 日的明通流量为 24762.70＋9029.69＝33792.39，加密流量为 7.08＋0，见图 11-70。

	ID	STIME	DECRYPTFLOW	ENCRYPTFLOW
14	VEAD000006	2017-05-12 00:00:00.0	0.00	47919225.90
15	VEAD000007	2017-05-12 00:00:00.0	0.00	0.00
16	VEAD000002	2017-05-12 00:00:00.0	24762.70	7.08
17	VEAD000005	2017-05-12 00:00:00.0	9029.69	0.00

图 11-70 ××省调区域密通率 2

区域 3 的明通流量为 33792，总流量为 33799，验证了上一步明通和密通的总和，见图 11-71。

	INDEXID	REGIONAL	REPORTTIME	DEVICETYPE	OUTLINECOUN	OUTLINETIME	RUNNINGTIME
16	F27AE306F27A	12	2017-05-12 00:00:00.0	6	2	0	47919226
17	FE287388FE28	3	2017-05-12 00:00:00.0	6	6	33792	33799
18	4E203E134E2C	1	2017-05-12 00:00:00.0	6	6	33792	33799
19	B43C9B8BB5E	7	2017-05-12 00:00:00.0	6	2	0	47919226
20	203218AE2032	0	2017-05-12 00:00:00.0	6	8	16896	23976513

图 11-71 ××省调区域密通率 3

本区域的密通率＝7/33799×100＝0.02%；

总结：从实例 2 的第二步可分别算出每个纵向加密设备的密通率，通过对比第一步的表可得出造成区域密通率低的具体设备。

11.6 内网监视平台故障实例

11.6.1 科东平台新增区域错误现象

图 11-72 中的 220kV 错误变电站区域出现在国调下面，与地调平级，原因就是在点击添加区域时，未选中左边的地调区域。如果选中了地调区域，新添加的区域会出在地调里面，图片中显示 220kV 正确变电站的位置。

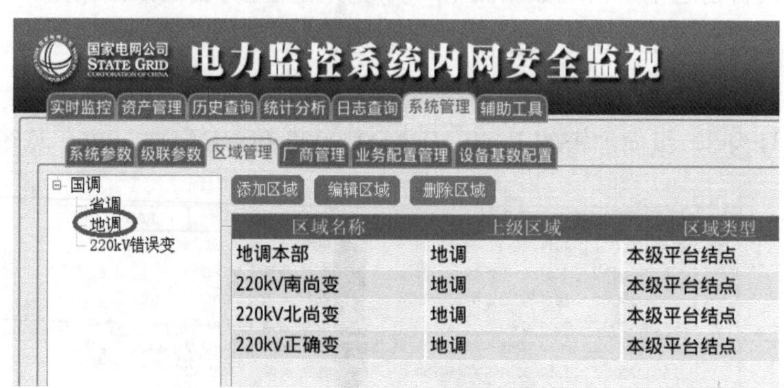

图 11-72 新增区域错误现象

11.6.2 科东平台纵向设备不在线故障处理实例

在图 11-73 中，地调的纵向加密设备不在线，节点管控连接不上，但与地调主站相连

的厂站可连接，可管控。

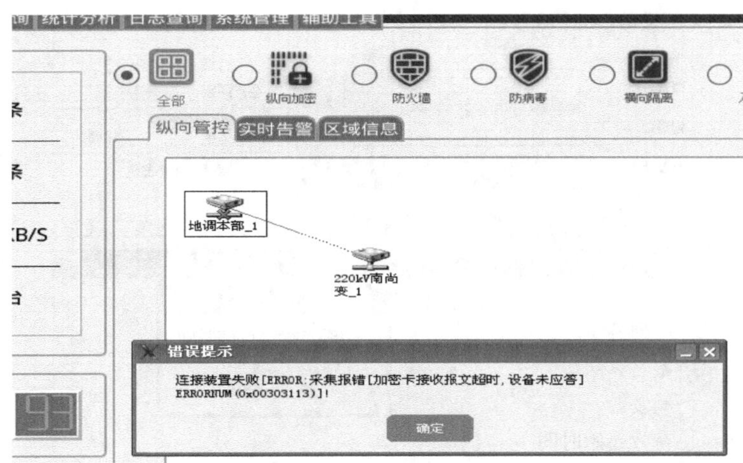

图 11-73　设备不在线故障

经以上条件分析，查找故障点由易到难，故障可能出在以下几点：

（1）平台内设备 IP 地址填错；

（2）设备内管理平台 IP 地址填错；

（3）平台到设备的路由有误；

（4）设备到平台的路由有误。

经查询，平台内设备 IP 地址填错，改正后经验证，故障排除，见图 11-74。

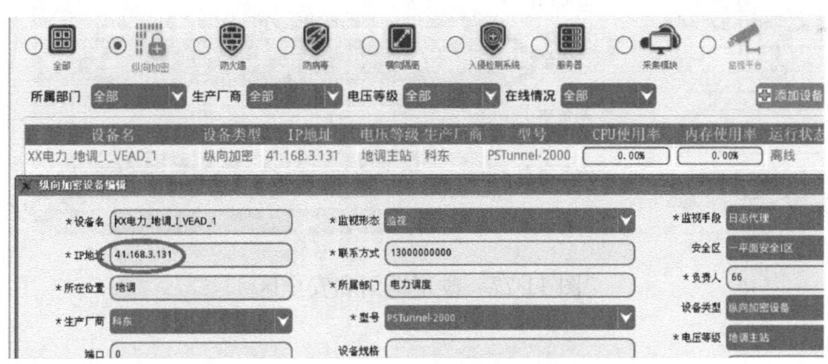

图 11-74　改正设备 IP 地址

11.6.3　科东平台纵向节点无法添加故障处理实例

在图 11-75 中，添加纵向管控节点时，在所选平面找不到可添加的节点，弹出“该区域内节点已全部添加”的对话框。

经以上条件分析，能产生此故障的原因有以下几点：

（1）在添加设备节点时，平面和安全区选错，如图 11-76 所示。

（2）在添加设备资产时，平面和安全区选错。

经查询，该设备在添加设备节点时，平面和安全区选错，改正后再添加节点，故障排除，见图 11-77。

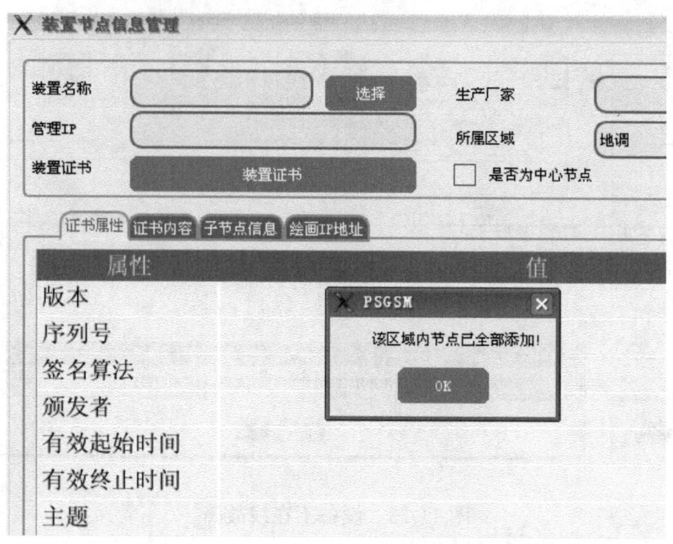

图 11-75　纵向节点无法添加故障

图 11-76　添加设备节点时，平面和安全区选错

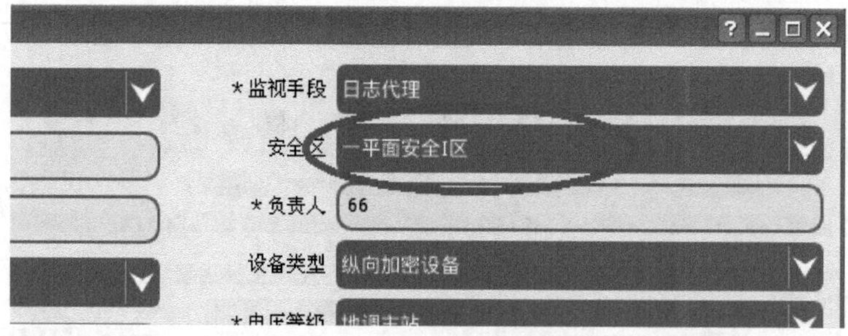

图 11-77　改正平面和安全区

第12章　网络安全监测装置

12.1　概述

12.1.1　监测装置配置基本概念

网络安全监测装置（以东方京海为例）部署于电力监控系统局域网网络中，用以对监测对象的网络安全信息采集，为网络安全管理平台上传事件并提供服务代理功能。根据性能差异分为Ⅰ型网络安全监测装置和Ⅱ型网络安全监测装置两种。Ⅰ型网络安全监测装置采用高性能处理器，可接入500个监测对象，主要用于主站侧。Ⅱ型网络安全监测装置采用中等性能处理器，可接入100个监测对象，主要用于厂站侧。

监测装置安装调试，实现与专网、内网的网络连通，完成与主站网络安全管理平台的级联调阅，实现对服务器、工作站、交换机、路由器、防火墙、隔离装置设备的监测和数据采集。

监测装置主要配置内容有：

（1）设备证书签发及导入。

（2）网卡配置。

（3）路由配置。

（4）主站平台配置及主站证书导入。

（5）添加资产（交换机、防火墙、隔离装置、服务器）。

（6）资产状态及日志查询。

12.1.2　部署拓扑图

部署拓扑图见图12-1。

Ⅰ区监测装置分别接入两套数据专网的实时交换机9口，实现和地调、省调平台的级联及告警上传。接入站控层Ⅰ区交换机，实现对主机、网络设备的信息采集。

Ⅱ区监测装置分别接入两套数据专网的非实时交换机9口，实现和地调、省调平台的级联及告警上传。接入Ⅱ区交换机，实现对主机、网络设备的信息采集。

12.2　监测装置配置

12.2.1　设备接电

监测装置可使用110V/220V直流电压，也可以使用220V交流电压。4号端子接正极，5号端子接负极，7号端子接地，如图12-2所示。交流、直流接线方法一样。

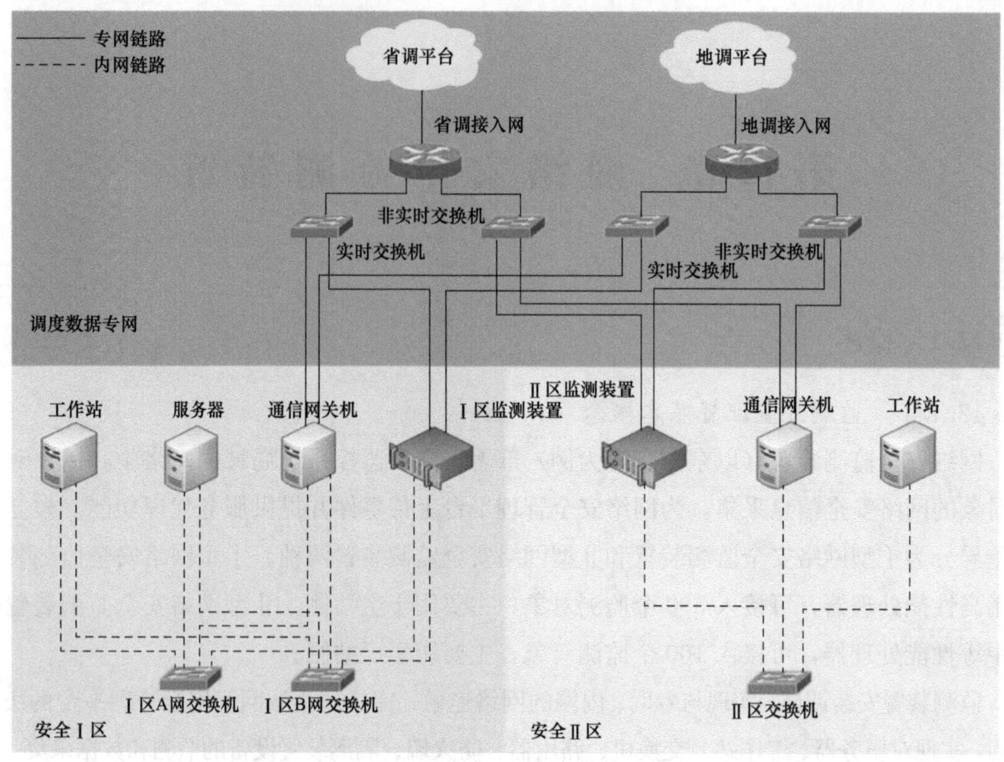

图 12-1 部署拓扑图

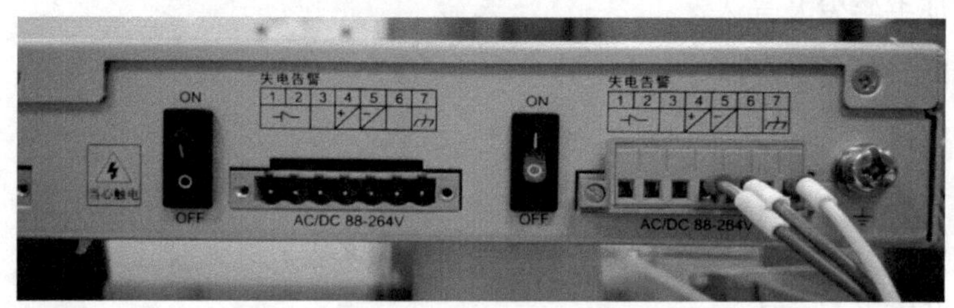

图 12-2 端子接线方式

12.2.2 设备互联端口及 IP 规划

设备互联端口及 IP 规划，见表 12-1。

表 12-1 **设备互联端口及 IP 规划表**

本侧设备端口	对端设备端口	设备	地址	网关
Ⅰ区监测装置 ETH2	地网实时交换机 ETH9	Ⅰ区监测装置 ETH2	X. X. X. 123	X. X. X. 126
Ⅰ区监测装置 ETH3	省网实时交换机 ETH9	Ⅰ区监测装置 ETH3	Y. Y. Y. 123	Y. Y. Y. 126
Ⅱ区监测装置 ETH2	地网非实时交换机 ETH9	Ⅱ区监测装置 ETH2	X. X. X. 251	X. X. X. 254
Ⅱ区监测装置 ETH3	省网非实时交换机 ETH9	Ⅱ区监测装置 ETH3	Y. Y. Y. 251	Y. Y. Y. 254

12.2.3 设备密码

登录密码：使用本地管理工具进行装置配置。

以东方京海网络安全监测装置为例，管理员账户名：df jhroot，密码：df jh-000。

12.2.4　设备配置流程

1. 设备登录

装置 eth8 网口为管理网口，默认 IP 为 192.168.1.1，将本地管理工具的 IP 设置为 192.168.1.×。

安装 localrun 管理工具、谷歌浏览器，修改 localrun 配置文件 default 的 IP 地址配置。将 IP 改为 192.168.1.1（监测装置 eth8 口 IP 地址），见图 12-3。

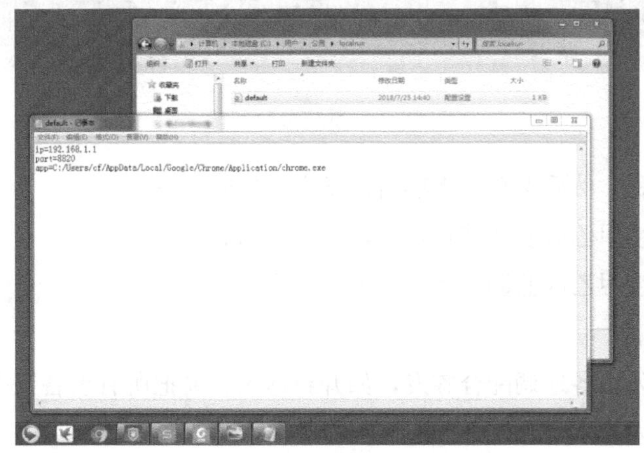

图 12-3　修改 IP 地址

打开 localrun，显示登录界面，输入用户名、密码、验证码（用户名为 df jhroot，密码为 df jh-000），见图 12-4。

图 12-4　网络安全监测登录界面

2. 装置名称配置

点击“配置”→“系统参数配置”，见图 12-5。

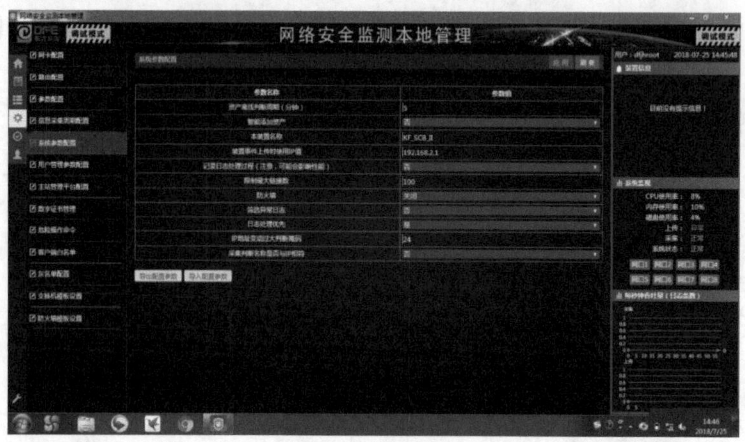

图 12-5　系统参数配置

编辑本装置名称，然后保存。本项目设备命名格式如下：

（1）开封甲乙变甲乙区监测装置，命名为 KF-JYB-Ⅰ；

（2）开封甲乙变甲乙区监测装置，命名为 KF-JYB-Ⅱ。

3. 装置证书生成

本项目证书签发由各地调配合签发，如开封地区，要把所有设备证书请求文件全部导出后统一由地调签发。

（1）进入“数字证书管理”，点击“数字证书请求”左边的导出按钮，导出证书请求文件，见图 12-6。

图 12-6　导出证书请求文件

（2）导出证书请求，将生成的证书请求，用证书系统签成公钥证书。将生成的装置公钥证书，导入到装置中。证书请求以设备地调接入网地址命名。

4. 主站平台管理配置

点击“主站管理平台配置”，添加主站平台的地址及证书，见图 12-7。

图 12-7　主站管理平台配置

点击右上角新增按钮，见图 12-8。

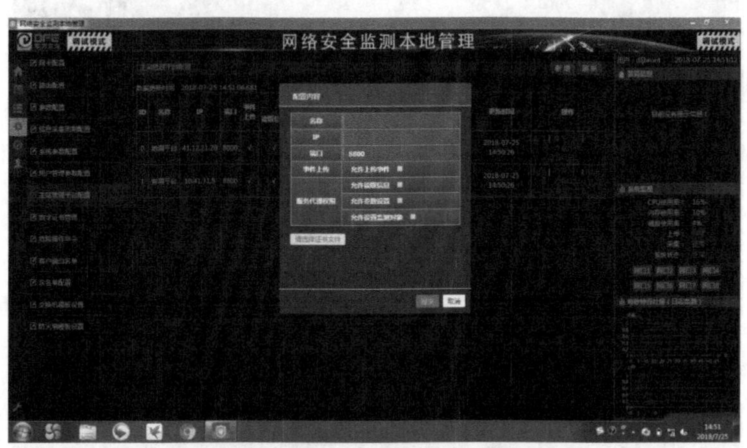

图 12-8　新增配置内容

填写主站平台名称、IP 地址，导入平台证书。

平台证书由地调和省调平台人员提供，平台公钥证书导入到装置前需以平台的 IP 重新命名。

5. 装置接口 IP 配置

点击“网卡配置”，见图 12-9。选择接口，点击“配置”，见图 12-10。修改地址/掩码后，提交。

6. 装置路由配置

每个监测装置都要添加两条路由，一个去地调方向，一个去省调方向。目标路由为主站平台地址的 24 位子网路由。

(1) 点击“路由配置”，见图 12-11。

(2) 点击右上角新增，见图 12-12。

图 12-9 网卡配置

图 12-10 修改接口配置

图 12-11 路由配置

（3）添加相应路由后，提交。

7. 资产管理

选择“资产管理”，添加交换机、防火墙、隔离装置和服务器等资产，见图 12-13。

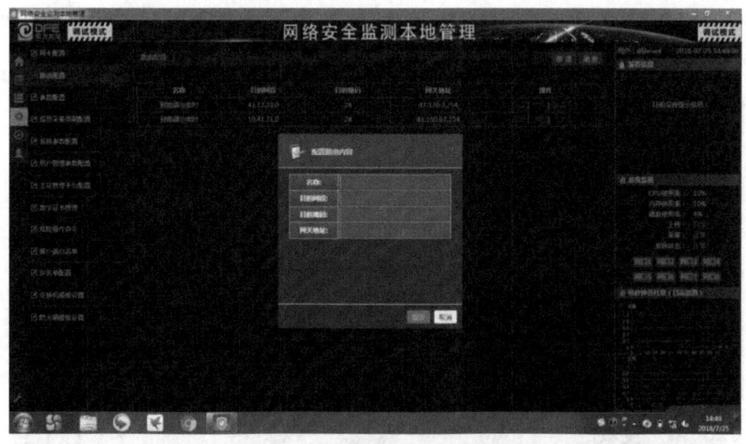

图 12-12　新增路由配置

图 12-13　资产管理

选择“交换机”，点击右上角添加，见图 12-14。

图 12-14　添加交换机

框内首部有竖杠的为必填选项，MAC 地址要按照格式填写，完成后提交，见图 12-15。

图 12-15 填写交换机信息

点击右侧的“设置 SNMP”，配置交换机的 SNMP 参数，见图 12-16。

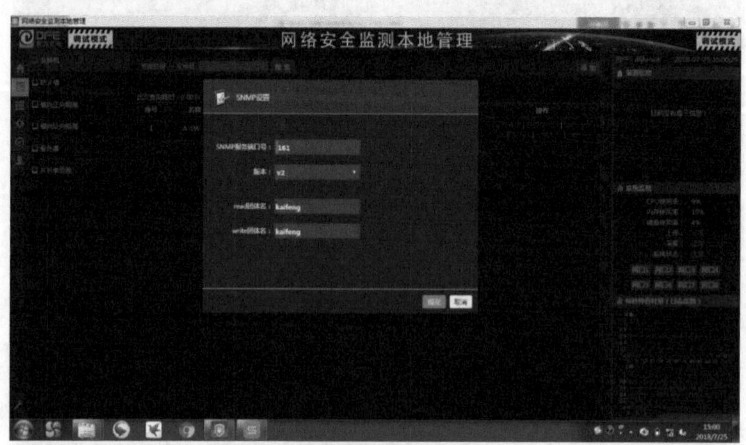

图 12-16 配置交换机 SNMP 参数

服务端口号为 161，选择 V2 版本，团体名用城市全拼，开封为 kaifeng。

8. 资产状态查询

资产添加完成后，选择“主页”→“统计信息”，显示添加资产的在线状态及日志信息，见图 12-17。

9. 平台联调

省调联调，将装置证书以省调接入网地址命名，将“安全防护运维组工作确认单”修改完成后一起发送至省调平台运维人员。

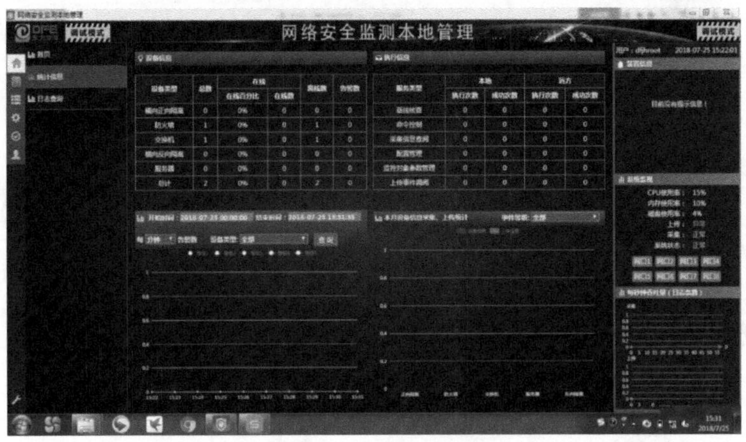

图 12-17　统计信息

第13章 防火墙与IDS

13.1 防火墙

13.1.1 功能及部署

1. 防火墙主要功能

防火墙是一种高级访问控制设备，是置于不同网络安全域之间的一系列部件的组合。它是不同网络安全域间通信流的唯一通道，能根据企业有关的安全政策控制（允许、拒绝、监视、记录）进出网络的访问行为。

2. 防火墙部署模式

透明模式：是对用户是透明的（transparent），即用户意识不到防火墙的存在。透明模式的防火墙相当于一个二层设备（网桥）。要想实现透明模式，防火墙必须在没有IP地址的情况下工作，不需要对其设置IP地址，用户也不知道防火墙的IP地址。

适用环境：服务器必须是真实互联网地址，需要保护同一子网上不同区域主机。

路由模式：如果防火墙支持路由模式，防火墙相当于路由器，原网络结构配置会被改变。路由模式的防火墙需要指定互联接口的IP地址，相当于一台三层设备（路由器）。

13.1.2 易错点及故障现象

易错点及故障现象见表13-1。

表13-1

故障现象	排查思路
Web界面无法登录	（1）检查网络连通性； （2）console口登录，检查管理IP服务是否开启； （3）检查是否配置源地址限制
访问控制策略没有生效	（1）检查区域配置是否正确； （2）检查之前的策略是否已包含此对象且放行

13.1.3 调试流程

点击“系统管理”→“配置”→“开放服务”，配置设备开放的服务。图例中允许任意地址ping该设备，允许任意地址通过Web界面远程管理该设备，见图13-1。

点击“网络管理”→“接口”→“物理接口”，配置对应接口信息。图例中eth0口配置为管理口，结合配置的静态路由，可远程管理该设备，见图13-2。

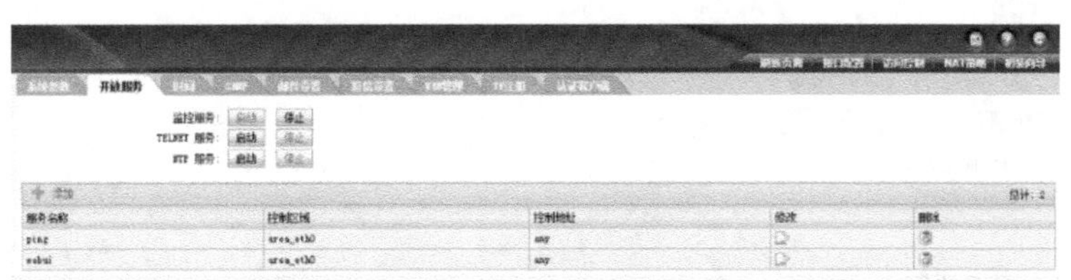

图 13-1 配置开放服务

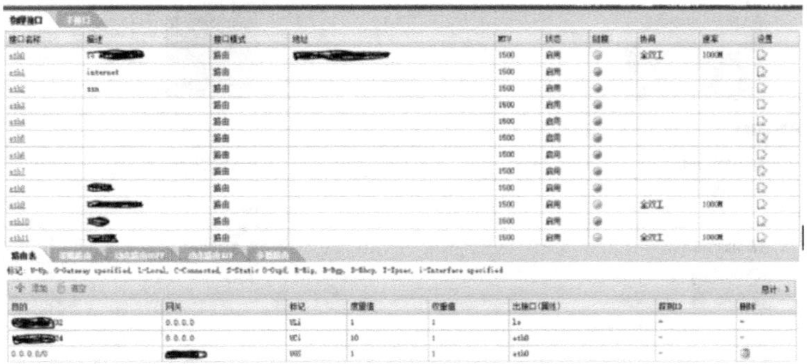

图 13-2 配置接口信息

点击“对象”→“服务对象”→“区域对象”，创建区域对象。区域对象包括防火墙两侧的可信区域（安全区）和非可信区域（非安全区）。通过设置区域权限（禁止/允许），实现防火墙默认情况下的非可信区域（untrust）禁止访问可信区域（trust），见图 13-3。

区域对象 [添加配置]

名称	绑定属性(可多选)	权限	修改	删除
area_eth0	eth0 eth1	允许		
	eth2	禁止		
	eth3	允许		

图 13-3 创建区域对象

点击“对象”→“地址对象”→“主机对象”，创建主机对象。主机对象将被引用在访问控制策略中。

点击“对象”→“地址对象”→“地址范围”，创建地址对象。地址对象中包括允许访问的非安全区地址和允许被访问的安全区地址，见图 13-4。

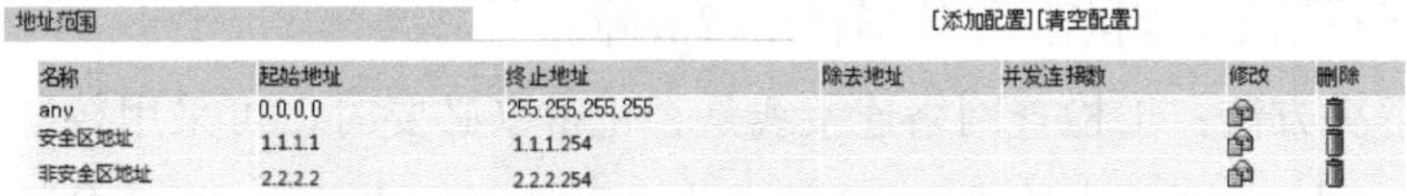

地址范围 [添加配置][清空配置]

名称	起始地址	终止地址	除去地址	并发连接数	修改	删除
any	0.0.0.0	255.255.255.255				
安全区地址	1.1.1.1	1.1.1.254				
非安全区地址	2.2.2.2	2.2.2.254				

图 13-4 创建地址对象

点击“防火墙引擎”→“访问控制”，创建访问控制策略。访问控制策略中应用允许访问安全区地址对象的非安全区地址对象，未加入的非安全区地址对象不允许访问安全区任何地址，见图 13-5。（默认情况下，不允许外部网络地址访问用户内部网络。用户可根据网络访问需求，在访问控制策略中添加允许访问用户内部网络的地址对象。）

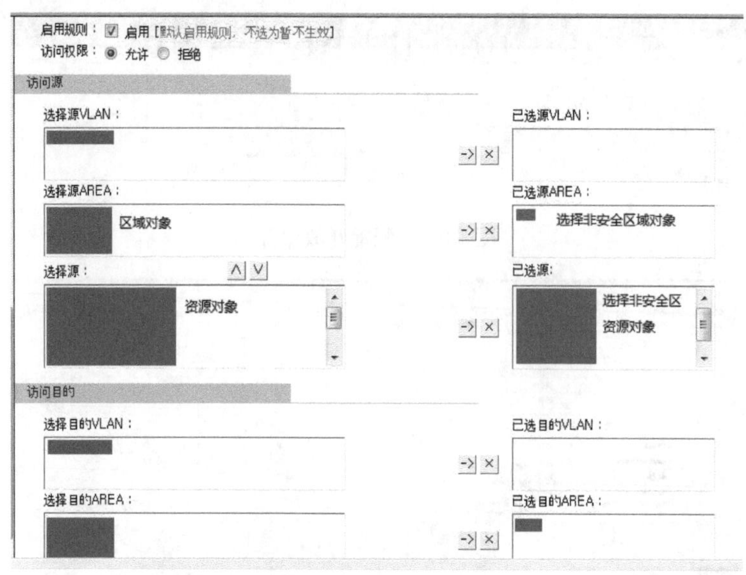

图 13-5　创建访问控制策略

13.1.4　Web 界面无法登录故障查找

(1) 检查网络连通性（假设管理地址为 1.1.1.1）。笔记本 cmd 命令行，运行 ping 1.1.1.1 命令，见图 13-6。

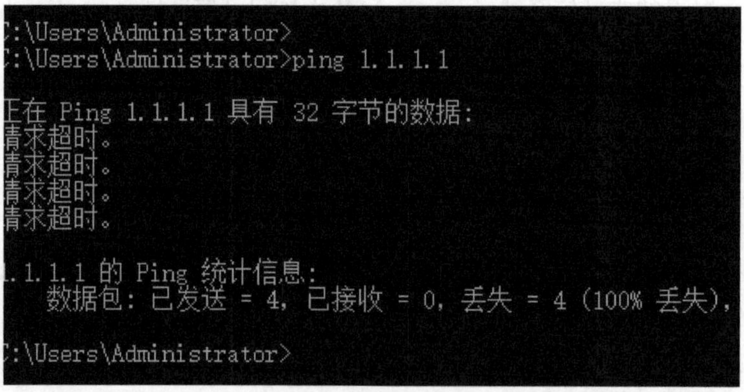

```
C:\Users\Administrator>
C:\Users\Administrator>ping 1.1.1.1

正在 Ping 1.1.1.1 具有 32 字节的数据:
请求超时。
请求超时。
请求超时。
请求超时。

1.1.1.1 的 Ping 统计信息:
    数据包: 已发送 = 4，已接收 = 0，丢失 = 4 (100% 丢失)，

C:\Users\Administrator>
```

图 13-6　运行 ping 1.1.1.1 命令

根据命令运行结果，判断网络连通性出现故障。

网络故障解决方法：①检查网络连接线是否正常（必要时，可采用替换网线的方法尝试）。②检查笔记本 IP 到防火墙管理 IP 是否路由可达（检查笔记本 IP 参数配置，是否跟防火墙管理 IP 在同一个网段内），见图 13-7。

(2) 后台登录设备，查看管理 IP 服务是否开启。console 口登录设备，查看是否有如下配置数据，见图 13-8。

(3) 检查是否配置源地址限制。console 口登录设备，查看对应服务（ping 和 webui）是否有管理源 IP 限制，见图 13-9。

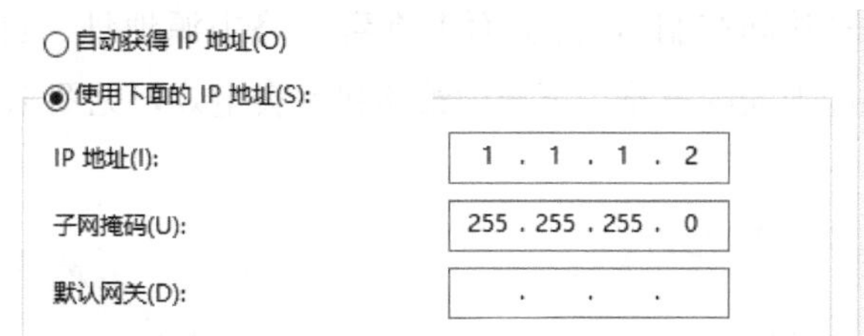

图 13-7 笔记本 IP 参数配置

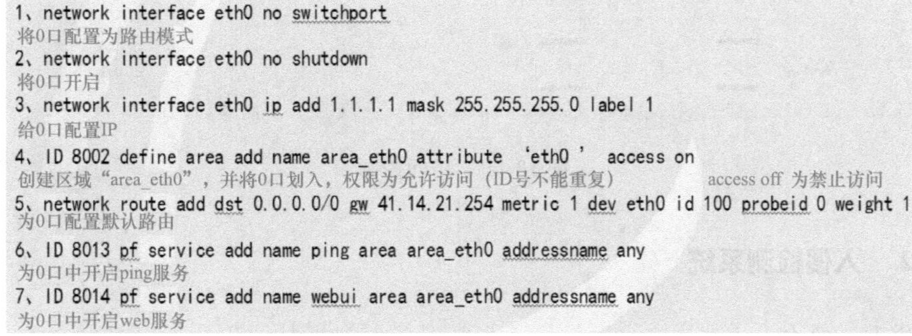

```
1、network interface eth0 no switchport
将0口配置为路由模式
2、network interface eth0 no shutdown
将0口开启
3、network interface eth0 ip add 1.1.1.1 mask 255.255.255.0 label 1
给0口配置IP
4、ID 8002 define area add name area_eth0 attribute ‘eth0 ’ access on
创建区域“area_eth0”，并将0口划入，权限为允许访问（ID号不能重复）        access off 为禁止访问
5、network route add dst 0.0.0.0/0 gw 41.14.21.254 metric 1 dev eth0 id 100 probeid 0 weight 1
为0口配置默认路由
6、ID 8013 pf service add name ping area area_eth0 addressname any
为0口中开启ping服务
7、ID 8014 pf service add name webui area area_eth0 addressname any
为0口中开启web服务
```

图 13-8 查看管理 IP 服务是否开启

```
1、ID 8013 pf service add name ping area area_eth0 addressname any
为0口中开启ping服务，且访问源ip中包含笔记本ip（本例为any）
2、ID 8014 pf service add name webui area area_eth0 addressname any
为0口中开启web服务，且访问源ip中包含笔记本ip（本例为any）
```

图 13-9 检查是否配置源地址限制

13.1.5 访问控制策略故障查找

检查区域配置是否正确，点击“资源管理”→“区域”，查看对应区域配置的权限，见图 13-10。

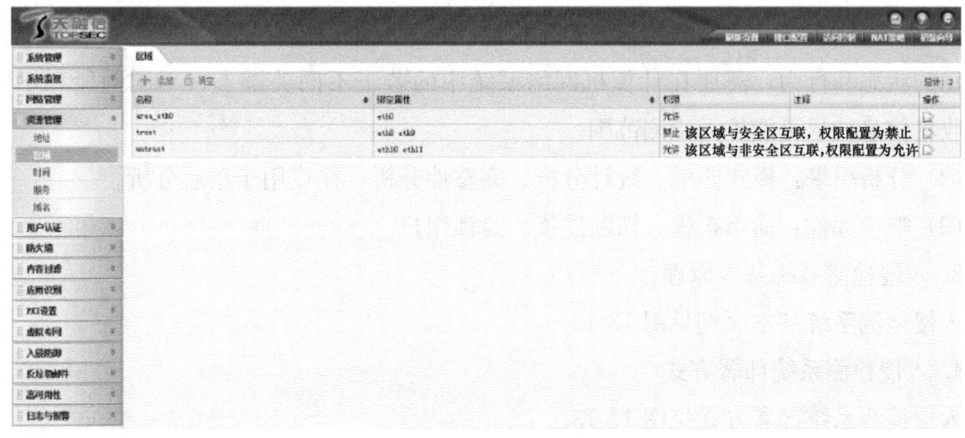

图 13-10 查看区域配置权限

检查之前的策略是否已包含此对象且放行。

点击“防火墙”→“访问控制”，自上而下查看策略中源地址、目的地址是否有交集。若有交集，则优先匹配上面的策略，下面的策略将不会生效，见图 13-11。

图 13-11 访问控制

13.2 入侵检测系统

13.2.1 简介

1. 入侵检测系统主要功能

入侵检测系统（intrusion detection system，IDS）是一种对网络传输进行即时监视，在发现可疑传输时发出警报或者采取主动反应措施的网络安全设备。它与其他网络安全设备的不同之处在于，IDS 是一种积极主动的安全防护技术。

入侵检测系统根据入侵检测的行为分为两种模式：异常检测和误用检测。前者先要建立一个系统访问正常行为的模型，凡是访问者不符合这个模型的行为将被断定为入侵；后者则相反，先要将所有可能发生的不利的不可接受的行为归纳建立一个模型，凡是访问者符合这个模型的行为将被断定为入侵。

2. 入侵检测系统的三个功能部件

（1）信息收集：入侵检测的第一步是信息收集，收集内容包括系统、网络、数据及用户活动的状态和行为，需要在计算机网络系统中的若干不同关键点（不同网段和不同主机）收集信息，尽可能扩大检测范围。

（2）分析引擎：模式匹配、统计分析、完整性分析，往往用于事后分析。

（3）响应部件：简单报警、切断连接、封锁用户。

3. 入侵检测系统基本原理

入侵检测系统基本原理见图 13-12。

4. 入侵检测系统部署方式

入侵检测系统部署方式见图 13-13。

13.2.2 易错点及故障现象

易错点及故障现象见表 13-2。

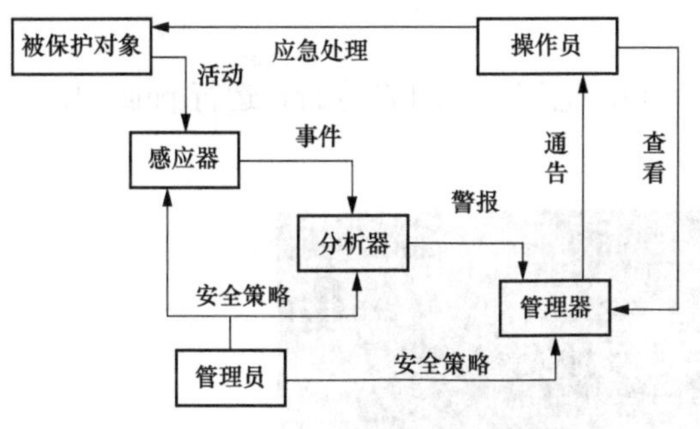

图 13-12 入侵检测系统基本原理

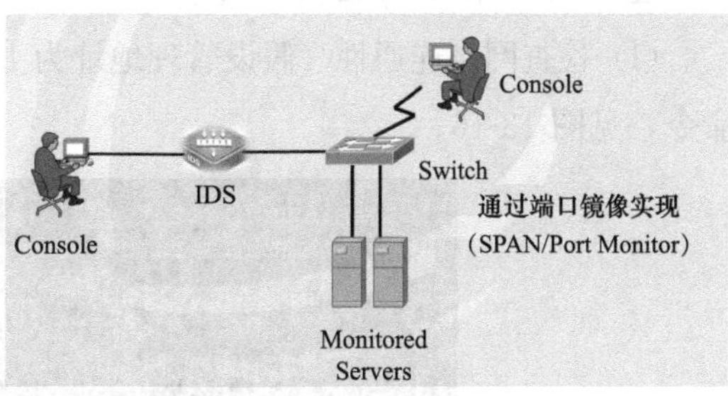

图 13-13 入侵检测系统部署方式

表 13-2 **易错点及故障现象**

故障现象	排查思路
Web 界面无法登录	(1) 检查网络连通性； (2) console 口登录，检查管理 IP 服务是否开启； (3) 检查是否配置源地址限制
IDS 监听口无网络流量	(1) 检查网线是否有问题； (2) 检查网络设备镜像数据配置是否有误

13.2.3 系统调试流程

点击“系统管理”→“配置”→“开放服务”，配置设备开放的服务，图例中允许任意地址 ping 该设备，允许任意地址通过 Web 界面远程管理该设备，见图 13-14。

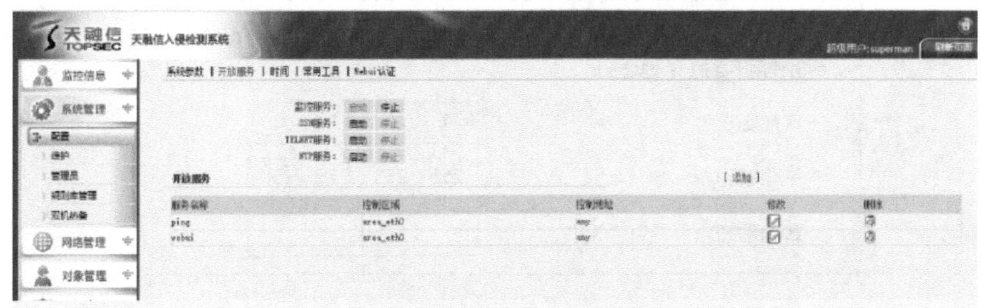

图 13-14 配置设备开放服务

点击“网络管理”→“接口”→“物理接口”，配置对应接口信息。图例中 eth0 口配置为管理口，结合配置的静态路由，可远程管理该设备。eth2 和 eth3 口作为 IDS 监听口，用于收集网络镜像流量，见图 13-15。

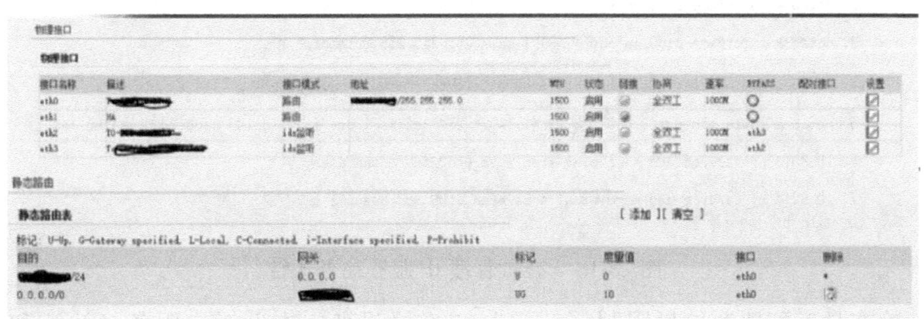

图 13-15 配置接口信息

13.2.4 Web界面故障查找

（1）检查网络连通性（假设管理地址为1.1.1.1）。笔记本cmd命令行，运行ping1.1.1.1命令，见图13-16。

```
C:\Users\Administrator>
C:\Users\Administrator>ping 1.1.1.1

正在 Ping 1.1.1.1 具有 32 字节的数据:
请求超时。
请求超时。
请求超时。
请求超时。

1.1.1.1 的 Ping 统计信息:
    数据包: 已发送 = 4, 已接收 = 0, 丢失 = 4 (100% 丢失),

C:\Users\Administrator>
```

图13-16　运行ping1.1.1.1命令

根据命令运行结果，判断网络连通性出现故障。

网络故障解决方法：①检查网络连接线是否正常（必要时，可采用替换网线的方法尝试）。②检查笔记本IP到防火墙管理IP是否路由可达（检查笔记本IP参数配置，是否跟防火墙管理IP在同一个网段内），见图13-17。

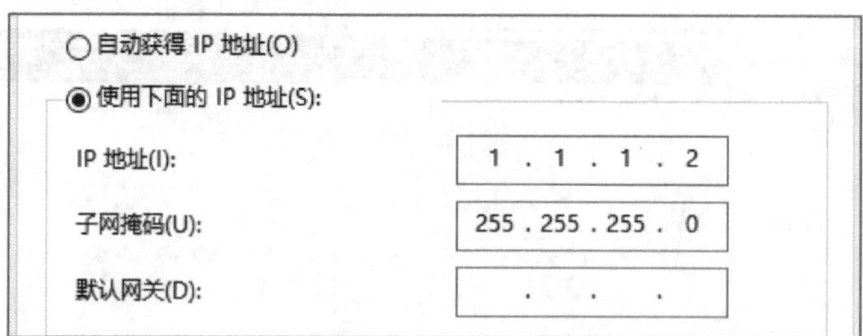

图13-17　检查笔记本IP参数配置

（2）后台登录设备，查看管理IP服务是否开启。console口登录设备，查看是否有如下配置数据，见图13-18。

```
1、network interface eth0 no switchport
将0口配置为路由模式
2、network interface eth0 no shutdown
将0口开启
3、network interface eth0 ip add 1.1.1.1 mask 255.255.255.0 label 1
给0口配置IP
4、ID 8002 define area add name area_eth0 attribute 'eth0 ' access on
创建区域"area_eth0"，并将0口划入，权限为允许访问（ID号不能重复）        access off 为禁止访问
5、network route add dst 0.0.0.0/0 gw 41.14.21.254 metric 1 dev eth0 id 100 probeid 0 weight 1
为0口配置默认路由
6、ID 8013 pf service add name ping area area_eth0 addressname any
为0口中开启ping服务
7、ID 8014 pf service add name webui area area_eth0 addressname any
为0口中开启web服务
```

图13-18　查看管理IP服务是否开启

（3）检查是否配置源地址限制。console口登录设备，查看对应服务（ping和webui）是否有管理源IP限制，见图13-19。

```
1、ID 8013 pf service add name ping area area_eth0 addressname any
为0口中开启ping服务，且访问源ip中包含笔记本ip（本例为any）
2、ID 8014 pf service add name webui area area_eth0 addressname any
为0口中开启web服务，且访问源ip中包含笔记本ip（本例为any）
```

图 13-19　检查是否配置源地址限制

13.2.5　IDS 监听故障查找

1. 故障排查思路

检查网络连接线是否有问题（必要时，可采用替换网线的方法尝试）；检查网络设备镜像数据配置是否有误。

2. 具体操作方法

（1）检查镜像目的端口是否为与 IDS 互联的端口。

（2）登录交换机（以华为交换机为例），检查是否有如下配置：

1）observe-port 1 interface 接口名称（该接口为与 IDS 互联的端口）；

2）检查是否配置正确的镜像源端口。

（3）登录交换机（以华为交换机为例），检查是否有如下配置：

1）interface 接口名称（镜像源端口）；

2）port-mirroring to observe-port 1 inbound；

3）port-mirroring to observe-port 1 outbound；

4）检查镜像源端口是否有网络流量。

（4）登录交换机（以华为交换机为例），运行 display interface（接口）命令查看 input 和 output 流量，见图 13-20。

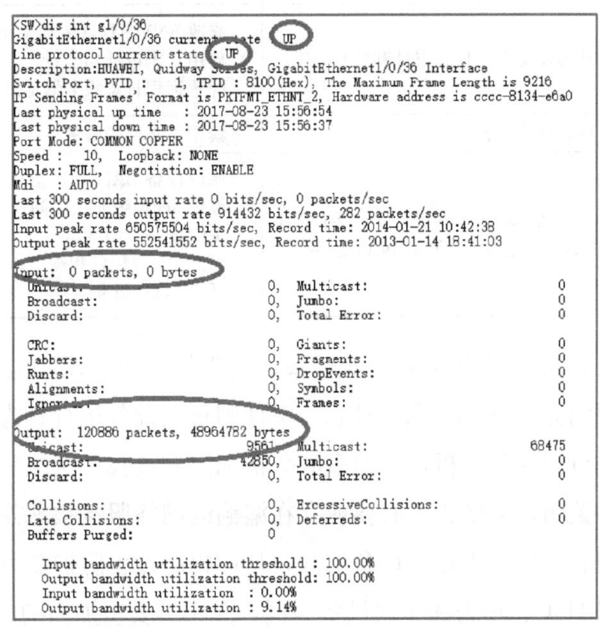

```
<SW>dis int g1/0/36
GigabitEthernet1/0/36 current state : UP
Line protocol current state : UP
Description:HUAWEI, Quidway Series, GigabitEthernet1/0/36 Interface
Switch Port, PVID :    1, TPID : 8100(Hex), The Maximum Frame Length is 9216
IP Sending Frames' Format is PKTFMT_ETHNT_2, Hardware address is cccc-8134-e6a0
Last physical up time   : 2017-08-23 15:56:54
Last physical down time : 2017-08-23 15:56:37
Port Mode: COMMON COPPER
Speed :   10,  Loopback: NONE
Duplex: FULL,  Negotiation: ENABLE
Mdi   : AUTO
Last 300 seconds input rate 0 bits/sec, 0 packets/sec
Last 300 seconds output rate 914432 bits/sec, 282 packets/sec
Input peak rate 650575504 bits/sec, Record time: 2014-01-21 10:42:38
Output peak rate 552541552 bits/sec, Record time: 2013-01-14 18:41:03

Input:  0 packets, 0 bytes
  Unicast:                       0,  Multicast:                  0
  Broadcast:                     0,  Jumbo:                      0
  Discard:                       0,  Total Error:                0

  CRC:                           0,  Giants:                     0
  Jabbers:                       0,  Fragments:                  0
  Runts:                         0,  DropEvents:                 0
  Alignments:                    0,  Symbols:                    0
  Ignored:                       0,  Frames:                     0

Output:  120886 packets, 48964782 bytes
  Unicast:                    9561,  Multicast:              68475
  Broadcast:                 42850,  Jumbo:                      0
  Discard:                       0,  Total Error:                0

  Collisions:                    0,  ExcessiveCollisions:        0
  Late Collisions:               0,  Deferreds:                  0
  Buffers Purged:                0

    Input bandwidth utilization threshold : 100.00%
    Output bandwidth utilization threshold: 100.00%
    Input bandwidth utilization  : 0.00%
    Output bandwidth utilization : 9.14%
```

图 13-20　查看 input 和 output 流量

第14章 安 全 加 固

14.1 概述

14.1.1 基本概念

安全加固涉及的网络设备主要包括调度数据网路由器、调度数据网接入交换机、局域网交换机。这些网络设备安全防护主要包括设备管理、用户与口令、日志与审计、网络服务和安全防护五个方面，见表14-1。

表14-1 网络设备安全防护

加固项目	加固内容	加固方法
设备管理	本地及远程管理、访问IP限制、登录超时设置	设置本地登录输入用户名和口令； 设置远程登录使用SSH协议； 设置acl只允许网管、审计等系统地址访问设备； 设置登录后5min无操作自动退出
用户与口令	密码认证登录、账户管理	配置必须用户名和密码组合登录方式； 创建不同账户，禁止账户共享
日志与审计	SNMP协议安全、日志审计和转存	修改SNMP默认的通信字符串； 启用日志审计功能； 配置远程日志服务器地址，转存设备日志
服务优化	禁用不必要的服务	禁用不必要的服务
安全防护	BANNER信息、ACL设置、空闲端口控制、MAC地址绑定、开启NAT服务	修改设备BANNER信息； 设置acl屏蔽非法访问； 关闭设备空闲端口； 绑定IP、MAC和端口； 开启NTP服务

设备管理侧重交换机、路由器的本地登录、远程管理等；用户与口令主要从用户分配、口令管理和权限划分等方面考虑；日志与审计侧重从设备运行日志和网络管理协议的角度，对运行信息进行记录和分析，方便事后分析和漏洞查找；网络服务主要通过控制公共网络服务的开启和关闭，来防止不必要或存在漏洞的网络服务被恶意利用；安全防护是通过设置访问控制列表等措施来控制设备访问，从而提高设备防护能力。

以下加固实例以H3C、华为和中兴设备为例，介绍其安全加固的内容。不同型号设备命令可能略有差别，详情参考所使用设备的说明书。

14.1.2 设备管理

设备管理见表 14-2。

表 14-2 设 备 管 理

加固项目	配置要求	配置目的
本地管理	在本地通过 console 口登录时，配置用户名加口令认证方式	防止设备可被随意登录，为恶意人员留下攻击设备甚至整个系统的机会
远程管理	远程访问使用 SSH 加密协议，取代 telnet、rlogin 等明文传输协议；同本地登录一样，远程登录也必须配置用户名和口令进行认证	提高交换机的安全性，可预防窃听等网络攻击
限制 IP 访问	设置访问控制列表，只允许网管系统、审计系统、主站核心设备等特定地址可以访问网络设备管理服务	防止恶意用户可以轻易连接系统进行操作
登录超时	console 口或远程登录一般要求配置超时 5min 自动退出系统，退出后用户需再次输入用户名和密码才能登录	防止用户长时间登录系统且无操作，给恶意用户或闲杂人员留下进入系统的机会

1. 本地管理实现方法

(1) H3C：

[switch]user-interface aux 0/line aux 0

[switch]authentication-mode scheme　　/设置本地口登录方式为 scheme

(2) 华为：

[switch]user-interface console 0

[switch]authentication-mode aaa　　/设置本地口登录方式为 aaa

(3) 中兴：

Router＃config t

Enter configuration commands，one per line. End with CNTL/Z.

Router(config)＃ aaa new-model

Router(config)＃ aaa authentication login default local

2. 远程管理实现方法

(1) H3C：

[switch]user-interface vty 0 4/line vty 0 4

[switch]authentication-mode scheme　　/设置远程用户登录认证方式为 scheme

[switch]protocol inbound ssh　　/限制远程登录使用 SSH 协议

[switch]ssh server enable　　/开启 ssh 服务

[switch]ssh user xxx service-type stelnet authentication-type password　/设置 ssh 登录密码认证

[switch]public-key local create rsa

[switch]public-key local create dsa/生成 RSA 和 DSA 密钥对

(2) 华为：

[switch]user-interface vty 0 4

[switch]authentication-mode aaa/设置 ssh 用户登录认证方式为 aaa

[switch]protocol inbound ssh　　/限制远程登录使用 ssh 协议

[switch]stelnet server enable/开启 ssh 服务

[switch]ssh client first-time enable

[switch]ssh user xxx service-type stelnet　　/设置用户 xxx 服务模式为 ssh

[switch]ssh user xxx authentication-type password　　/设置用户密码认证

[switch]rsa local-key-pair create　　/创建密钥对

(3) 中兴：

1) 配置主机名和域名：

Router# config t

Enter configuration commands, one per line. End with CNTL/Z.

Router(config)# hostsname router

Router(config)#ip domain-name router.domain-name

2) 生成密钥对：

Router(config)#crypto key generate rsa

The name for the ke6ys will be: route.domain-name

Choose the size of the key modulus in the range of 350 to 2048 for your Generral Purpose Keys. Choosing a key modules greater than 512 may take a few minutes.

How many bits in the modulus [512]:2048

Generating RSA Keys…

[OK]

3) 配置只允许 ssh 远程登录：

Router(config)# ssh server enable

Router(config)# ssh server authentication mode local

Router(config)# ssh server version 2

3. 限制 IP 访问实现方法

(1) H3C：

[switch]acl number 2000　　/创建 acl

[switch]rule 1 permit source 192.168.1.1 0/规则 1 仅允许 192.168.1.1 地址访问

[switch]rule 2 permit source 192.168.1.2 0　　/规则 2 仅允许 192.168.1.2 地址

访问

[switch]rule 3 deny/规则 3 拒绝所有，保证仅规则 1 和 2 有效

[switch]acl number 2001

[switch]rule 1 permit source 192.168.2.1 0

[switch]rule 2 deny

[switch]ssh server acl 2000　　/引用 acl2000，通过源 IP 对 SSH 用户地址进行控制

或使用命令：

[switch]user-interface vty 0 4

[switch]acl 2000 inbound

[switch]snmp-agent community read xxxxxxxx acl 2001　　/引用 acl2001，通过源 IP 对网管地址进行控制

（2）华为：同 H3C。

（3）中兴：

Router(config)# acl standard number 5

Router(config)# rule 1 permit 192.168.1.1 0.0.0.0

Router(config)# exit

Router(config)# line telnet access-class 5

4. 登录超时实现方法

（1）H3C：

[switch]user-interface aux 0/line aux 0

[switch]idle-timeout 5　　/配置本地登录超时时间 5min

[switch]user-interface vty 0 4

[switch]idle-timeout 5　　/配置远程登录超时时间 5min

（2）华为：同 H3C。

（3）中兴：

Router# configure terminal

Router(config)# line telnet idle-timeout 5

14.1.3　用户与口令

用户与口令加固见表 14-3。

表 14-3　　用户与口令加固

加固项目	配置要求	配置目的
密码认证登录	口令加密存储	保证口令安全，防止口令泄露
用户账号管理	设置管理员和普通账户，并设置不同的权限级别，禁止共享账户。厂站端只分配普通账户，只有查看、ping 等权限	合理配置、管理账户，按最小特权原则分配权限，防止账户权限过大，提高安全性

1. 密码认证登录实现方法

(1) H3C：

[switch]local user xxx

[switch]password cipher yyy　　/配置密码存储方式为加密

(2) 华为：

[switch]aaa

[switch]local-user xxx password cipher yyy　　/配置该用户密码存储方式为加密

(3) 中兴：

1) 采用 service password-encryption，强化口令加密。

Router #configure terminal

Router(config)# service password-encryption

2) 采用 secret 对密码进行加密。

Router(config)# enable secret xxx

Router(config)# username xx password yy

2. 账号管理实现方法

(1) H3C：分别配置本地用户和远程用户，设置密码和服务类型，并赋予相应的权限级别。

[switch]user-interface aux 0/line aux 0　　/本地用户

[switch]authentication-mode scheme　　/认证方式为 scheme

[switch]local-user xxx

[switch]password cipher qwe!@#123　/设置该用户密码并加密存储

[switch]service-type terminal　　/该用户服务类型为 terminal

[switch]authorization-attribute user-role level 3　　/该用户级别为 3 级

[switch]user-interface vty 0 4/line vty 0 4　　/远程用户

[switch]authentication-mode scheme　　/认证模式为 scheme

[switch]protocol inbound ssh　　/绑定 ssh 协议

[switch]local-user xxx

[switch]password cipher admin@123

[switch]service-type ssh　　/服务类型 ssh

[switch]authorization-attribute user-rol elevel 5　　/用户级别为 5 级

(2) 华为：

[switch]user-interface console 0　　/本地用户

[switch]authentication-mode aaa　　/认证方式为 aaa

[switch]aaa

```
[switch]local-user xxx password cipher xyz! @#290
[switch]local-user xxx privilege level 15       /该用户级别为15级
[switch]user-interface vty 0 4       /远程用户
[switch]authentication-mode aaa
[switch]protocol inbound ssh
[switch]aaa
[switch]local-user xxx password cipher admin@123
[switch]local-user xxx service-type ssh
[switch]local-user xxx privilege 15       /该用户级别为15级
```

(3) 中兴：分别设置普通用户、审计用户和超级用户，并赋予其相应的权限级别。

```
Router# config t
Router(config)# service password-encryption
Router(config)# privilege show all level 3 show running-config
Router(config)# username xxx password yyy privilege 3
Router(config)# privilege show all level 4 show logging
Router(config)# username audit password yyy privilege 4
Router(config)# username admin password yyy privilege 15
```

本地登录及远程登录均应按照用户分配账号，避免共享账号。不同账号可设置不同级别，高级别用户可以直接切换至低级别用户，但是低级别用户切换至高级别用户时必须输入密码（切换密码可事先通过 super password 命令设置）。

14.1.4 日志与审计

日志与审计见表14-4。

表14-4　　日志与审计

加固项目	配置要求	配置目的
SNMP协议安全	不应使用SNMP默认通信字符串，且字符串应有一定强度，应使用V2以上版本的SNMP协议	增加字符串强度，防止恶意用户猜测，使用高版本、更安全的协议，提高安全性
日志审计	启用审计功能，并设置审计策略	对重要事件、操作进行审计
日志转存	将日志转存到日志服务器，一般存储6个月	对事件、操作进行记录，方便事后追溯

1. SNMP协议安全实现方法

(1) H3C：

```
[switch]undo snmp-agent community public
[switch]undo snmp-agent community private       /取消默认字符串
[switch]snmp-agent community read xxxxxxxx       /设置新的写字符串
```

[switch]snmp-agent community write yyyyyyyy /设置新的写字符串

[switch]undo snmp-agent sys-info version v1 /取消默认版本 v1

[switch]snmp-agent sys-info version v2c/v3 /设置新的版本 v2c 或 v3

(2) 华为：同 H3C。

(3) 中兴：

Router# config t

Router(config)# snmp-server community encrypted xxxxxxxxro

Router(config)# snmp-server community encrypted xxxxxxxxrw

Router(config)# no snmp-server version v1

Router(config)# snmp-server version v2c enable

2. 日志审计实现方法

(1) H3C：

[switch]info-center enable /开启信息中心功能

[switch]info-center source ARP console level warning /设置 ARP 模块告警级别事件审计

[switch]info-center loghost xx.xx.xx.xx /设置日志服务器地址

(2) 华为：

[switch]info-center enable

[switch]info-center channel 6 name loghost1

[switch]info-center loghost xx.xx.xx.xx channel loghosts1

[switch]info-center source arp channel loghost1 log level warning

(3) 中兴：

Router# config t

Router(config)# logging on

Router(config)# syslog-server host xx

Router(config)# syslog-server source xx

3. 日志转存实现方法

(1) H3C：

[switch]info-center enable

[switch]info-center loghost xx.xx.xx.xx channel loghost

(2) 华为：同 H3C。

(3) 中兴：

Router# config t

Router(config)# logging on

```
Router(config)# logging trap-enable information
Router(config)# syslog-server host xx.xx.xx.xx fport 514
```

14.1.5 网络服务

网络服务见表14-5。

表14-5 网络服务

加固项目	配置要求	配置目的
禁用不必要的服务	禁用不必要服务，只允许开放SNMP、SSH、NTP等特定服务	防止不必要的或存在漏洞的服务被恶意用户利用

禁用不必要的服务实现方法如下。

(1) H3C：

```
[switch]undo ip http enable          /关闭 http 服务
[switch]undo telnet server enable          /关闭 telnet 服务
[switch]undo ftp server enable          /关闭 ftp 服务
```

(2) 华为：

```
[switch]undo http server enable
[switch]undo telnet server enable
[switch]undo ftp server
```

(3) 中兴：

```
Router# config t
Enter configuration commands, one per line. End with CNTL/Z.
Router(config)# no service tcp-small-servers
Router(config)# no service udp-small-servers
Router(config)# no ip finger
Router(config)# no service finger
Router(config)# no ip http server
Router(config)# no ip bootp server
Router(config)# no ip domain-lookup
Router(config)# ip name-server xx.xx.xx.xx
Router(config)# ip domain-lookup
Router(config)# exit
```

14.1.6 安全防护

安全防护见表14-6。

表 14-6　　安　全　防　护

加固项目	配置要求	配置目的
BANNER	修改或关闭 BANNER 语句，不应出现含有威胁系统安全内容的信息	防止信息泄露，造成安全隐患
ACL 访问控制列表	根据实际需要设置 ACL，通过调度数据网三层接入交换机的出接口、路由器的入接口设置 ACL 屏蔽非法访问信息	仅允许安全的地址连接，防止恶意用户可随意连接，规范网络访问行为
空闲端口控制	关闭交换机、路由器上的空闲端口	防止恶意用户利用空闲端口对系统进行攻击破坏
MAC 地址绑定	绑定 IP 地址、MAC 地址和端口	防止 ARP 攻击、中间人攻击、恶意接入等安全威胁
NTP 服务	开启 NTP 服务，建立统一时钟	保证日志记录时间的准确性和统一性

1. BANNER 实现方法

(1) H3C：

[switch]undo header login

[switch]undo header shell

(2) 华为：同 H3C。

(3) 中兴：

Router＃ config t

Enter configuration commands，one per line. End with CNTL/Z.

Router(config)＃ banner motd ^ T

Legal Notice：Access to this device is restricted.

2. ACL 访问控制列表实现方法

(1) H3C：

[switch]acl number 2000　　/设置 acl 2000

[switch] rule 10 permit source XX. XX. XX. XX 0. 0. 0. 0　　/规则 10 允许 XX. XX. XX. XX 地址访问

[switch] rule 20 permit source XX. XX. XX. XX 0. 0. 0. 255　/规则 20 允许 XX. XX. XX. 0 网段访问

[switch]rule 30 deny any　　/规则 30 拒绝所有访问，保证只有规则 10、20 有效

acl2000-2999 为基本控制，只能控制地址的允许和拒绝，规则 10 为允许某个地址，规则 20 为允许某个 C 类网段。

[switch]acl number 3000

[switch]rule 10 permit tcp destination XX. XX. XX. XX 0. 0. 0. 0 destination-port eq XXX　/允许 tcp 协议访问目的地址 XX. XX. XX. XX 和目的端口 XXX

[switch] rule 30 deny ip

[switch]user-interface vty 0 4

[switch] acl 2000 inbound /远程访问控制引用 acl2000

[switch]interface gx/x/x

[switch] packet-filter 3000 inbound /端口访问控制引用 acl3000

(2) 华为：

[switch]interface gx/x/x

[switch]traffic-filter outbound acl 3000 /端口访问控制引用 acl3000

其他配置命令同 H3C。

(3) 中兴：

Router(config)# access-list 1 deny tcp any eq 135 log

Router(config)# access-list 1 deny udp any eq 135 log

3. 空闲端口控制实现方法

(1) H3C：

[switch]interfaceGigabitEthernet X/X/X

[switch]shutdown

(2) 华为：同 H3C。

(3) 中兴：

Router(config)# interface ethX/X

Router(config)# shutdown

4. MAC 地址绑定实现方法

(1) H3C：

[switch] arp static XX.XX.XX.XX HHHH-HHHH-HHHH/ip source binding ip-address XX.XX.XX.XX mac-address HHHH-HHHH-HHHH /绑定 IP 地址 XX.XX.XX.XX 和 MAC 地址 HHHH-HHHH-HHHH

[switch]interface g1/0/X

[switch]ip verify source ip-address mac-address /在端口 1/0/X 开启地址绑定

(2) 华为：

[switch]arp static XX.XX.XX.XX HHHH-HHHH-HHHH/user-bind static mac-address HH-HH-HH ip-address X.X.X.X interface GigabitEthernet X/X/X

[switch]interface g0/0/X

[switch] ip souce check user-bind enable

(3) 中兴：

Router(config)# interface fei_0/3

Router(config-fei_0/3)# set arp static IP MAC

5. NTP服务实现方法

(1) H3C:

[switch]ntp-service enable　　/开启NTP服务

[switch]ntp-service unicast-server XX.XX.XX.XX　　/服务器地址XX.XX.XX.XX

[switch]ntp-service source vlan XX/同步源地址为vlanxx地址

(2) 华为:

[switch]undo ntp-service disable

[switch]ntp-service unicast-server XX.XX.XX.XX

[switch]ntp-service source-interface vlan XX

(3) 中兴:

Router# config t

Router(config)# ntp enable

Router(config)# ntp server xx.xx.xx.xx

Router(config)# ntp source yy.yy.yy.yy

14.1.7　网络设备的安全加固1

网络拓扑如图14-1所示，SW1、SW2都为三层交换机，其中SW1为H3C交换机，SW2为华为交换机，PC1、PC2两主机地址如图中所示。交换机地址分配及其他网络连接信息如表14-7。

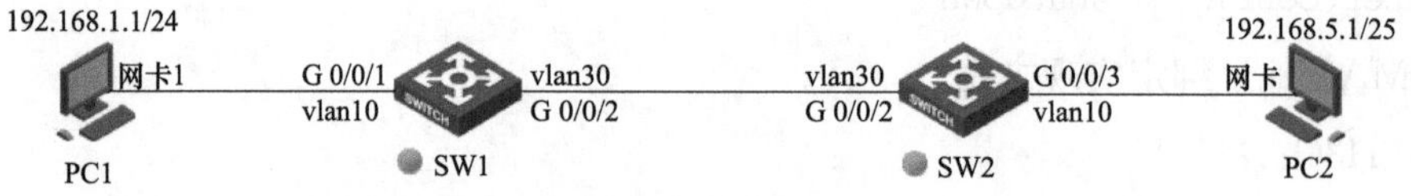

图14-1　网络拓扑图

表14-7　　**交换机地址分配**

设备	相关端口	Vlan ID	IP地址/掩码长度
SW1	G 0/0/1	10	192.168.1.254/24
	G 0/0/2	30	192.168.6.254/30
SW2	G 0/0/2	30	192.168.6.253/30
	G 0/0/3	10	192.168.5.126/25

已知题中网络已配置完成且调通，现要求对两交换机进行安全加固，请按以下要求进行配置：

(1) SW1、SW2本地console口配置用户名加密码认证，密码为密文存储，权限最高级别，空闲时间5min。

(2) SW1、SW2远程登录只允许SSH，登录用户名为admin，密码为admin@123。密码为密文存储，权限最高级别，空闲时间5min。对登录源进行限制，只允许网管服务

器 192.168.1.1 登录。

(3) SW1、SW2 关闭无用端口，关闭 http、telnet、ftp 服务。

(4) SW1、SW2 开启 NTP 服务，时间同步服务器地址为 192.168.1.1，同步源地址为 SW1、SW2 互联地址。

(5) SW1、SW2 开启 SNMP 服务，读团体字为 admin-r123，写团体字为 admin-w123，版本 V3，网管服务器地址为 192.168.1.1。SNMP 发送源地址为 SW1、SW2 互联地址。

(6) SW1、SW2 开启日志审计功能，开启 ARP 模块 Alert 级别日志发送至地址为 192.168.1.1 的服务器。

(7) 关闭 SW1、SW2 的 login banner 信息。

(8) SW1 上针对日志服务器 192.168.1.1 启用 IP 地址、MAC 地址、端口绑定；SW2 上针对工作站 192.168.5.1 启用 IP 地址、MAC 地址、端口绑定。

(9) 在 SW2 上配置 ACL，只允许工作站 192.168.5.1 访问服务器 192.168.1.1 的数据包通过。

参考答案：

(1) SW1 配置：

```
line aux 0
authentication-mode scheme
idle-timeout 5
local-user XXX
password cipher qwe!@#123
service-type terminal
authorization-attribute user-role network-admin
```

SW2 配置：

```
user-interface console 0
authentication-mode aaa
idle-timeout 5
aaa
local-user XXX password cipher XYZ!@#123
local-user XXX service-type terminal
local-user XXX privilege level 15
```

(2) SW1 配置：

```
local-user admin
password cipher admin@123
```

```
service-type ssh
authorization-attribute user-role network-admin
ssh server enable
ssh user admin service-type stelnet authentication-type password
line vty 0
authentication-mode scheme
protocol inbound ssh
idle-time 5
acl number 2000
rule 10 permit source 192. 168. 1. 1 0. 0. 0. 0
rule 20 deny
ssh server acl 2000
```

SW2 配置：

```
aaa
local-user admin password cipher admin@123
local-user admin service-type ssh
local-user admin privilege level 15
stelnet server enable
ssh client first-time enable
ssh user admin service-type stelnet
ssh user admin authentication-type password
user-interface vty 0
authentication-mode aaa
protocol inbound ssh
idle-time 5
acl number 2000
rule 10 permit source 192. 168. 1. 1 0. 0. 0. 0
rule 20 deny
user-interface vty 0
acl 2000 inbound
```

（3）SW1 配置：

```
undo ip http enable
undo telnet server enable
undo ftp server enable
```

SW2 配置：

```
undo http server enable
undo telnet server enable
undo ftp server
```

（4）SW1 配置：

```
ntp-service enable
ntp-service unicast-server 192.168.1.1
ntp-service source vlan 30
```

SW2 配置：

```
undo ntp-service disable
ntp-service unicast-server 192.168.1.1
ntp-service source-interface vlan 30
```

（5）SW1 配置：

```
snmp-agent community read admin-r123
snmp-agent community write admin-w123
snmp-agent sys-info version v3
snmp-agent target-host trap address udp-domain 192.168.1.1 params securityname admin-w123 v3
snmp-agent trap source vlan-interface 30
```

SW2 配置：

```
snmp-agent community read admin-r123
snmp-agent community write admin-w123
snmp-agent sys-info version v3
snmp-agent target-host trap address udp-domain 192.168.1.1 params securityname admin-w123 v3
snmp-agent trap source vlanif 30
```

（6）SW1 配置：

```
info-center enable
info-center source ARP loghost level warning
info-center loghost 192.168.1.1
```

SW2 配置同 SW1。

（7）SW1 配置：

```
undo header login
```

SW2 配置同 SW1。

(8) SW1 配置：

```
interface g1/0/1
ip verify source ip-address mac-address
ip source binding ip-address 192.168.1.1 mac-address HHHH-HHHH-HHHH
```

SW2 配置：

```
user-bind static mac-address HH-HH-HH ip-address 192.168.5.1 interface GigabitEthernet 0/0/1
interface g0/0/1
ip source check user-bind enable
```

(9) SW2 配置：

```
acl number 3000
rule 10 permit ip source 192.168.5.1 0 destination 192.168.1.1 0
rule 20 deny ip
interface g0/0/24
traffic-filter outbound acl 3000
```

14.1.8　网络设备的安全加固 2

某供电公司新增 H3C、HUAWEI 各一台交换机，其中 H3C 主站侧使用，给远程用户设置了最低权限级别，并设置 super 密码为 admin＃123；HUAWEI 厂站侧使用，给本地用户设置了最低权限级别，给远程用户设置了最高权限级别，方便远程管理。两台交换机配置见表 14-8。

表 14-8　　交换机配置表

设备	端口	Vlan ID	IP 地址/掩码长度	接入业务
H3C	G0/0/1	10	41.10.10.1/24	接入监控平台业务
	G0/0/24	20	1.1.1.253/30	接入厂站业务
HUAWEI	G0/0/1	10	192.168.1.1/24	接入厂站本地业务
	G0/0/24	20	1.1.1.254/30	接入主站业务
H3C	远程（SSH）	guest	admin@123	level-0
HUAWEI	本地（console）	czhw	admin＊123	level-0
	远程（SSH）	remote	admin！123	level-15

(1) 现因管理不善，主站和厂站交换机用户密码被泄露。不法分子由厂站端远程控制主站交换机，设置 acl 封堵安全设备到监控平台的日志和告警信息，以防止监控员发现网络被入侵，并设置本地 console 口用户权限为 level-0，防止监控员一旦发现入侵后从主站本地修改设备配置阻断入侵。请写出不法分子所做的配置。

(2) 本次入侵结束后，运维人员恢复了不法分子对设备造成的影响，并对主站和厂站交换机做了下列加固操作：

1）H3C：设置ACL，只允许41.10.10.0/24段主机可以远程登录。

2）HUAWEI：①关闭空闲端口；②在1口设置MAC地址绑定；③设置ACL，只允许自动化业务通过1口；④设置ACL，只允许41.10.10.0/24段主机可以远程登录。

请写出运维人员所做配置。

参考答案：

（1）厂站端console口权限不足，不能使用stelnet，不法分子使用厂站端业务主机远程登录厂站交换机后192.168.1.1：22，再stelnet主站交换机互联地址1.1.1.253，登录主站交换机后，做如下配置：

```
super network-admin
输入密码 admin#123
acl number 3000
rule 10 deny udp destination-port eq 514
interface g1/0/1
packet-filter acl 3000 outbound
local-user hacker
password simple hacker@123
service-type terminal
authorization-attribute user-role level-0
line aux 0
authentication-mode scheme
```

（2）H3C：

```
acl number 2000
rule 10 permit source 41.10.10.0 0.0.0.255
ssh server acl 2000
```

HUAWEI：

```
interface g0/0/1
shutdown
user-bind static mac-address HH-HH-HH ip-address 192.168.1.X(允许接入的地址)interface GigabitEthernet 0/0/1
acl number 3000
rule 10 permit tcp destination-port eq 2404
rule 20 permit tcp source-port eq 2404
interface g0/0/1
traffic-filter outbound acl 3000
```

```
traffic-filter inbound acl 3000
acl number 2000
rule 10 permit source 41.10.10.0 0.0.0.255
user-interface vty 0
acl 2000 inbound
```

14.1.9 网络设备的安全加固 3

小张在交换机上做了如下配置：

```
<Switch> system-view
[Switch] public-key local create rsa
[Switch] public-key local create dsa
[Switch] ssh server enable
[Switch] user-interface vty 0 4
[Switch-ui-vty0-4] authentication-mode scheme
[Switch-ui-vty0-4] protocol outbound ssh
[Switch-ui-vty0-4] quit
```

请翻译本命令执行的是什么操作，命令中是否存在错误，如存在请指出并修改。

参考答案：

上述命令执行的是开启交换机的 ssh 功能，配置对外提供远程登录方式为 ssh。命令中有错误，protocol outbound ssh 应该使用的是 protocol inbound ssh，并且因为配置有 authentication-mode scheme，还需要配置用于 ssh 登录的用户及其密码。

14.1.10 网络设备的安全加固 4

某一台地调接入网 H3C 路由器在调试维护过程中，网管系统中无法发现此台设备（其余业务正常），以下是此路由器部分配置信息：

```
#
snmp-agent
snmp-agent local-engineid 800007DB03CCCC81C11661
snmp-agent community read  public
snmp-agent community write  private
snmp-agent sys-info version all
#
```

（1）已知问题出在以上配置部分，试分析出现此问题的原因及配置修改命令（已知网管系统中 SNMP 读、写团体名分别为 CZddjrw-r、CZddjrw-w）。

（2）指出此配置部分的另一个不合规之处，并给出正确的配置修改命令。

参考答案：

（1）原因是此台设备的 SNMP 团体名（Community）与主站网管系统设置的不一致，其 SNMP 报文被丢弃。配置修改命令：

```
undo snmp-agent community public
undo snmp-agent community private
snmp-agent community read CZddjrw-r
snmp-agent community write CZddjrw-w
```

（2）不合规之处：如需使用 SNMP 服务，应采用 V2 及以上安全性增强版本。配置修改命令（注意两条命令顺序，颠倒则错误）：

```
undo snmp-agent sys-info version all
snmp-agent sys-info version v2c v3
```

14.2 操作系统安全加固

14.2.1 概述

对电力监控系统中主机的操作系统进行安全加固，可以提高电力监控系统在主机层面的安全防护水平。本节主要从配置管理、网络管理、接入管理、日志与审计等方面来介绍 UNIX 类操作系统的加固项目和方法，从账户口令、网络服务、数据访问控制、日志与审计等方面来介绍 Windows 操作系统的加固项目和方法。

UNIX 类操作系统加固项目和方法见表 14-9。

表 14-9 UNIX 类操作系统加固项目和方法

加固项目	加固内容	加固方法
配置管理	用户策略、身份鉴别、桌面配置、补丁管理、安全内核	按最小权限原则分配权限，操作系统中不存在超级管理员； 对口令的强度和登录次数等做限制； 系统桌面只显示 D5000 系统； 统一配置补丁更新策略，确保快速修补高危漏洞； 开启操作系统安全内核
网络管理	防火墙功能、网络服务管理	开启操作系统防火墙功能，对 IP、端口、协议等进行限制； 关闭不必要的服务
接入管理	外设接口、自动播放、远程登录、外部连接管理	配置外设接口使用策略，只准许特定接口接入设备； 禁止外部存储设备等自动播放或自动打开功能； 禁止使用不安全的远程登录协议，设置接入方式、IP 地址范围等条件限制； 禁止远程桌面和远程协助； 禁止通过拨号、无线网卡等方式连接互联网
日志与审计	日志功能、审计功能	设置对重要用户行为、入侵攻击行为等事件进行日志记录和安全审计

Windows 操作系统加固项目和方法见表 14-10。

14.2.2 配置管理

配置管理见表 14-11。

表 14-10　Windows操作系统加固项目和方法

加固项目	加固内容	加固方法
账户口令	账户设置、口令策略、账户锁定策略、登录设置	合理配置账户及权限，删除多余账户，禁用GUEST账户； 设置口令策略，用户口令满足要求； 设置账户锁定策略，设置自动屏保锁定； 禁止系统自动登录，关键服务隐藏最后登录用户名
网络服务	关闭无关服务、设置访问控制策略	关闭与业务无关的服务，关闭远程桌面和远程协助； 设置访问控制策略限制访问的用户； 禁止匿名用户连接、禁止默认共享、禁止无关网络连接； 关闭自动运行
数据访问控制	重要文件和数据的访问权限设置	将系统重要的文件或目录的访问权限修改为管理员完全控制、数据拥有者完全控制或配置特殊权限，避免EVERYONE完全控制； 关闭文件共享
日志与审计	日志功能、审计功能	设置系统审核策略； 调整日志存储空间
恶意代码防范	补丁安装、防病毒、软件防火墙	及时安装系统补丁； 安装防病毒、防木马软件和软件防火墙
其他加固项目	更改计算机名、磁盘配额管理、卸载无关软件、登录对话框中删除关机按钮、禁止IP路由转发	更改计算机名称； 启用磁盘配额管理，合理分配磁盘空间； 卸载无关软件，禁止安装与工作无关的其他软件； 从登录对话框中删除关机按钮，防止随意关机； 禁止IP路由转发

表 14-11　配　置　管　理

加固项目	配置要求	配置目的
用户策略	（1）操作系统中不应存在超级管理员，管理权限应由安全管理员（secadmin）、系统管理员（sysadmin）、审计管理员（audadmin）配合实现； （2）对重要信息设置敏感标记，设置敏感信息访问策略； （3）删除系统中的多余账户和过期账户	仅授予用户所需最小权限，防止用户权限过大； 控制用户对设有敏感标记的信息进行访问操作的行为，提高安全性； 防止恶意用户利用多余或过期账户
身份鉴别	（1）操作系统账户口令应具有一定的复杂度； （2）设置登录尝试次数和账户锁定时间的阈值，达到该值时拒绝登录； （3）口令应定期更换，口令过期前有修改提示	防止恶意用户猜测口令、暴力破解口令，定期更换口令以提高安全性
桌面管理	（1）桌面只显示D5000系统，禁止除D5000系统外的程序； （2）在系统桌面创建D5000图标，删除其他图标； （3）禁用鼠标右键菜单； （4）禁用开始菜单和任务栏； （5）禁用虚拟终端	简化、规范桌面，防止调度员、监控员及其他人进行监控系统以外的操作
补丁管理	统一配置补丁更新策略	保证操作系统安全漏洞得到及时有效修补，以降低操作系统被恶意攻击的风险
安全内核	开启安全内核	

1. 用户策略实现方法

(1) 凝思:

1) 凝思系统可选择无root运行模式。以4.2.35版本的系统为例，在系统启动时，选择Rocky Secure Operating System 4.2 without root，启动后系统即运行于无root模式。

2) 举例介绍用户对设有敏感标记文件的操作权限。

文件:

假设在/tmp目录下新建3个文件，文件名分别为2_2_0123、1_1_0123、2_2_1234。

```
$ touch /tmp/2_2_0123
$ touch /tmp/1_1_0123
$ touch /tmp/2_2_1234
```

以安全管理员secadmin的身份登录，分别设置上述3个文件的MAC属性。

```
$ setfmac -i 2 -c 2 -C "0 1 2 3" /tmp/2_2_0123
$ setfmac -i 1 -c 1 -C "0 1 2 3" /tmp/1_1_0123
$ setfmac -i 2 -c 2 -C "1 2 3 4" /tmp/2_2_1234
```

用户:

仍以安全管理员secadmin的身份设置用户test的MAC属性，进入用户MAC属性配置文件/etc/security/user_mac.conf，将用户test（uid=260）的MAC属性设置如下:

```
260 {
2
2
0 1 2 3
}
```

上述操作将用户的MAC属性设置为integrity为2，classification为2，category为0123。

以secadmin的身份登录，重新加载MAC内核安全模块:

```
$ rmmod lsm_mac
$ modprobe lsm_mac
```

基于以上设置，用户test登录系统后，对于MAC属性与自己相同的2_2_0123文件，test用户可读可写；对于完整性级别比自己低、密级比自己低、类别相同的1_1_0123文件，test用户可读不可写；对于密级非0，且自己不包含其类别的2_2_1234文件，test用户无权进行任何操作。

注释:

完整性级别integrity：客体完整性级别为0时，任何主体都可对其进行读写操作。主体对于完整性级别比自己高的客体不可写；限读参数有效情况下，还对于完整性级别比自己低的客体不可读。

密级 classification：客体密级为 0 时，任何主体都可对其进行读写操作。主体对于密级比自己高的客体不可读，并且对于密级比自己低的客体不可写。

类别 category：只有客体的类别包含于主体的类别时，主体才可以对其进行读写操作。

在 integrity、classification、category 三个参数同时作用的机制下，主体对客体的访问许可规则如表 14-12。

表 14-12　　访问许可规则

integrity	classification	category	read/write
0	0	*	rw
0	=	∈	rw
0	>	∈	r-
0	<	∈	-w
=	0	*	rw
>	0	*	rw(-w)
<	0	*	r-
=	=	∈	rw
=	>	∈	r-
=	<	∈	-w
>	=	∈	rw(-w)
<	=	∈	r-
>	>	∈	r-(—)
<	<	∈	—
>	<	∈	-w
<	>	∈	r-
*	*（非 0）	∉	—

注 1. 表格中的"＝""＞""＜""∈""∉"分别表示主体的级别与客体相同、比客体高或低、包含或不包含客体级别。
2. "0"表示客体的值为 0，"＊"表示客体为任意有效值。
3. read/write 为主体对客体的读写权限，括号中为限读有效的情况下不同的读写权限。

3）查看账户列表/etc/passwd，找出无关账号，例如删除 test1 和 test2：

```
#userdel test1
#userdel test2
```

（2）麒麟：

1）麒麟操作系统默认设置三权分立（sysadmin、secadmin、audadmin），无需另行设置。

2）若系统内没有相应规则，则用以下命令添加访问控制规则：

```
teadmar -a "test_exec_t; test_t; file; read, getattr, write"
```

添加该规则后，test _ exec _ t 类型的进程对 test _ t 类型的文件有 read、getattr、

write 的权限。

若系统内已经存在相应的规则，需要修改访问权限，则使用以下命令：

teadmar -s“test_exec_t; test_t; file; read, getattr, write”

上述规则意思是将 test _ exec _ t 类型的进程对 test _ t 类型的文件的权限修改为 read、getattr、write。

查看访问控制规则：

teadmar -l

查看系统内存在的 test _ exec _ t 类型的进程对 test _ t 类型的文件拥有何种访问权限的规则：

teadmar -g“test_exec_t; test_t; file”

删除系统内存在的 test _ exec _ t 类型的进程对 test _ t 类型的文件拥有何种访问权限的规则：

teadmar -d“test_exec_t; test_t; file”

同凝思系统。

2. 身份鉴别实现方法

(1) 凝思：

1) 修改文件/etc/pam. d/password 内容如下：

password required /lib64/security/pam_cracklib. so retry = 3 minlen = 10 difok = 1 lcredit = 1 ucredit = 1 dcredit = 1 ocredit = 1 reject_username

retry = 3:重置口令 3 次失败后结束会话。

minlen = 10:口令长度不小于 6 位。

difok = 1:重置口令时新口令与旧口令至少 1 位不同。

lcredit = 1:口令中至少 1 个小写字母。

ucredit = 1:口令中至少 1 个大写字母。

dcredit = 1:口令中至少 1 个数字。

ocredit = 1:口令中至少 1 个特殊字符。

reject_username:口令不得与用户名相同。

此处需要注意的是，参数 lcredit、ucredit、dcredit、ocredit 的值若设置为正数（如上例），则口令实际长度是参数 minlen 的值减去参数 lcredit、ucredit、dcredit、ocredit 的值之和；如果参数 lcredit、ucredit、dcredit、ocredit 的值设为相应的负数，则口令实际长度即是 minlen 的值。

2) 在/etc/pam. d/kde、/etc/pam. d/login、/etc/pam. d/sshd 三个文件中各增加一行：

auth required /lib64/security/pam_tally. so per_user unlock_time = 600 onerr =

succeed audit deny = 5

deny：连续登录失败几次。

unlock _ time：达到最大登录失败次数后，账户锁定时间（s）。

3）对之后新增用户的口令过期时间和过期前提醒的设置，编辑/etc/login. defs 文件：

PASS_MAX_DAYS 90//口令最长 90 天修改

PASS_MIN_DAYS 1

PASS_WARN_DAYS 10//口令过期前 10 天提示修改

对已经存在的用户，修改/etc/login. defs 文件对其无影响，可做如下配置：

#chage -l//用户名查看账户口令过期时间及提醒时间参数

如需修改，使用如下命令：

#chage -M 90//用户名将口令过期时间修改为 90 天

#chage -W 10//用户名将口令过期前提醒天数修改为 10

（2）麒麟：

1）修改/etc/pam. d/system-auth 文件：

password required pam_passwdac. so min = disable，40，8，8，8 max = 40 retry = 3

2）修改/etc/pam. d/system-auth 文件：

auth required pam_tally. so per_user onerr = fail deny = 5 unlock_time = 600 even_deny_root_account audit

3）同凝思系统。

3. 桌面配置实现方法

（1）凝思：

1）点击鼠标右键→选择“新建”→“应用程序链接”→在弹出的对话框中点击“应用程序”→在“命令”中输入启动 D5000 的程序文件路径（或点击“浏览”直接查找 D5000 应用程序路径）→“确定”。

2）在桌面多余的图标上点右键，选择“删除”，即可删除无关图标。

3）进入文件/. kde/share/config/kdesktoprc，找到［Mouse Buttons］项，在已有的一行 Middle=WindowListMenu 下面添加一行：

Right = disable

4）在/home/需要禁用任务栏的用户名/. kde/Autostart 路径下，编辑文件 close _ panel. desktop，新增如下命令：

[Desktop Entry]

Type = Application

Exec = killall kicker

保存退出，重启机器。

5）进入文件/etc/inittab 修改，在行首加＃号注释对应行内容：

```
#1:2345:respawn:/sbin/agetty 38400 tty1
#2:2345:respawn:/sbin/agetty 38400 tty2
#3:2345:respawn:/sbin/agetty 38400 tty3
#4:2345:respawn:/sbin/agetty 38400 tty4
#5:2345:respawn:/sbin/agetty 38400 tty5
#6:2345:respawn:/sbin/agetty 38400 tty6
```

重新启动。

注：/etc/inittab 文件中的上述六行内容格式为“登记项 ID：运行级别：动作关键字：要执行的 shell 命令”。

以 1:2345:respawn:/sbin/agetty 38400 tty1 为例：

1 是登记项 id，用于唯一地标识每一个登记项。

2345 是运行级别，也就是操作系统的功能级别。其中 0 表示系统关机；1 表示单用户模式，root 权限，用于系统维护，类似于 Windows 的安全模式；2 表示多用户模式，没有 NFS 网络支持；3 表示完整的多用户文本模式，有 NFS 网络支持，登录后进入控制台命令行模式；4 表示系统未使用，保留一般不用；5 表示图形化模式，登录后进入图形 GUI 模式，即 X Windows 系统；6 表示系统重启。

respawn：如果相应的进程不存在，系统 init 就执行它。如果该进程结束，init 将重启该进程。

/sbin//agetty 38400 tty1:表示执行/sbin//agetty 开启一个波特率 38400 的 tty1 虚拟终端。

注释掉这些行即禁止系统打开这些虚拟终端。

（2）麒麟：

1）在桌面创建启动应用的快捷图标，快捷图标的创建由人机提供。

2）禁用鼠标右键“打开终端”：

```
rmp -e nautilus-open-terminal
```

3）同凝思系统。

4. 安全内核实现方法

（1）凝思：凝思系统默认开启该功能，可执行 lsm| grep lsm _ linx 命令查看，如果显示 lsm _ linx 则说明安全内核模块已加载成功。

（2）麒麟：麒麟系统默认开启该功能，secadmin 用户执行 rbapol 后有如下输出，则说明安全内核模块已加载成功：

```
Usage: rbapol {-g|--get} -l list, of, labels -f [file1] [file2…]
rbapol {-g|--get} -l list, of, labels -p [pid1] [pid2…]
```

```
rbapol {-g|--get} -l list, of, labels -r [role1] [role2…]
rbapol {-g|--get} -f ATTR [file1] [file2…]
rbapol {-g|--get} -r AUTH [role1] [role2…]
rbapol {-q|--query} POLICY
```

14.2.3 网络管理

网络管理见表 14-13。

表 14-13　　网络管理

加固项目	配置要求	配置目的
防火墙功能	(1) 配置基于 IP 地址、端口、数据流向的网络访问控制策略； (2) 限制端口最大连接数，在连接数超过 100 时报警	控制网络访问，保证有权限的用户才能连接系统
网络服务管理	(1) 遵循最小安装的原则，仅安装和开启必需的服务； (2) 关闭 ftp、telnet、login、135、445、SMTP/POP3、SNMPv3 以下版本等公共网络服务	禁止与 D5000 系统无关的服务开启，防止恶意利用这些服务或有漏洞的服务

1. 防火墙功能实现方法

(1) 凝思：

1) 明确允许访问的 IP 地址、端口、数据流向通过系统防火墙 iptables 来配置，例如只允许 192.168.100.100 的机器访问 22 端口：

进入/etc/rc.d/rc.local 文件，在文件中添加如下命令：

```
iptables -A INPUT -p tcp -s 192.168.100.100 --dport 22 -j ACCPET
ptables -A INPUT -p tcp --dport 22 -j DROP
```

系统重启后修改生效。

注：上述规则添加后，只有地址是 192.168.100.100 的机器能够访问本机的 ssh 服务 (tcp 协议的 22 端口)，其他地址的访问均拒绝。

-p tcp：表示使用 tcp 协议。

-s：源 IP。

--dport：目的端口。

-j ACCEPT：允许访问。

-j DROP：拒绝访问。

-A INPUT：把这条规则追加到 INPUT 输入链规则的底端。

2) 进入/etc/rc.d/rc.local 文件，在文件中添加如下命令：

```
iptables -A INPUT -p tcp --dport 8080 -m connlimit -connlimit -above 100 -j DROP
```

iptables -A INPUT -p tcp --dport 8080 -j ACCEPT

上述命令添加后系统在连接超过 100 时拒绝多余访问，暂无告警功能。

(2) 麒麟：

仅允许地址为 192.168.100.0/24 网段的机器访问本机 22 端口。

编辑/etc/hosts.allow 文件,创建 hosts.allow 访问控制白名单,添加如下一行：

sshd:192.168.100.0/24

编辑/etc/hosts.deny 文件,创建 hosts.deny 访问控制黑名单,添加如下一行：

sshd:ALL:deny

注：凝思系统也可以用此方法实现该功能。麒麟操作系统暂无该功能。

2. 网络服务管理实现方法

(1) 凝思：

1) 查看系统已经安装和开启的服务：

ps aux | grep -v -e['[']

禁用常见多余服务，可以参照如下禁用 ftp 服务的方法，不同服务禁用方法不尽相同：

cd /etc/rc.d/rc3.d/进到该目录下

rm S*proftpd 删除 S*proftpd

cd /etc/rc.d/rc5.d/

rm S*proftpd

2) 凝思系统默认关闭 LOGIN、135、445、SMTP/POP3、SNMPv3 以下版本服务（端口）。禁用 telnet、rshell、rlogin 服务。打开/etc/inetd.conf 文件，检查是否有 telnet、shell、login 的启动项，如果有就通过在行首加#的方法注释掉相应服务，并执行命令：

/etc/init.d/inetd stop

然后重启：

/etc/init.d/inetd restart

(2) 麒麟：

查看系统已经安装的服务：

Chkconfig--list

使用 rpm 命令删除多余服务：

#rpm -e//需要删除的服务软件包名称

系统防火墙采用白名单规则,默认关闭。

14.2.4　接入管理

接入管理见表 14-14。

表 14-14　　接入管理

加固项目	配置要求	配置目的
外设接口	设置外设接口使用策略，只准许特定接口接入设备，保证鼠标、键盘、U-Key 等常用外设的正常使用，其他设备一律禁用	防止通过外设接口传入系统内部病毒等，防止恶意用户利用外设接口攻击系统
远程登录	（1）远程登录应使用 ssh 协议，禁止使用其他远程登录协议； （2）处于网络边界的主机 ssh 服务通常情况下处于关闭状态，有远程登录需求时可由管理员开启； （3）限制指定 IP 地址范围主机的远程登录； （4）主机间登录禁止使用公钥验证，应使用密码验证模式； （5）禁止远程桌面和远程协助（禁止远端机器使用 xmanager 等工具登录系统）； （6）操作系统使用的 ssh 协议版本应高于 openssh v7.2； （7）600s 内无操作，自动退出	（1）ssh 协议为加密协议，提高安全性； （2）防止边界主机受到外部入侵； （3）规范网络访问，防止主机可被随意连接； （4）使用密码验证提高登录认证强度； （5）防止恶意远程连接主机进行操作； （6）采用高版本、更安全系统； （7）防止操作后不退出系统，闲杂人员进行操作
外部连接管理	（1）禁止 Modem 拨号； （2）禁止使用无线网卡； （3）禁止使用 3G 网卡； （4）配置主动联网检测策略； （5）禁用非法 IE 代理上网	禁止外部连接服务，防止内部网络连接外网，提高系统安全性

1. 外设接口实现方法

（1）凝思：

禁用 USB 存储驱动，保留其他 USB 设备驱动：

进入

/lib/modules/2.6.32.41-Rocky4.2-x86_64（`uname-r`）/kernel/drivers/usb/storage 目录下，删除 USB 存储驱动：

rm usb-storage.ko

系统默认禁用 U-Key，禁用光驱。

（2）麒麟：

禁用 USB 存储设备：

```
rm -rf /lib/modules/2.6.32.41-Rocky4.2-x86_64(`uname -r`)
/kernel/drivers/usb/
storage/usb-storage.ko
rm -rf /lib/modules/2.6.32.41-Rocky4.2-x86_64(`uname -r`)
/kernel/drivers/scsi/
sr_mod.ko
```

2. 远程登录实现方法

（1）凝思：

1）修改配置文件/etc/inetd.conf，注释掉其他远程登录协议启动项（telnet 等）。

2）在边界机器上，执行如下命令：

```
# cd /etc/rc.d/rc3.d/
```

```
# rm S * sshd
# cd /etc/rc.d/rc5.d/
# rm S * sshd
#/etc/init.d/sshd stop
```

3）系统应设置远程登录访问控制列表，限制能够登录本机的 IP 地址。例如，允许地址段 172.17.0.0/16 和 192.168.1.0/24 的主机远程访问本机。

创建 hosts.allow 访问控制白名单。编辑/etc/hosts.allow 文件，添加如下命令：

```
sshd:172.17.0.0/16
sshd:192.168.1.0/24
```

创建 hosts.deny 访问控制黑名单。编辑/etc/hosts.allow 文件,添加如下命令：

```
sshd:ALL:deny
```

4）打开文件/etc/ssh/sshd _ config，找到如下内容：

```
RSAAuthentication yes
PubkeyAuthentication yes
```

修改为：

```
RSAAuthentication no
PubkeyAuthentication no
```

保存并关闭文件，重启 ssh 服务：

```
/etc/init.d/sshd restart
```

5）编辑/usr/share/config/kdm/kdmrc 文件，做如下修改：

```
[Xdmcp]
Enable = false
```

保存退出，重启 kdm 服务，即执行命令：

```
/etc/init.d/kdm restart
```

6）由厂商提供 openssh 升级软件包，现场升级至 7.2 及以上版本。

7）对于 bash 用户，在/etc/profile 文件中，增加如下内容：

```
export TMOUT = 600
```

对于 tcsh 用户，在/etc/csh.cshrc 文件中，增加如下内容：

```
set -r autologout = 10
```

（2）麒麟：

1）删除 telnet 管理工具：

```
#rpm-e telnet telnet-server
```

2）在网络边界机器关闭 ssh 服务：

```
#servicesshd stop
```

```
#chkconfigsshd off
```

3）同凝思系统。

4）同凝思系统。

5）同凝思系统。

6）由厂商提供 openssh 升级软件包，现场升级至 7.2 及以上版本。

7）同凝思系统。

3. 外部连接管理实现方法

（1）凝思：

1）参考禁止无线网卡的方法。

2）以禁止 intel wireless 7260 无线网卡为例。首先使用 lspci 命令查找有关联网设备的驱动，显示结果如下：

```
03:00.0Network Controller:Inter Corporation Wireless 7260(rev 73)
```

其中句首的 03：00.0 是设备在 pci 总线上的编号，找到该编号后执行下面的命令查找设备驱动模块：

```
# lspci -nnvvk -s 03:00.0
```

显示的信息中，“Kernel driver in use:”后即是对应驱动模块的名称，如 iwl3924，将该模块添加到驱动黑名单中，编辑/etc/modprobe.d/blacklist.conf 文件，在最后一行添加：

```
blacklist iwl3924
```

重启系统。

3）参考禁止无线网卡的方法。

4）默认满足。

5）默认满足。

（2）麒麟：麒麟系统默认满足上述要求。

14.2.5 日志与审计

日志与审计见表 14-15。

表 14-15　日志与审计

加固项目	配置要求	配置目的
日志与审计	系统应对重要用户行为、系统资源的异常使用、入侵攻击行为等重要事件进行日志记录和安全审计： （1）配置系统日志策略，对登录事件、用户行为等进行审计； （2）对审计日志分配合理的存储空间和时间； （3）对日志配置文件进行访问控制避免被普通修改和删除； （4）采用专用的安全审计系统对审计记录进行查询、统计、分析和生成报表； （5）日志默认保存两个月，两个月后自动覆盖	设置审计策略，对用户登录、操作、入侵等事件进行审计和记录，帮助事后分析、追溯事件发生过程，完善防卫机制

日志与审计实现方法：

（1）凝思：

1）凝思系统默认开启审计功能，且审计规则满足安全要求。可用如下命令查看审计功能是否开启：

```
ps -ef | grep auditd
```

如果显示结果中有“/sbin/auditd”，说明审计功能已开启。

若需手动开启审计功能，方法如下：

```
# /etc/init.d/auditd start
```

2）例如要求最大日志容量 300MB，超过此大小则进行 ROTATE 日志轮转，最多保存 8 个文件，磁盘空间剩余 75MB 时，执行 SYSLOG 动作，向系统日志发送警告。编辑 /etc/audit/auditd.conf 文件：

```
max_log_file = 300
max_log_file_action = ROTATE
space_left = 75
space_left_action = SYSLOG
num_logs = 8
```

注：max _ log _ file：以兆字节表示的最大日志文件容量，当达到这个数值时，即执行 max _ log _ file _ action 指定的动作。

max _ log _ file _ action：当达到 max _ log _ file 指定的日志文件大小时采取的动作。当该参数设置为 IGNORE 时，在日志文件达到 max _ log _ file 后不采取动作；设置为 SYSLOG 时，达到文件容量时会向系统日志/var/log/massages 中写入一条警告；设置为 SUSPEND 时，达到文件容量后不会向日志文件写入审计消息；设置为 ROTATE 时，达到文件容量后会循环日志文件，但只会保存一定数目的老文件，这个数目由 num _ logs 参数指定，老文件的名字为 audit.log.*N*，数字 *N* 越大，则该文件越老；设置为 KEEP _ LOGS 时，则会循环日志文件并忽略 num _ logs 参数，因此不会删除日志文件。

space _ left：以兆字节表示的磁盘空间，达到这个大小时，会采取 space _ left _ action 指定的动作。

space _ left _ action：当磁盘空间达到 space _ left 的值时采取这个动作。当该参数设置为 IGNORE 时，在日志文件达到 space _ left 的值后不采取动作；设置为 SYSLOG 时，会向系统日志/var/log/massages 中写入一条警告；设置为 EMAIL 时，则从 action _ mail _ acct 向这个地址发送一封邮件并向系统日志/var/log/massages 中写入一条警告；设置为 SUSPEND 时，不会向日志文件写入审计消息；设置为 SINGLE，则系统将在单用户模式下；设置为 SALT，则系统会关闭。

num _ logs：设置为 ROTATE 时要保存的最大日志文件数目。

3）系统默认只允许 audadmin 审计管理员查看审计日志。

4）可使用 ausearch 工具查询、统计、分析审计记录，使用 aureport 工具生成审计记录汇总报表。

ausearch 工具常用命令：

```
ausearch  -f  文件名  //通过文件名查询访问 audit.log 的审计事件信息
ausearch  -k  关键字  //通过 key 关键字查询审计事件信息
ausearch  -te  yesterday//查询昨天以前的审计事件信息
ausearch  -ts  recent//查询最近(10min)发生的审计事件信息
```

aureport 工具常用命令：

```
aureport  //输出审计概括性统计
aureport  --failed  //输出操作失败的事件
aureport  --success  //输出操作成功的事件
aureport  -p  //输出关于进程的报告
aureport  -s  //输出关于系统调用的报告
aureport  -f  //输出显示关于文件系统的报告
aureport  -l  //显示关于登录的报告
aureport  -i  -ts  07/06/2016  //显示 2016 年 7 月 6 日开始到现在的报告
aureport  -i  -te  07/06/2016  //显示 2016 年 7 月 6 日以前的报告
```

5）在/etc/logrotate.d 目录中增加一个新文件 audit，内容如下：

```
/var/log/audit/audit.log {
monthly
minsize 1M
rotate 2
create 0640 audadminaudadmin
sharedscripts
prerotate
echo "begining audit.log rotate..."
endscript
sharedscripts
postrotate
echo "finished audit.log rotate, restart auditd..."
/etc/init.d/auditd restart
endscript
}
```

注：monthly：以月为单位。

minsize 1M：至少大小为 1M 之后才考虑日志轮转。

rotate 2：轮转总数目为 2 个，monthly 和 rotate 2 共同决定了日志保存时间是 2 个月。

（2）麒麟：

1）默认满足要求。

2）同凝思系统。

3）默认满足要求。

4）可使用 ausearch 工具查询审计后台日志，常用命令格式如下：

ausearch -a　--evnet＜审计事件 ID＞ //查询指定 ID 的事件

ausearch -c　--comm＜命令＞//查询指定命令行的事件

ausearch -f　--file//查询指定文件名的事件

ausearch -hn　--host＜主机名＞//查询指定主机名的事件

ausearch -b　--base// 只输出便于阅读的基本信息

ausearch -i　--interpret//可读模式,使结果更具可读性

ausearch -if　--input＜文件＞//将指定文件作为输入

ausearch -k　--key＜关键字＞//查询指定关键字事件

ausearch -m　--message＜消息类型＞//查询指定消息类型的事件

-te　--end [date][time]　//查询在指定时间点之前的结果

-ts　--start [date][time]　//查询在指定时间点之后的结果

可使用 aureport 工具查询审计后台日志，常用命令格式如下：

aureport--summary//获得当前全面的审计统计信息

aureport --auth//报告认证事件

aureport -c --config//审计配置更改报告

aureport -cr --crypto//秘密事件报告

aureport --file//基于文件名的报告

aureport -u --user//基于用户名的报告

aureport-success　//只报告返回为成功事件

aureport --failed//只报告失败的事件

aureport -if --input＜文件名＞　//用指定文件作为输入

aureport -l --login//用户登录报告

aureport -m -mods//账户资料更改报告

aureport -n --nomaly//反常事件报告

aureport -te --end [date] [time]//指定报告结果时间范围的末端

aureport -ts --start [date] [time]//指定报告结果时间范围的起始

5）同凝思系统。

14.2.6　网络主机加固 1

现安全Ⅱ区有一台计量用主机，操作系统为凝思系统，要求按如下要求进行安全加固：

（1）配置操作系统口令有效期为 90 天，提前 28 天通知。

（2）关闭操作系统中如正常业务所需的多余的以及存在风险的服务（ftp，telnet 、rlogin、rshell、smtp/pop3）。

（3）设置登录超时退出时间为 10min。

（4）设置登录失败 5 次，账户锁定 10min。

（5）配置口令的长度及复杂度策略，保证后期创建或修改的口令满足 8 位以上，至少 1 个大写字母、2 个小写字母、2 个数字以及 1 个特殊字符，同时新密码中至少有 4 字符是和以前的密码不同的。

（6）设置 umask 值为 027。

（7）对主机的远程管理地址进行限制，限制仅 10.32.1.0 网段登录。

（8）禁止 root 远程登录。

（9）对审计产生的数据分配合理的存储空间和存储时间，要求最大日志文件容量 300MB，超过大小则进行 ROTATE 日志轮转，并且磁盘空间剩余 75MB 时，执行 SYSLOG 动作，发送警告到系统日志。

（10）利用系统自带的 aureport 工具生成审计概括性统计，并保存至/tmp 目录下 audit. txt 文件下。

参考答案见表 14-16。

表 14-16　　主机加固（凝思）参考答案

口令有效期及提前提醒天数	vi /etc/login. defs PASS _ MAX _ DAYS　90 PASS _ WARN _ AGE　28
关闭存在风险的多余服务	vi /etc/inetd. conf 注释 ftp、smtp、telnet、rlogin、rshell、pop3 等服务
登录超时退出时间	vi /ect/profile export TMOUT=600
登录失败锁定功能	vi /etc/ssh/sshd _ config LoginGraceTime=600 MaxAuthTries=5
设置口令长度及复杂度策略	vi /etc/pam. d/passwd passwdrequired pam _ cracklib. so retry=3 minlen=14 difok=4 ucredit=1 lcredit=2 dcredit=2 ocredit=1

续表

限制主机远程管理地址	vi /etc/hosts. allow sshd：41. 10. 10. 0/24 vi /etc/hosts. deny ALL：ALL：DENY
禁止 root 远程登录	vi /etc/ssh/sshd _ config PermitRootLogin no RSAAuthentication no PubkeyAuthentication no
设置 umask 值	vi /ect/profile umask=027
对审计产生的数据分配合理的存储空间和存储时间	vi /etc/audit/auditd. conf max _ log _ file = 300 max _ log _ file _ action = ROTATE space _ left = 75 space _ left _ action = SYSLOG
利用系统自带的 aureport 工具生成审计概括性统计，并保存至/tmp 目录下 audit. txt 文件下	aureport ≫ /tmp/audit. txt

14. 2. 7 网络主机加固 2

某省调监控平台上一条告警信息显示，有大量不明地址连续访问某 500kV 变电站后台监控主机（凝思操作系统）的 135、136 端口，如果你是运维人员，应马上采取什么措施加固？

参考答案：

（1）利用操作系统防火墙功能，限制允许远程访问的地址范围，禁止无关地址的访问。

（2）关闭该后台主机的 135、136 等容易被攻击的空闲端口。

（3）检查该后台主机的加固措施，查找不当之处进行改进。

14. 2. 8 账户口令

1. 配置要求

（1）合理配置账户权限。

（2）删除多余账户，防止黑客利用多余用户入侵。

（3）禁用 GUEST 用户，防止黑客利用 GUEST 账户入侵。

（4）设置口令策略，保障用户口令安全。

（5）设置用户口令，提高用户口令强度，防止存在空口令、弱口令。

（6）设置账户锁定策略，登录次数达到上限后，锁定一定时间，以避免被暴力猜测。

（7）设置自动屏保锁定，管理控制台超过自动锁定时间，设置屏保口令保护。

（8）禁止系统自动登录。

（9）关键服务器确认隐藏最后登录用户名，防止攻击者猜测用户信息。

2. 实现方法

(1) 控制面板→管理工具→计算机管理→本地用户和组→组→××组（如 Administrator），双击添加用户，在弹出窗口中输入要添加的用户名，确定添加。

(2) 控制面板→管理工具→计算机管理→本地用户和组→用户→××用户，右键选择删除。

(3) 控制面板→用户账户→管理其他账户→GUEST→关闭来宾账户或者控制面板→管理工具→计算机管理→本地用户和组→用户→GUEST，右键属性，勾选账户已禁用。

(4) 控制面板→管理工具→计算机管理→本地安全策略→密码策略，选择需要修改的选项双击，修改属性。

(5) 控制面板→管理工具→计算机管理→本地用户和组→用户→××用户，右键选择设置密码，修改。密码应符合密码策略。

(6) 控制面板→管理工具→计算机管理→本地安全策略→账户锁定策略→修改锁定阈值为非零值开启锁定功能，然后修改锁定时间。

(7) 在桌面空白处点击右键→个性化→右下角点击屏幕保护图案→选择保护程序，设置等待时间，勾选在恢复时显示登录屏幕，点击应用，确定后退出。

(8) 开始→运行→输入 control userpasswords2，回车后在弹出框勾选“要使用本机，用户必须输入用户名和密码”。

(9) 控制面板→管理工具→计算机管理→本地安全策略→本地策略→安全选项→交互式登录→不显示上次登录用户名。

14.2.9 网络服务

1. 配置要求

(1) 关闭无用服务，避免未知漏洞带来风险。

(2) 关闭无关网络连接，提高主机系统稳定性。

(3) 关闭远程桌面和远程协助，防止受到中间人攻击。

(4) 设置访问控制策略，限制能够访问本机的用户。

(5) 禁止匿名用户连接。

(6) 禁止默认共享，禁止主机因为管理而开放的共享。

(7) 关闭自动运行，防止用户访问设备时执行攻击者指定的恶意代码。

2. 实现方法

(1) 开始→运行→输入 services. msc 查找无关服务，停止并禁用 alter（远程发送警告信息）、Computer Browser（计算机浏览器）、Messenger（允许网络之间传送提示信息）、remote Registry（远程管理注册表）、Print Spooler（网络打印机）、server（网络服务与 IPC $）、Clipbook（剪切板检视器与远程计算机共享信息）、task scheduler（计划任务）、SNMP（简单网管协议）等可能需要停止的服务。

(2) 控制面板→网络和共享中心→更改适配器设置→在需要关闭的网络连接上点击右键→选择禁用。

(3) 我的电脑→右键→属性→远程设置，在远程协助框去掉“允许远程协助连接这台计算机”的勾选，远程桌面框勾选“不允许连接到这台计算机”。

(4) 控制面板→管理工具→计算机管理→本地安全策略→本地策略→用户权限分配→拒绝从网络访问这台计算机，双击添加用户或组。

(5) 开始→运行→输入 regedit，回车进入注册表编辑器，在 HKEY_LOCAL_MACHINE \ SYSTEM \ CurrentControlSet \ Control \ Lsa 目录下找到“restrictanonymous”，将值修改为 1。

(6) 开始→运行→输入 regedit，回车进入注册表编辑器，在 HKEY_LOCAL_MACHINE \ SYSTEM \ CurrentControlSet \ Services \ lanmanserver \ parameters 目录下，增加 Autoshareserver 注册表键值，并修改为 0。

(7) 开始→运行→输入 regedit，回车进入注册表编辑器，在 HKEY_LOCAL_MACHINE \ SYSTEM \ CurrentControlSet \ Services \ cdrom \ Autorun 值修改为 0。或使用方法二：开始→运行→gpedit. msc，打开本地组策略编辑器，在计算机配置→管理模板→Windows 组件→自动播放策略→关闭自动播放，选择已禁用。

14.2.10 数据访问控制

1. 配置要求

(1) 修改重要文件或目录的访问权限，避免 EVERYONE 完全控制。

(2) 关闭文件共享。

2. 实现方法

(1) 在要设置的文件夹上点击右键→属性→安全→组或用户，选择要进行权限管理的用户或组，点击编辑（system、administra、administrators 组的权限为系统默认，无法修改）→去掉“完全控制”的勾选，添加新的已存在的用户和组进行管理。

(2) 共享文件夹上点击右键→属性→共享→高级共享→取消勾选“共享此文件夹”。

14.2.11 日志与审计

1. 配置要求

(1) 配置系统审核策略，对系统时间进行审核，方便事后追溯。

(2) 调整日志大小，防止由于日志文件容量过小导致记录不全。

2. 实现方法

(1) 控制面板→管理工具→计算机管理→本地安全策略→本地策略→审核策略，按要求设置审核项目。

(2) 控制面板→管理工具→事件查看器→Windows 日志，在需要修改的项上右键→属性，在弹出的对话框中修改日志文件大小。

14.2.12 恶意代码防范

1. 配置要求

(1) 及时安装系统补丁，修正系统漏洞，防止被黑客利用。

(2) 安装防病毒、防木马软件和防火墙，定期更新病毒库代码，防止操作系统受到蠕虫、木马、病毒的攻击。

2. 实现方法

(1) 定期进行补丁更新，下载最新的操作系统补丁程序，在试验环境中测试通过后，通过安全方式复制至安全区进行更新。

(2) 安装防病毒软件，定期更新病毒库代码，定期进行病毒查杀。使用安全 U 盘和专机查杀等技术，避免跨区复制引入恶意代码。

14.2.13 其他项目

1. 配置要求

(1) 更改计算机名称，便于集中管理。

(2) 启用磁盘配额管理，当磁盘空间不足时发出警告。

(3) 卸载无关的软件，提高主机稳定性。

(4) 从登录对话框中删除关机按钮，防止所有能够接触到该主机的用户都可以随便关闭主机。

(5) 禁用 IP 路由转发，防止可能发生在多个网段之间传递数据。

2. 配置步骤

(1) 控制面板→系统→计算机名称、域、工作组→更改设置→计算机名称→点击更改→输入新名称，确定重启生效。

(2) 我的电脑→选择要启用配额管理的磁盘→右键属性→配额→勾选“启用配额管理”，设置合理的磁盘配额。

(3) 控制面板→程序和功能→选择要卸载的程序，右键卸载或直接双击卸载。

(4) 控制面板→管理工具→计算机管理→本地安全策略→本地策略→安全选项→关机(允许在未登录的情况下关闭)。

(5) 开始→运行→输入 regedit，回车进入注册表编辑器，将 HKEY _ LOCAL _ MACHINE \ SYSTEM \ CurrentControlSet \ Services \ tcpip \ Parameters 中的 ipEnableRouter 值置 0。

14.2.14 PC 机系统加固

请按以下要求加固 PC 机：

(1) 启用密码复杂性要求策略，设置密码最小长度 8 位，最长使用期 90 天。

(2) 新建用户 test，配置账户 test 为 GUEST 组权限。

(3) 禁用 GUEST 账户，删除 test 用户。

（4）启用密码锁定策略，错误登录 5 次锁定 10min。

（5）禁用非必要的服务。查看以下无关服务是否关闭并禁用，如未禁用则关闭服务并禁用：Computer Browser、remote Registry、Print Spooler、server）。

（6）关闭远程桌面和远程协助。

（7）禁止匿名用户连接。

（8）关闭自动运行。

参考答案：略。

14.2.15　网络系统加固

针对近期勒索病毒攻击网络系统事件，考虑如何加固 Windows 系统主机。

参考答案：

（1）做好内外网边界防护，在与公共网络的边界防火墙上配置相应策略，从网络层面阻断 TCP 445 端口的通信，同时可封堵 135、137、138、139 端口。

（2）对 Windows 操作系统的工作站进行针对性漏洞修复工作，及时安装相应补丁，防止受到病毒感染。

（3）做好 Windows 操作系统工作站的主机加固工作，通过修改注册表、关闭文件共享服务、启用主机防火墙设置端口阻断等多种方式，关闭 TCP 445 端口以及 135、137、138、139 等其他易受攻击的通信端口。

（4）为保证数据安全，做好数据的备份工作，防止病毒对系统数据造成影响，对重要系统应进行全盘备份。

14.3　关系数据库安全加固

14.3.1　概述

本章介绍 D5000 系统数据库安全加固方面的项目和方法，包括用户管理、口令管理、数据库操作权限设置、用户访问数据库的最大连接数限制、数据库安装的安全设置、用户操作日志配置等项目。D5000 系统数据库安全加固方面的项目和方法见表 14-17。

表 14-17　　D5000 系统数据库安全加固方面的项目和方法

加固项目	加固内容	加固方法
用户管理	根据实际需要，合理设置数据库管理员用户、应用程序的数据库操作用户及权限	数据库具有操作管理、审计管理和安全管理员账户； 操作管理员负责对权限对象（用户、角色、操作权限等）进行创建； D5000 系统用户设置为数据库操作用户
口令管理	密码应具备一定强度要求并定期更换	创建普通用户并赋予其权限； 设置密码策略； 配置密码有效期； 设置账户安全登录策略

续表

加固项目	加固内容	加固方法
数据库操作权限	合理配置用户访问权限	控制用户创建数据库对象的权限； 跨模式查询，应对用户按需指定其操作权限
数据库访问最大连接数	对数据库访问最大连接数进行限制	多个用户公用的数据库设置连接数在 80 以内； 单用户使用的数据库连接数在 30 以内； 设置所有用户的数据库最大连接数
通信加密和客体重用	开启通信加密和客体重用功能	开启通信加密功能，保证数据传输安全； 开启客体重用功能，防止信息泄露
审计和日志管理	开启审计及日志记录功能	对数据的增、删、查、改进行审计和记录

14.3.2 用户、口令及权限管理

1. 配置要求

（1）达梦数据库执行三权分立的要求，具备数据库管理员（DBA）、数据库安全管理员（SSO）、数据库审计管理员（AUDITOR），系统分别设置了系统管理员账号 SYSDBA、安全管理员 SYSSSO、审计管理员 SYSAUDITOR。

（2）数据库管理员负责创建数据库对象（数据库、模式、登录、用户等）、分配权限、导入导出数据、备份恢复数据库等操作。

（3）登录数据库的口令应有一定的复杂度，满足强度要求并定期更换，防止恶意用户进行口令暴力破解。

2. 实现方法

（1）创建新的登录 TEST，并赋予其系统操作员角色，设置 TEST 登录最大连接数、口令使用期、登录失败次数、口令锁定期等参数。

以 SYSDBA 登录到管理工具，选择“安全”→“登录”，右键选择“新建登录”，在弹出的对话框的“一般信息”选项中填写登录名 TEST，填写密码，选择默认数据库，勾选系统角色，点击“确定”，见图 14-2。

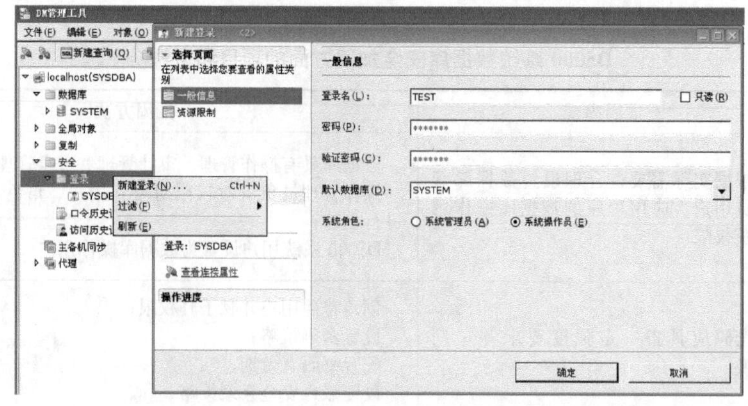

图 14-2 管理工具界面

在“资源限制”选项中按照要求填写最大连接数、最大空闲期、登录失败次数、口令使用期等参数，点击“确定”，见图 14-3。

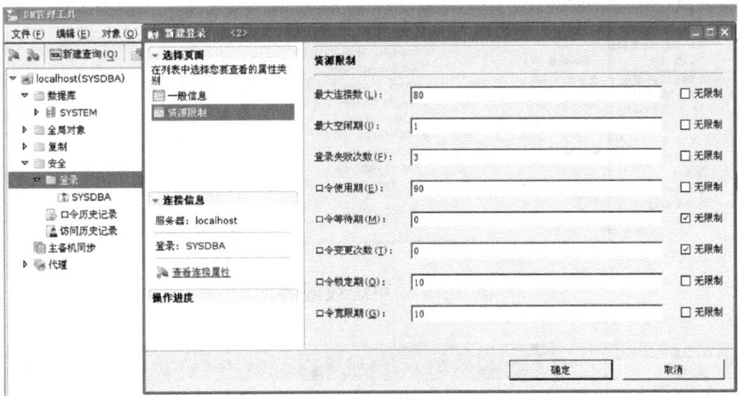

图 14-3　“资源限制”选项

（2）创建新用户 TEST，并关联登录 TEST，赋予 RESOURCE 角色，按照需求设置系统权限和对象权限。

建立用户时有 DBA 和 RESOURCE 两个角色可选，其中 DBA 角色可以读写所在数据库的所有用户对象；RESOURCE 角色具有部分创建数据库对象的权限，对自身创建的数据库对象拥有所有权限，并能将其转授给其他用户。

以 SYSDBA 登录到管理工具，在指定数据库下选择“用户”，右键选择“新建用户”，在弹出对话框中填写用户名和密码，勾选 RESOUCE 角色，点击“确定”，见图 14-4。

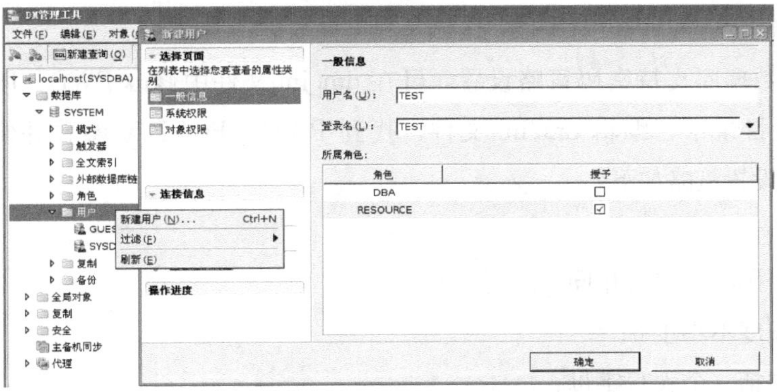

图 14-4　管理工具界面

选择“系统权限”，勾选该用户需要的选项，点击“确定”。系统权限包括创建、修改、删除数据库，创建、修改、删除登录，创建、修改、删除用户，创建角色、模式、表、视图等，见图 14-5。

选择“对象权限”，给予该用户对某个表的操作权限，包括查询、插入、删除、修改等，勾选后选择“确定”，见图 14-6。

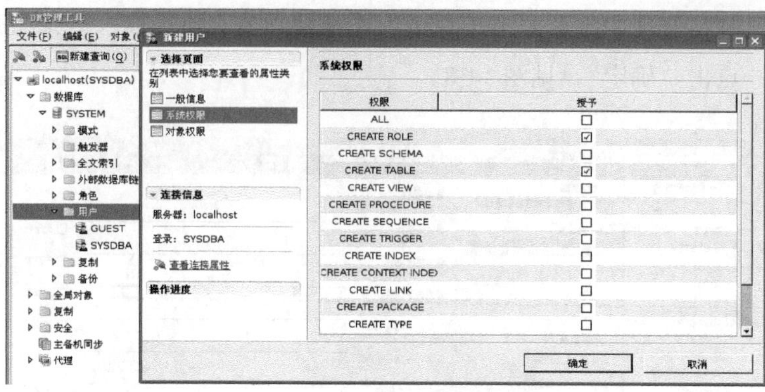

图 14-5　系统权限界面

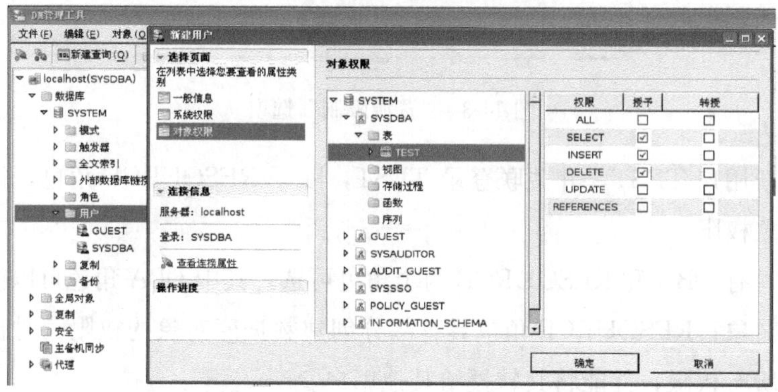

图 14-6　对象权限界面

完成上述步骤后，新创建的用户即可以登录达梦数据库进行访问，并拥有已赋予的各种权限。

(3) 达梦数据库支持密码策略设置，可在 dm. ini 文件中修改 PWD _ POLICY 参数。首先进入/bin 目录下，编辑 dm. ini 文件，找到 PWD _ POLICY 参数并修改。PWD _ POLICY 参数设置策略如下：

0：无策略；

1：禁止密码与用户名相同；

2：口令长度不小于 6；

4：至少包括一个大写字母；

8：至少包括一个数字；

16：至少包括一个标点符号（英文输入法，除双引号和空格外）。

注：策略可以设置为以上任一数字或者上述两个或多个数字的和，如图 14-7 和图 14-8 中设置为 31，表明以上 5 项全部开启，为最强口令策略。

密码策略设置后，之后所有设置的账户密码都必须满足该要求。

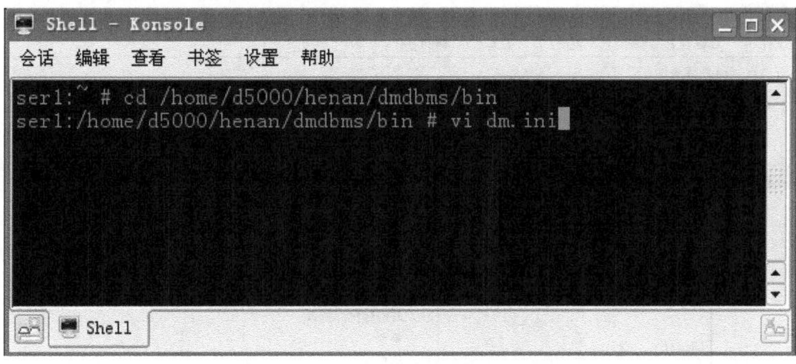

图 14-7　策略设置 1

```
Shell - Konsole
会话  编辑  查看  书签  设置  帮助
    ENABLE_MVCC                  = 1          #flag for MVCC, 0: di
sable; 1: enable

#security
    PWD_POLICY                   = 31          #flag for password p
olicy 0: no policy; 1: cannot same with username; 2: length of
 password cannot less than 6
    POLICY_OPTION                = 0          #flag for policy opti
on, 0: common; 1: strict
    ENABLE_ENCRYPT               = 0          #encrypt mode for com
munication, 0: without encryption; 1: encryption
-- 插入 --                                     78,34          57%
Shell
```

图 14-8　策略设置 2

（4）备份、恢复数据库。选择要备份的数据库，右键“备份”选择“新建备份”，在弹出的对话框中选择填写备份类型、备份路径等项目，最后点击“确定”，见图 14-9。

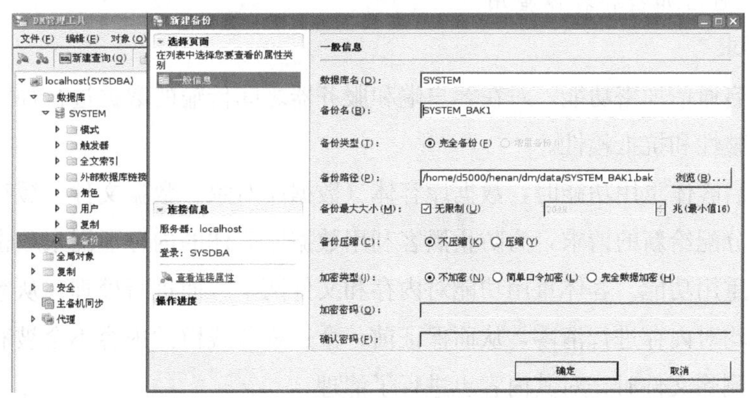

图 14-9　备份数据库界面

恢复数据库时，选中该数据库点击右键，选择“脱机”，数据库脱机后右键选择“还原”，在弹出的对话框中输入备份文件路径，点击“确定”，见图 14-10 和图 14-11。

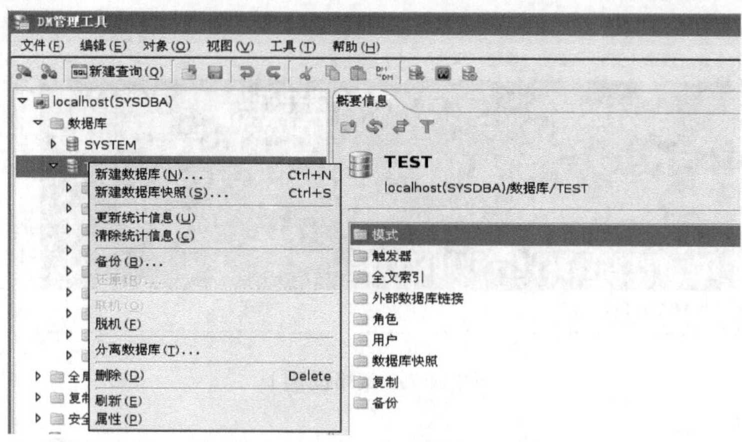

图 14-10　恢复数据库界面 1

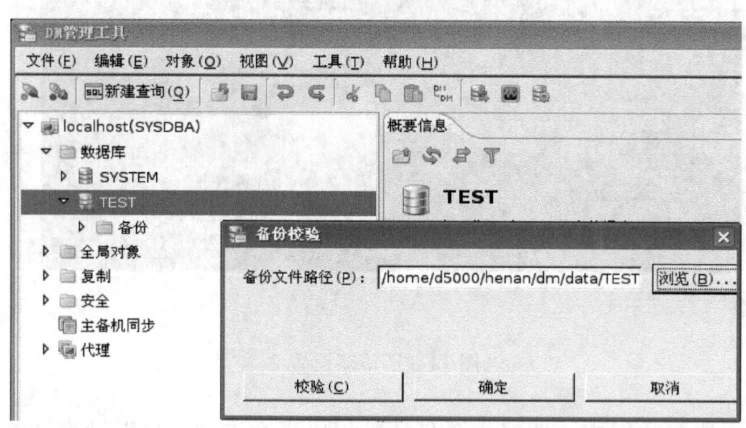

图 14-11　恢复数据库界面 2

14.3.3　通信加密和客体重用

1. 配置要求

(1) 应开启通信加密功能，对在客户端和服务器之间传输的数据进行加密，保证数据的保密性、完整性和抗抵赖性。

(2) 不开启客体重用功能时，数据库客体（数据库对象、数据文件、缓存区等）回收后不做处理即分配给新的请求，为防止黑客利用数据库客体的内存泄漏来攻击数据库，开启数据库客体重用功能。客体重用功能对内存和文件两个方面进行处理：从系统分配内存及释放内存时均对内存进行清零，从而保证前一个进程所残留的内容不会被利用；在系统生成、扩展、删除文件时，对其内容也进行了清理。

2. 实现方法

首先进入/bin 目录下，编辑 dm. ini 文件，分别修改 dm. ini 文件中的 ENABLE _ ENCRYPT 参数和 ENABLE _ OBJ _ REUSE 参数为 1，即代表对应的功能开启。修改后重启数据库服务（/bin 目录下/dmserverd restart），见图 14-12 和图 14-13。

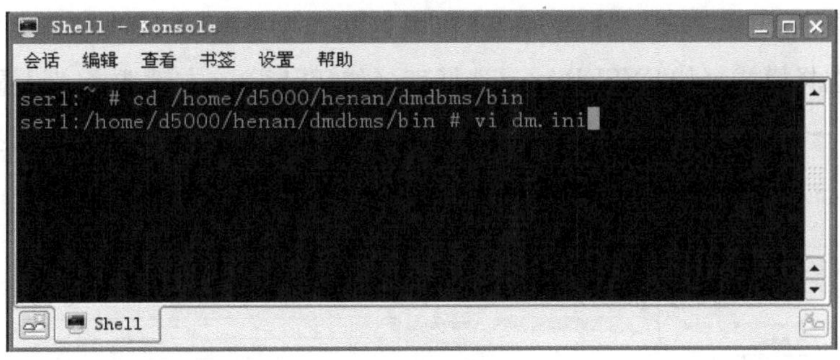

图 14-12 编辑 dm. ini 文件 1

```
Shell - Konsole
会话 编辑 查看 书签 设置 帮助
    PWD_POLICY              = 1          #flag for passw
ord policy 0: no policy; 1: cannot same with username; 2
: length of password cannot less than 6
    POLICY_OPTION           = 0          #flag for polic
y option, 0: common; 1: strict
    ENABLE_ENCRYPT          = 1          #encrypt mode f
or communication, 0: without encryption; 1: encryption
    ENABLE_AUDIT            = 0          #flag for allow
ing audit, 0: disable; 1: enable
    ENABLE_OBJ_REUSE        = 1          #flag for allow
ing object reuse, 0: disable; 1: enable
-- 插入 --                        82,33          59%
Shell
```

图 14-13 编辑 dm. ini 文件 1

14. 3. 4 审计及日志管理

1. 配置要求

（1）开启审计功能，对数据表和用户设置审计策略。

（2）设置 SQL 日志记录策略，记录访问数据库的 IP、用户、操作等信息。

2. 实现方法

（1）首先设置 dm. ini 文件中的 ENABLE _ AUDIT 参数为 1，然后重启数据库服务即生效，见图 14-14。

```
Shell - Konsole
会话 编辑 查看 书签 设置 帮助
    ENABLE_ENCRYPT          = 0          #encrypt mode for com
munication, 0: without encryption; 1: encryption
    ENABLE_AUDIT            = 1          #flag for allowing au
dit, 0: disable; 1: enable
    ENABLE_OBJ_REUSE        = 0          #flag for allowing ob
ject reuse, 0: disable; 1: enable
    REMOTE_OSAUTH           = 0          #flag for allowing re
mote os authentication, 0: disable; 1: enable

#compatibility
-- 插入 --                        81,33          61%
Shell
```

图 14-14 设置 dm. ini 文件参数

然后以 SYSAUDITOR 登录管理工具进行设置。对表设置审计，选择数据库（如 SYSTEM)→选择模式（如 SYSDBA)→选择表（如 TEST)→右键选择“设置审计”→勾选要选择的用户→勾选审计项目，可选项目有对该表的增、删、查、改操作成功和失败事件是否审计，最后点击“确定”，见图 14-15。

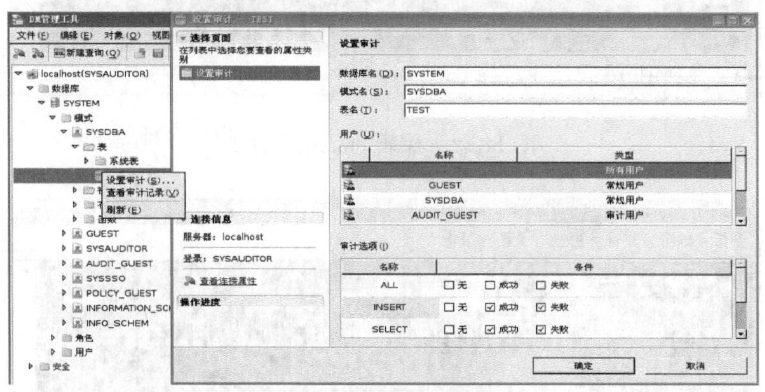

图 14-15　对表设置审计

对用户设置审计，选择数据库（如 SYSTEM)→选择用户（如 GUEST)→右键选择“设置审计”→勾选审计项目，可选项目有该用户对角色、表、视图等操作事件成功或失败是否进行审计，最后点击“确定”，见图 14-16。

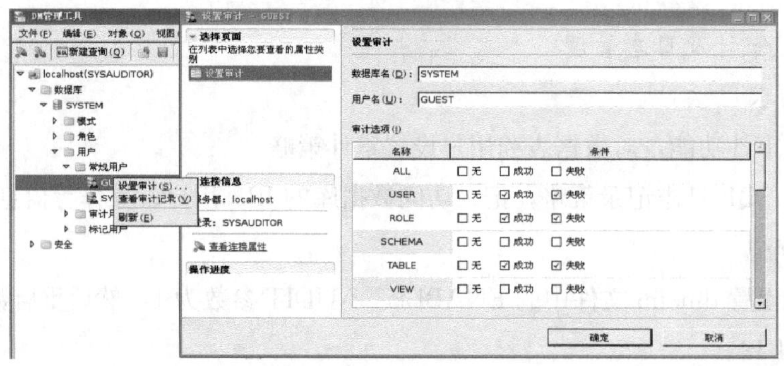

图 14-16　对用户设置审计

上述步骤设置成功后，便可以在相应的表和用户名上右键选择“查看审计记录”。

(2) 达梦数据库设置 SQL 日志实现审计功能，可以记录访问数据库的 IP 地址、用户名称、操作语句等信息。该功能通过修改 dm.ini 文件中相应的参数 SVR_LOG，SVR_LOG_FILE_NUM 和 SQL_LOG_MASK 来实现，修改后重启数据库服务生效，见图 14-17。

注：SVR_LOG：每个 SQL 日志文件中记录的消息条数。

SVR_LOG_FILE_NUM：每个库总共记录多少个日志文件，当日志文件达到这个设定值以后，再生成新的文件时，删除最早的日志文件，日志文件的命令格式为 log_

commit _ 库名 _ 时间 . log。当这个参数配置成 0 时，则按传统的日志文件记录，也就是 log _ commit01. log 和 log _ commit02. log 相互切换进行记录。

```
Shell - Konsole
会话 编辑 查看 书签 设置 帮助
    DBUF_UPRATE_WEIGHT          = 1          #weight of page updat
ing rate
    DBUF_RSVD_FREE_SPACE        = 50         #size of reserve spac
e for expanding system buffer in megabytes

#request trace
        SVR_LOG                                  = 100000
           #whether need trace requests from client, 0: need n
ot, 1: trace in log_commit01.log continuously;

                    #else: trace in 2 files in turn, each no mo
re than the VALUE lines
    SVR_LOG_FILE_NUM            = 10         #when svr log mode i
s in switch mode, it stands for the num of switch files
   SQL_LOG_MASK      =2:3:29
                                                 118,6-13      88%
Shell
```

图 14-17　修改 dm. ini 文件参数

SQL _ LOG _ MASK：要记录的语句类型掩码，是一个格式化的字符串，表示一个 32 位整数上哪一位将被置为 1，置为 1 的位则表示该类型的语句要记录，格式为“位号：位号：位号”。例如：3：5：7 表示第 3、5、7 位上的值被置为 1。每一位的含义见下面说明：

1：全部记录（全部记录并不包含原始语句）；

2：全部 DML 类型语句；

3：全部 DDL 类型语句；

4：UPDATE 类型语句（更新）；

5：DELETE 类型语句（删除）；

6：INSERT 类型语句（插入）；

7：SELECT 类型语句（查询）；

8：COMMIT 类型语句（提交）；

9：ROLLBACK 类型语句（回滚）；

10：CALL 类型语句（过程调用）；

11：BACKUP 类型语句（备份）；

12：RESTORE 类型语句（恢复）；

13：表对象操作（CREATE TABLE、ALTER TABLE）；

14：视图对象操作（CREATE VIEW）；

15：过程或函数对象操作（CREATE PROCEDURE、CREATE FUNCTION）；

16：触发器对象操作（CREATE TRIGGER、ALTER TRIGGER）；

17：序列对象操作（CREATE SEQUEN、ALTER SEQUEN）；

18：模式对象操作（CREATE SCHEMA、ALTER SCHEMA）；

19：库对象操作（CREATE DATABAE、ALTER DATABASE）；

20：用户对象操作（CREATE USER、ALTER USER）；

21：登录对象操作（CREATE LOGIN、ALTER LOGIN）；

22：索引对象操作（CREATE INDEX、ALTER INDEX）；

23：删除对象操作（DROP TABLE、DROP VIEW……）；

29：是否需要记录执行语句的时间；

31：原始语句（服务器从客户端收到的未加分析的语句）；

32：存在错误的语句（语法错误，语义分析错误等）。

14.4 入侵检测安全加固

入侵检测设备是针对电力监控系统安全防护体系中Ⅰ区（控制区）和Ⅱ区（非控制区）的网络边界进行攻击行为检测的安防设备，是电力监控系统安全防护体系的重要组成部分。

14.4.1 入侵检测安全加固项目

入侵检测安全加固项目见表 14-18。

表 14-18 入侵检测安全加固项目

序号	加固项目	加固内容	加固方法
1	账号口令	修改弱口令账号，确保系统账号口令长度和复杂度满足安全要求	修改默认用户名和口令，设置用户口令长度大于8位
2	账号权限	给各类账户设置不同的权限	（1）删除过期账号； （2）根据实际工作需求，为不同账号设置相应的权限，默认权限最小原则
3	日志功能	开启 IDS 的日志功能，配置网络设备的安全审计功能，指定日志服务器	（1）开启 IDS 的日志功能； （2）根据实际需求设置相应的日志记录内容； （3）上传日志至内网安全监视平台采集工作站
4	时间设置	配置 IDS 的系统时间	（1）配置 IDS 自身的系统时间； （2）配置 NTP 服务器的相关参数

14.4.2 密码认证登录

配置用户修改设备的默认口令。IDS 出厂时，用户管理器默认的用户名/口令为 root/ids。对用户管理员进行用户名密码修改，见图 14-18。

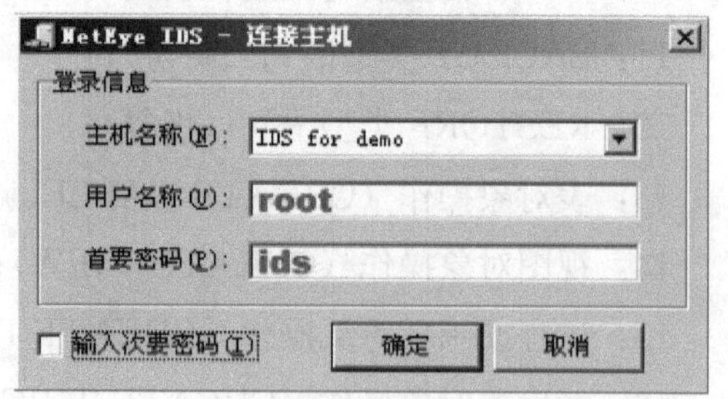

图 14-18 修改用户管理员用户名、密码

14.4.3 用户账号管理

给不同用户分配不同权限的账号。添加

审计管理员及安全管理员，用户名及密码配置符合密码复杂性要求，见图 14-19。

14.4.4　日志审计

应启用设备日志审计功能。使用审计管理器连接 IDS 的用户必须具备“审计管理员”权限，见图 14-20。

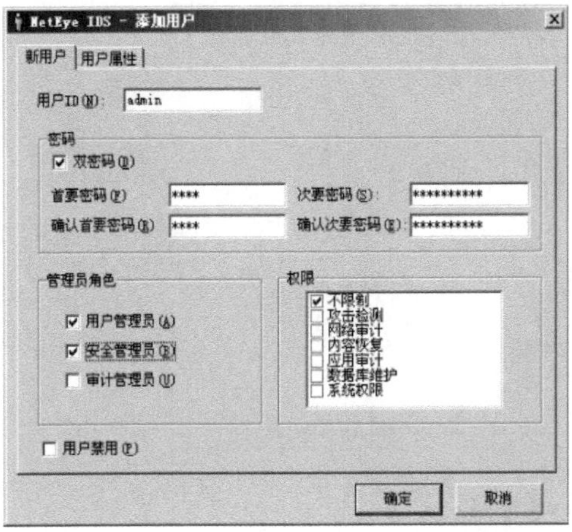

图 14-19　添加审计管理员及安全管理员

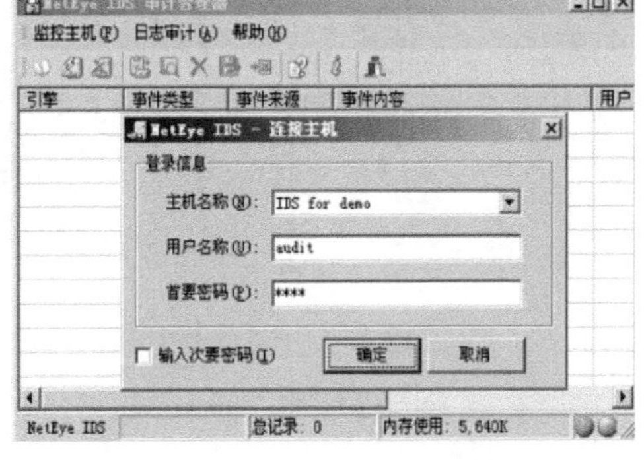

图 14-20　启用设备日志审计功能

14.4.5　转存日志

应将日志转存到内网安全监视平台。系统维护→系统配置→syslog 配置→输入内网安全监视平台采集工作站地址，见图 14-21。

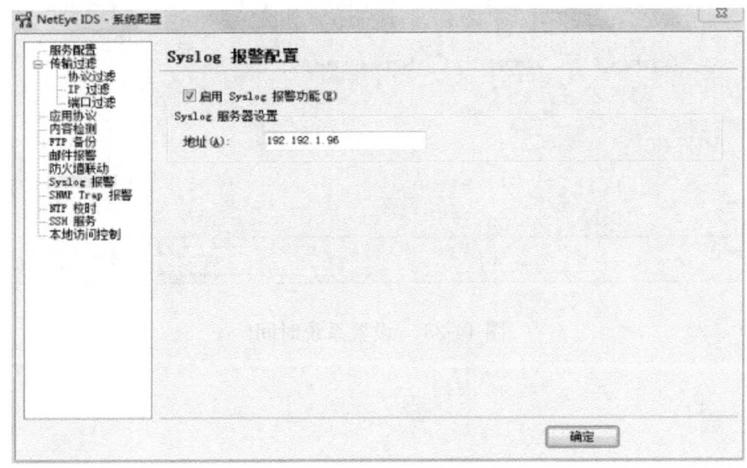

图 14-21　syslog 配置

系统维护→策略设置→点击 default 策略，编辑，勾选 syslog 选项，关闭并保存，见图 14-22。

14.4.6 系统时间

应设置系统时间与当前时间一致。安全管理器进入 IDS 配置界面→系统配置→NTP 服务器。勾选启动 NTP 服务器校时功能，输入 NTP 服务器地址，点击确定，保存完成，见图 14-23。

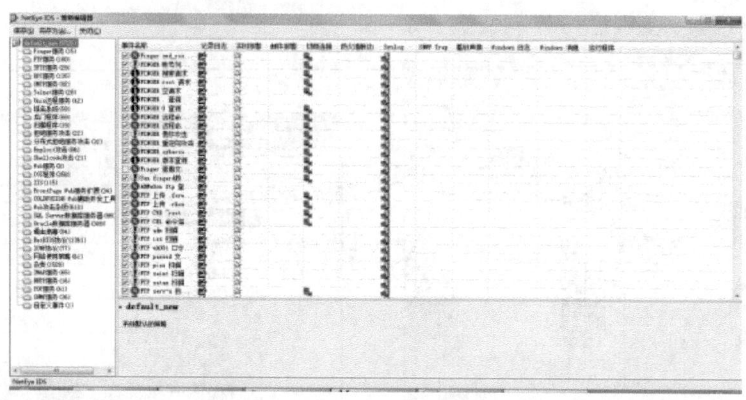

图 14-22 default 策略

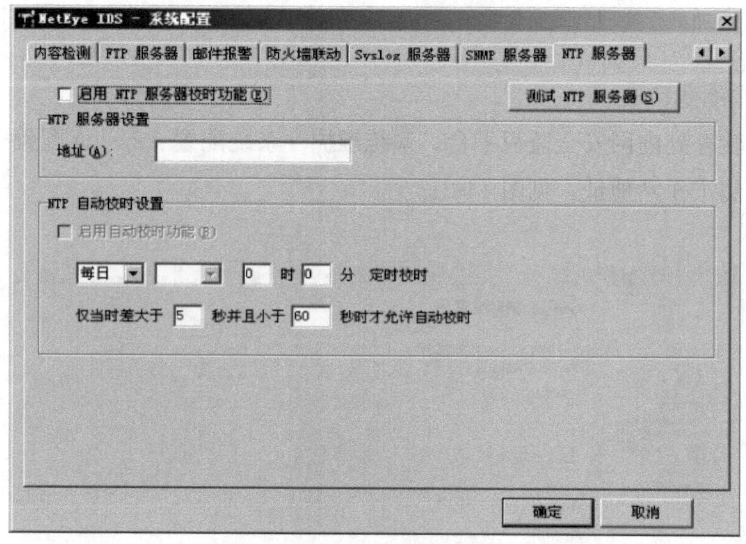

图 14-23 设置系统时间

附录 A　网络安全渗透知识扩展

A.1　网络安全“渗透”一下

渗透，在汉语中通常比喻某种事物或势力逐渐进入其他方面。而在 IT 互联网领域，渗透是一个专业的网络技术词汇，它具有两种含义，即网络渗透（network penetration）和渗透测试（penetration test），两者实际上所指的都是同一内容，也就是研究如何一步步地攻击入侵某个大型网络主机服务器群组。只不过从实施的角度上看，网络渗透是攻击者的非法行为，而渗透测试则是安全人员通过模拟入侵攻击，进而寻找最佳安全防护方案的正当手段。对于既能给网络系统造成严重破坏，也可以为维护网络安全做出巨大贡献的渗透行为，各个机构、企业的网络管理人员有必要对其进行深入了解并给予高度重视。

随着网络技术在政府、金融、教育、通信等各个行业应用的普遍化，以及网络系统规模的扩大化、网络结构的复杂化，各种网络维护工作也变得极为重要。一旦网络出现问题，将会影响机构、企业的正常运作。而在各种网络维护工作中，网络安全工作更是重中之重，它保障着网络的正常运行，避免因黑客入侵带来的可怕损失。

面对越来越多的攻击事件，网络管理员们采取了大量积极、有效的应对措施，大大提高了网络的安全性，使黑客很难直接攻破一个防御到位的网络系统。于是，黑客改变了策略。第一次世界大战期间，德军发现他们的大规模进攻不仅无力突破日复一日增强的防御体系，而且还要付出数量惊人的伤亡。痛定思痛后，德军开始利用小股作战单位，利用对方防御的间隙和接合部，渗透到敌方的防御体系当中，打击重要目标、切断交通线，取得了很好的战果，这一战术被称为“渗透战术”。现代的黑客似乎继承了这一战术，他们在一个个看似安全的网络系统上，耐心地寻找到一个个小漏洞、小缺口、小缺陷，然后一步一步地渗透、渗透、再渗透，最终进入网络系统的核心，瓦解掉整条安全防线。

普通的网络攻击通常是利用 Web 服务器漏洞入侵网站，进行更改网页、网页挂马等操作，其攻击具有目标随机、目的单一等特性。而渗透攻击的攻击目标是明确的，目的也比较复杂，例如对特定企业进行攻击并窃取商业机密、进行网络破坏等。为达到目的，攻击者实施攻击的步骤是非常系统的，攻击手段也不会限于简单的 Web 脚本漏洞攻击，而是综合运用如嗅探、远程溢出、ARP 欺骗等多种攻击方式，逐步控制网络。

作为一种系统渐进型的综合攻击方式，渗透攻击可谓无孔不入，危害巨大，且极难防范。因为不论网络安全工作如何细致，都有可能存在疏漏。而多数管理员由于缺乏丰富的网络攻防经验和专业的攻防技能与知识，无法及时发现漏洞。那么，如何才能及时发现漏洞、修补防线呢？这就需要请专业的安全人员来一场攻防演练，也就是渗透测试。

在战场上，检验防线是否坚固要通过实战演习，而网络安全防线同样需要攻防演练来检验防御体系的完善程度。这种网络攻防演练由专业的安全服务人员实施，他们使用渗透技术手段对目标系统发起模拟攻击，这种模拟攻击行为就是渗透测试。

渗透测试的目的在于充分挖掘和暴露系统的弱点，从而让管理人员了解其系统所面临的威胁。由于紧贴“实战”，所以渗透测试的模拟攻击往往能暴露出一条甚至多条被人们所忽视的漏洞，从而发现整个网络系统的威胁所在。例如，如果网络防线在模拟攻击中“失守”，根源一般不是因为某一个系统的某个单一问题所致，而是由一系列看似没有关联而又不严重的缺陷组合而导致的。此类缺陷组合恰恰是最容易被管理员忽略，而被渗透攻击者利用的，但专业的测试人员却可以靠丰富的经验和技能将它们进行串联并展示出来，以此明确系统中的安全隐患点。

渗透测试可有效督促网络管理员杜绝任何一处小的缺陷，从而降低整体风险。另外，部分行业监管部门对于新业务系统有上线前安全测试、检测、评估的要求，渗透测试完成后形成的《系统渗透测试报告》是应用系统上线前所需的重要技术合规性文件。因此，不论从系统的安全性还是合规性来说，渗透测试都是网络安全工作中不可或缺的一环。

为了保障渗透测试的专业性、合规性及测试结果的独立、公正、客观，测试需要由第三方信息安全机构开展。例如，对网络安全有着极高要求的银行业，在网络系统需要进行渗透测试时，一般会将测试工作委托给 CFCA 中国金融认证中心下属的信息安全实验室。CFCA 信息安全实验室的渗透团队由具备信息安全领域从业 6 年以上经验的技术骨干组成，其项目经验较为丰富，已为数十家全国性、外资银行及城商行和大批企事业单位提供了渗透测试服务。

根据 CFCA 信息安全实验室的测试人员介绍，渗透测试的范围主要包括了操作系统、数据库、应用服务的已知漏洞、不安全配置以及 Web 应用程序的常见漏洞、常见业务安全测试。以业务安全测试为例，如果系统有涉及支付、交易的业务功能，测试人员会对业务过程中产生的数据包进行抓取，对交易、支付过程中的订单号及交易数量、金额、日期、用户等所有能影响支付结果的参数数据进行模拟篡改攻击，逐一挖掘这些业务功能是否存在漏洞。

A.2 网络渗透与防御技术现状与趋势

2014 年是我国正式接入国际互联网 20 周年。据中国互联网网络信息中心发布的报告，截至 2013 年年底，我国网民规模突破 6 亿，其中通过手机上网的网民占 80%，手机用户超过 12 亿，国内域名总数 1844 万个，网站近 400 万家，全球十大互联网企业中我国有 3 家。2013 年网络购物用户达到 3 亿，全国信息消费整体规模达到 2.2 万亿元人民币，同比

增长超过28%，电子商务交易规模突破10万亿元人民币。中国已是名副其实的“网络大国”。

美国国安局下设的黑客部门，“定制入口行动办公室”（TAO，简称“行动办公室”），于1997年设立。当时，互联网处于萌芽阶段，全球只有不到2%的人口能接触互联网。设立之初，“行动办公室”就与国安局其他部门完全隔离，而且任务明确，即夜以继日地找办法入侵全球通信网络。

《明镜》周刊报道，一份有关职责描述的内部文件明确将网络攻击行为列入“行动办公室”的任务范畴。换句话说，美国政府授权这些人员去“黑”全世界的通信网络。秘密文件显示，2010年，“行动办公室”在全球范围内实施了279次网络入侵行动。

过去25年，黑客行为已有所转变，不仅仅局限于突破电话系统、偷源代码、做病毒/蠕虫、开发流氓软件，而是延伸至挖漏洞/造木马、黑站/拖库、钓鱼、社会工程学攻击、APT/窃取情报/破坏。

A.2.1 乌克兰停电事件

2015年12月23日，乌克兰电力部门至少有三个电力区域遭受到恶意代码攻击，并于当地时间15时左右导致了数小时的停电事故。据悉，攻击者入侵了监控管理系统，超过一半的地区和部分伊万诺-弗兰科夫斯克地区断电几个小时。研究发现，乌克兰电站遭受了BlackEnergy（黑色能量）等相关恶意代码的攻击。攻击导致7个110kV的变电站和23个35kV的变电站出现故障，导致80000用户断电。

A.2.2 新型挖矿恶意软件HiddenMiner导致安卓手机电池耗尽

2018年4月，一种新型门罗币挖矿恶意软件HiddenMiner伪装成Google Play更新软件，针对安卓手机用户发起了攻击，该恶意软件封装后没有调试器、控制器、切换功能，用户手机一旦感染，将无法人工停止运行，手机后台会一直开启，直到手机电池耗尽。恶意软件HiddenMiner的自我保护和恢复机制非常强大，它会利用安卓设备管理员的权限使它具有和SLockerAndroid恶意软件一样的安卓系统管理员权限。手机一旦被安装后，会不断弹出权限请求窗口，直到用户选择允许才会消失。

A.2.3 台积电感染WannaCry勒索软件三天损失17.6亿元

2018年8月，知名芯片代工厂台积电遭遇WannaCry病毒入侵，导致三大工厂生产线停摆，预估损失高达约17亿元人民币。在这起事件中，最突出的问题便是台积电内网设备没有及时更新安全补丁。早在2017年3月，微软就已经发布安全补丁，但考虑到升级系统带来的兼容性等影响，许多企业，包括工控系统，仍然使用存在漏洞的主机以及系统进行工作，带来非常大的安全隐患。

A.2.4 手机短信验证码存漏洞

2018年8月，“截获短信验证码盗刷案”在网上引起人们关注。手机有时无缘无故地收到短信验证码，但是本人并未进行任何操作，而且支付宝或银行卡的钱却被转走。这是一种新型伪基站诈骗。利用“GSM劫持+短信嗅探技术”，犯罪分子可实时获取用户手机短信内容，进而利用各大知名银行、网站、移动支付APP存在的基础漏洞和缺陷，实现信息窃取、资金盗刷和网络诈骗等。

A.2.5 国内首次出现微信收款勒索病毒

2018年12月，国内出现首个要求使用微信支付的勒索病毒，在网络中引起不小的恐慌。该勒索病毒使用E语言开发，是有史以来第一款使用中文开发的勒索病毒。病毒运行后会加密当前桌面和非系统盘中的指定文件，中毒后重启机器会弹出勒索信息提示框，并附带二维码提示用户使用微信扫码支付110元赎金进行文件解密。12月7日，东莞网警在省公安厅网警总队的统筹指挥，24h内火速侦破“12.05”特大新型勒索病毒破坏计算机信息系统案，抓获病毒研发制作者罗某某（男，22岁，广东茂名人），缴获木马程序和作案工具一批。

A.2.6 黑客利用银行APP漏洞非法获利2800万元

2018年12月，据新民晚报报道，上海警方成功捣毁一个利用网上银行漏洞非法获利的犯罪团伙，马某等6名犯罪嫌疑人被依法刑事拘留。这个团伙发现某银行APP软件中的质押贷款业务存在安全漏洞，遂使用非法手段获取了5套该行的储户账户信息，在账户中存入少量金额后办理定期存款，后通过技术软件成倍放大存款金额，借此获得质押贷款，累计非法获利2800余万元。

A.2.7 纽约全城大停电

2019年7月15日，美国方面报道称，7月13日晚间，伊朗革命卫队信息战部队成功地突破了美国信息战部队的围堵，闯入了纽约市三十多个变电站的控制中心，并对控制中心进行信息站破坏，导致纽约全城约4h的停电。

在变电领域，以智能变电站展开分析，智能变电站以全站信息数字化、通信平台网络化、信息共享标准化为基本要求，依靠智能设备自动完成信息采集、测量、控制、保护、计量和监测等基本功能，并可根据需要支持电网实时自动控制、智能调节、在线分析决策、协同互动等高级功能，实现与相邻变电站、电网调度等互动。

一般来说，智能变电站主要可能面临的安全问题如下：

（1）继电保护、测控装置等设备存在漏洞。

（2）通信协议（如IEC-104）在安全设计上先天不足。

（3）远动通信距离远，存在监视盲区。

（4）网络抗风暴能力不足。

（5）第三方运维监管不到位。

对于电力系统面临的安全威胁，提供以下建议：

（1）威胁建模，为了让方案设计师、开发者或者软件能够识别其部署存在的潜在攻击路径。

（2）白名单，建立白名单机制，在电力工控系统的上位机、关键节点的服务器上部署应用白名单软件，阻止恶意代码执行和非法外联，其工控网络通过深度解析电力系统工控协议如 IEC 61850/60870 系列、Modbus、S7 等阻止或监测工控网络非法流量。

（3）代码命令签名，利用哈希加密验证来验证软件 ID 及准备运行的代码完整性，对关键电力系统命令实施签名。

（4）蜜罐，在实际环境隔离的虚拟环境中，识别和跟踪攻击者。

（5）数据加密，防止数据受到损害或内部威胁。

（6）漏洞管理，通过了解电力系统中存在的漏洞位置，电力公司根据基于有效的处理风险的方法管理漏洞，避免电力系统无法处置经常性的威胁和攻击。

（7）渗透测试，应聘请渗透测试专家对电力系统的关键环境进行周期性安全评定。

（8）源代码审查，通过审查软件源代码寻找漏洞。

（9）配置加强，建议使用加固后的系统映像来建立系统，然后在加固后的系统映像上进行渗透测试实验，漏洞挖掘等。

（10）强认证，防止对资产的未授权访问。

（11）日志和监控，用于识别攻击以及在安全事件发生时重构系统事件。

（12）态势感知，用于对生产环境的资产、数据、流量等进行全局性监测，通过综合分析发现潜在的威胁。